Fachberichte Simulation

Herausgegeben von D. Möller und B. Schmidt
Band 8

B. Page, R. Bölckow, A. Heymann,
R. Kadler, H. Liebert

Simulation und moderne Programmiersprachen

Modula-2, C, Ada

Springer-Verlag
Berlin Heidelberg New York
London Paris Tokyo 1988

Herausgeber der Reihe

Dr. D. Möller
Physiologisches Institut
Universität Mainz
Saarstraße 21
6500 Mainz

Prof. Dr. B. Schmidt
Informatik IV
Universität Erlangen-Nürnberg
Martensstraße 3
8520 Erlangen

Autoren

Prof. Dr. Bernd Page, Rolf Bölckow, Andreas Heymann,
Ralf Kadler, Hansjörg Liebert
Universität Hamburg
FB Informatik
Schlüterstraße 70
2000 Hamburg 13

ISBN-13:978-3-540-18982-4   e-ISBN-13:978-3-642-83394-6
DOI: 10.1007/978-3-642-83394-6

CIP-Titelaufnahme der Deutschen Bibliothek
Simulation und moderne Programmiersprachen: Modula-2, C, Ada/B. Page . . .
Berlin; Heidelberg; New York; London; Paris; Tokyo: Springer, 1988
(Fachberichte Simulation; Bd. 8)
ISBN-13:978-3-540-18982-4

NE: Page, Bernd [Mitverf.]; GT

2160/3020-543210

Vorwort

Bei der Realisierung von Simulationssoftware wurden moderne Programmierkonzepte aus dem Software Engineering (z. B. Modularisierung oder Portabilität) häufig nur unzureichend berücksichtigt. Gerade derartige Konzepte waren ein entscheidendes Entwurfsziel bei der Entwicklung moderner genereller Programmiersprachen wie Modula-2, "C" oder Ada.

Ein weiterer Nachteil der Simulationssoftware stellt die oft mangelnde Effizienz ihrer Programme dar – kein unwesentliches Handicap, wenn man an den zunehmenden Einsatz der Simulation auf Mikrocomputern denkt. Außerdem werden bis heute trotz des großen Angebotes an geeigneter Simulationssoftware nicht selten allgemeine höhere Programmiersprachen – überwiegend sogar FORTRAN – für die Implementierung von Simulationsmodellen verwendet, sei es aus mangelnder Kenntnis oder fehlenden Zugriffsmöglichkeiten auf einen entsprechenden Compiler. Daher ist bis heute die Frage nach geeigneten Programmiersprachen für die Simulation von hoher Aktualität geblieben.

Die vorliegende Arbeit ist hier als ein Beitrag zu verstehen, dem Anwender Entscheidungsgrundlagen zur Auswahl geeigneter (moderner) Implementationssprachen für die Simulation an die Hand zu geben.

Bei der Untersuchung steht die Frage im Mittelpunkt, wie die hier betrachteten modernen Programmiersprachen Modula-2, "C" und Ada für die Implementierung spezieller Simulationssoftware, den sogenannten Simulatoren, mit deren Hilfe auf dem Rechner Simulationsmodelle realisiert und betrieben werden können, einsetzbar sind.

Nach einer kurzen Darstellung der Anforderungen, die aus der Sicht der Simulation an Programmiersprachen zu stellen sind, werden die in dieser Arbeit untersuchten Sprachen und deren wesentliche Merkmale kurz eingeführt. Anschließend wird dargestellt, wie simulationstypische Konzepte in allgemeinen Programmiersprachen in modellunabhängiger Form implementiert werden können. Die Verwendung der so entstehenden Simulatoren in den verschiedenen Sprachen wird anhand eines anschaulichen Beispielmodells demonstriert. Schließlich werden die Ergebnisse des durchgeführten Sprachvergleichs zusammenfassend bewertet. Die vollständigen Programmtexte sind in den Anhängen zu finden.

Das Verständnis der Arbeit setzt Kenntnisse der zeitdiskreten Simulation und einer modernen, blockorientierten Programmiersprache wie *Pascal* voraus. Obwohl es sich bei der Vorstellung der untersuchten Sprachen in dieser Arbeit nur um relativ knappe Einführungen handelt, dürften sie dem Leser doch eine wertvolle Hilfe beim Neueinstieg in diese Programmiersprachen (auch unabhängig vom Simulationsaspekt) sein. Dieses Buch bietet dem Leser durch eine sorgfältige Zusammenstellung der anwendungsrelevanten Aspekte der Sprachen einen "Leitfaden" für einen gezielten und effizienten Einstieg in die zitierte ergänzende Literatur. Darüberhinaus werden in den (lauffähigen) Simulationsprogrammen im Anhang des Buches die meisten der behandelten Sprachkonstrukte in ihrer praktischen Anwendung demonstriert.

Dieser Sprachvergleich ist im Rahmen meines regelmäßigen Simulationsprojektes im Vertiefungsgebiet "Angewandte Informatik – Modellbildung und Simulation" am Fachbereich Informatik der Universität Hamburg begonnen und während einer anschliessenden einjährigen intensiven Projektphase von uns vollendet worden. Meinen Koautoren gebührt mein ausdrücklicher Dank für ihre außerordentlich engagierte und selbständige Mitarbeit.

Mein Dank gilt ebenfalls Herrn Prof. Schmidt, dem Herausgeber dieser Buchreihe, für seine hilfreichen Verbesserungsvorschläge bei der ersten Fassung unseres Manuskriptes, sowie Herrn Möhlmann für seine Unterstützung bei der Korrektur.

Auf zwei formale Konventionen soll noch hingewiesen werden:

- Literaturverweise: Die zur Erstellung dieser Arbeit verwendete Literatur ist am Ende aufgeführt. Ein Verweis im Text hat z. B. folgende Form: [Ung84]. Dabei sind die drei Buchstaben die ersten drei des Verfassernamens (bei mehreren Verfassern die des Erstgenannten), und die Zahl danach steht für das Erscheinungsjahr des zugrundeliegenden Werkes. Falls Mehrdeutigkeiten bei Verweisen auftreten sollten, werden diese durch zusätzliche Kleinbuchstaben (a, b, ...) hinter den Jahreszahlen beseitigt.

- *Kursivschrift*: Um einen (in manchen Abschnitten) exzessiven Gebrauch von Anführungszeichen zu vermeiden, werden alle im normalen Text verwendeten Bezeichner, die sich auf unsere Programme bzw. auf Programmbeispiele beziehen oder aus den jeweiligen Sprachen selbst stammen, kursiv geschrieben. Die sonstige Funktion der Kursivschrift für Hervorhebungen bleibt davon unberührt. Darüberhinaus werden Schlüsselworte der Sprachen Modula-2 und Ada in Großbuchstaben geschrieben (in "C" klein, weil von der Sprachdefinition gefordert).

Fachbereich Informatik der Universität Hamburg,
im Frühjahr 1988

Bernd Page

Inhaltsverzeichnis

1 Einführung

Inhalt und Begriff der Simulation

Die Simulation von Systemen stellt einen wichtigen Einsatzbereich von Computern dar und ist als solcher für die Informatik von besonderem Interesse. Ihre Bedeutung bei der Systemanalyse steigt ständig, da in immer mehr Bereichen systemartige Zusammenhänge deutlich werden, die der Mensch mit anderen Methoden oder gar mit seiner Intuition nicht mehr durchschauen kann. Man denke nur an komplexe (künstliche) Produktionssysteme oder an (natürliche) Systeme der Ökologie, deren Analyse für Wirtschaft bzw. Gesellschaft immer dringlicher wird.

Um Erkenntnisse über Systeme zu erlangen, ist es meist sinnvoll, die Untersuchung nicht am System selbst vorzunehmen, sondern ein *Modell* zu bilden, das die wesentlichen Eigenschaften des Systems enthält. Durch Abstraktion von unwichtigen Merkmalen des realen Systems erreicht man eine Verminderung der Komplexität. Außerdem sind Experimente am realen System oft mit schweren Nachteilen verbunden oder gar unmöglich. Dafür gibt es verschiedene Gründe (vgl. [Zei76], S. 6):

- Zeitbedarf,
- Kosten,
- Risiko,
- Zerstörung des Systems,
- Keine Wiederholbarkeit.

Zum Beispiel ist die Durchführung von Unternehmensanalysen und -planungen in der Realität meist zu teuer oder so langwierig, daß daraus gewonnene Ergebnisse evtl. nicht mehr relevant sind. Ebenso lassen Belastungstests wegen der Gefahr der Zerstörung des Systems und den damit verbundenen Kosten den Einsatz von Modellen sinnvoll erscheinen.

Das durch Abstraktion und Idealisierung gewonnene Modell wird als *abstraktes Modell* bezeichnet ([Sch87], S. 243). Aussagen über das Verhalten von abstrakten Modellen lassen sich auf zwei grundsätzliche Weisen gewinnen, und zwar mit Hilfe analytischer Verfahren und mit Hilfe der Simulation.

Für das *analytische* Vorgehen sind mathematische Gleichungen als formale Beschreibung des abstrakten Modells die wesentliche Grundlage. Dabei wird versucht, das System und sein Verhalten durch Gleichungen vollständig zu beschreiben. Mit diesen Gleichungen läßt sich dann der Zustand des Systems jederzeit unmittelbar berechnen; es sind keine Zwischenschritte nötig. Dieses Verfahren setzt jedoch eine detaillierte Kenntnis des Systems voraus, die oft erst durch die Untersuchung selbst erlangt werden kann. Außerdem wird es bei komplexen Systemen mathematisch sehr aufwendig, meist sogar unmöglich.

Für anspruchsvolle Modelluntersuchungen an komplexen Systemen muß man auf die *Simulation* zurückgreifen. Beim Simulationsansatz wird nach den Vorgaben des abstrakten Modells ein Simulationsmodell aufgebaut, das in der Folge analysiert wird. So können an diesem Modell Experimente und Messungen durchgeführt werden, die Aufschluß über das Modellverhalten geben können. Schmidt ([Sch87], S. 246) klassifiziert die Simulationsmodelle nach Maßstabsmodellen (z. B. Fahrzeuge im Windkanal) und Symbolmodellen, die keine äußere Ähnlichkeit mehr zwischen System und Modell aufweisen. Bei diesen kommt es nur darauf an, daß sich System und Modell hinsichtlich der relevanten analysierten Größen ähnlich verhalten. Zu den Symbolmodellen gehören auch die Computermodelle, wie sie in diesem Rahmen nur von Interesse sind. Bei hinreichend genauer Abbildung des Systems durch das abstrakte Modell können die abgeleiteten Modelldaten auf das reale System rückübertragen werden.

Die Modellbildung und Simulation mit dem Computer sind zu einem sehr flexiblen Instrument für die Erforschung komplexer Systeme geworden. Der Einsatz ist prinzipiell für alle denkbaren und realen Systeme möglich, soweit eine mathematische Formulierung der Systemzusammenhänge erfolgen kann. So wird dieses Instrument sowohl in der Naturwissenschaft und Technik als auch in den Wirtschafts- und Sozialwissenschaften mit unterschiedlicher Zielrichtung eingesetzt (vgl. [Zei76], S. 5 f.):

1. Erforschung komplexer Systeme

   - Betrachtung der Leistung bzw. des Verhaltens eines Systems unter verschiedenen Bedingungen, auch unter dem Gesichtspunkt der Prognose,

   - Untersuchung der Struktur eines Systems, indem ein hypothetisches Modell entwickelt wird und die Simulationsergebnisse mit dem vorliegenden System verglichen werden,

2. Demonstration und Veranschaulichung komplexer Vorgänge,

3. Entscheidungshilfe

   - beim Systemdesign und der Auswahl unter verschiedenen Systemen,
   - bei der Maßnahmenauswahl in der Projektplanung,

4. Trainings- bzw. Schulungsunterstützung durch Simulation mit dem Ziel der Beherrschung eines komplexen Systems (Simulation als pädagogisches Hilfsmittel),

5. Optimierung des Systemverhaltens am Modell.

Eine Klassifikation der Simulation mit zwei grundsätzlichen Simulationsarten ergibt sich aus dem zugrundeliegenden (abstrakten) Modelltyp. Nach Art der Zustandsänderungen unterscheidet man zwischen diskreten (logischen) und kontinuierlichen (mathematischen) Modellen. Wir befassen uns in dieser Arbeit nur mit zeitdiskreten Simulationsmodellen.

Innerhalb der diskreten Simulation kann man darüberhinaus zwischen verschiedenen Konzepten ("Weltbildern") unterscheiden, und zwar im wesentlichen zwischen:

1. Ereignisorientierter Simulation und
2. Prozeßorientierter Simulation.

Für jedes der Konzepte gibt es spezielle Simulationssprachen, z. B. für (1) Simscript und für (2) Simula. In dieser Arbeit werden die höheren allgemeinen Programmiersprachen *Modula-2*, *"C"* und *Ada* für die ereignisorientierte Simulation verwendet bzw. auf ihre Eignung hin untersucht. Ada wird zusätzlich für die prozeßorientierte Simulation eingesetzt. Die beiden Konzepte sollen daher kurz erläutert werden:

Ereignisorientierte Simulation

Der ereignisorientierte Ansatz ist dadurch gekennzeichnet, daß sich der Ablauf im Modell nach *Zustandsänderungen* (Ereignissen) und nicht nach den dazwischenliegenden Tätigkeiten (Aktionen) orientiert, d. h. zeitlich ausgedehnte Abläufe werden auf eine Folge von Zustandsänderungszeitpunkten der Modellkomponenten reduziert.

Jede Modellobjektart ist durch Attribute charakterisiert, die einerseits das einzelne Objekt beschreiben, andererseits die Verbindung zu anderen Systemkomponenten darstellen und ggf. manipuliert werden können.

Die Ablaufsteuerung erfolgt zentral mit Hilfe einer *Ereignisliste*, in die sog. *Ereignisnotizen* mit dem Zeitpunkt, der Ereignisart sowie ggf. den Attributen des jeweils betroffenen Objektes eingetragen werden. Mit dem sukzessiven Entfernen solcher Ereignisnotizen vom Ereignislistenkopf erfolgt die Aktivierung der den einzelnen Ereignisarten zugeordneten *Ereignisroutinen*, die dann ihrerseits ohne Verzögerung der Simulationszeit die eigentlichen Zustandsänderungen und Objektmanipulationen vornehmen. Dazu gehört insbesondere das Ansetzen weiterer Ereignisse, ggf. auch die Streichung oder Verschiebung bereits geplanter Ereignisse und die Generierung bzw. Zerstörung temporärer Objekte. Die Fortschaltung der Simulationszeit erfolgt durch eine Ablaufsteuerungsroutine gemäß den Einträgen auf der zeitlich (und bei Zeitgleichheit ggf. prioritätsmäßig) geordneten Ereignisliste. Bis zur Beendigung einer Ereignisroutine steht die Simulationszeit still, so daß Zeiträume, in die keine Ereignisse fallen ("tote Zeiten"), übersprungen und somit nicht simuliert werden.

Man kann sagen, daß bei der ereignisortientierten Simulation eine *materialorientierte* Sichtweise zugrundeliegt, weil hier (im Gegensatz zur prozeßorientierten Simulation) Materialflüsse durch irgendwie geartete Bedienstationen hervorgehoben werden: Ein

Ereignis beschreibt im wesentlichen das Betreten oder Verlassen solcher Bedienstationen und die Reihenfolge dieser Vorgänge.

Prozeßorientierte Simulation

Im Gegensatz zum ereignisorientierten Ansatz erfolgt beim prozeßorientierten Ansatz für jedes Modellobjekt eine Zusammenfassung seiner (zeitlich gedehnten) Tätigkeiten und der beschreibenden Attribute zu einem *Prozeß*.

Sowohl die aktiven als auch die passiven Phasen einer Modellkomponente können weitgehend realitätsnah abgebildet werden. Die Auflösung zusammengehöriger Abläufe auf verschiedene Ereignisroutinen mit dem Nachteil einer gewissen Unübersichtlichkeit der Systemstruktur entfällt. Bei komplexen Interaktionen und vorwiegend parallelen Handlungen bietet der Prozeßansatz große Vorteile.

Im Detail werden die aktiven Phasen analog zu Ereignissen behandelt: Handlungen, d. h. unter anderem Manipulationen an eigenen oder fremden Prozeßattributen, die Generierung, Planung, Aktivierung, Unterbrechung oder Beendigung von Prozessen, werden zeitverzugslos durchgeführt. Passive, d. h. zeitkonsumierende Phasen (z. B. Warten auf Ressourcen) werden durch eine Verschiebung des Reaktivierungszeitpunktes auf die nächste aktive Phase überbrückt. Ein Prozeß kann sich alternativ für einen festgelegten oder für einen unbestimmten Zeitraum passivieren. Im ersten Fall ist die Reaktivierung selbstbestimmt, im zweiten Fall muß sie durch einen fremden Prozeß, also von außen vorgenommen werden.

Prozeßorientierte Simulationen benötigen daher ebenfalls eine Ereignisliste zum Vermerken der aktiven Phasen aller Prozesse. Die den Ablauf steuernde Hauptroutine ist auch als Prozeß anzusehen und wechselt sich bei diesem Ansatz in der Kontrolle mit den interagierenden Modellobjekten ab.

Im Gegensatz zur materialorientierten Sicht bei der ereignisorientierten Simulation liegt hier eine *maschinenorientierte* Sicht zugrunde, weil der Betrachtungsschwerpunkt auf dem Bearbeitungsvorgang selbst liegt.

Simulationssoftware

Der Erfolg einer Simulationsstudie hängt ganz wesentlich von der Auswahl der geeigneten Simulationssoftware – den sogenannten Simulatoren – ab. Nach Schmidt versteht man unter einem *Simulator* ein "Softwaresystem, das es ermöglicht, in einer Rechenanlage Modelle aufzubauen und zu betreiben" ([Sch87], S. 253). Besondere Anforderungen an Simulatoren sind ein benutzerfreundlicher Modellaufbau und hohe Flexibilität und Abbildungstreue.

Ein Simulator ermöglicht einen direkten und schnellen Modellaufbau durch Bereitstellung hochaggregierter Bausteine, die laufend wiederkehrende, häufig verwendete Modellkomponenten und -funktionen realisieren und vom Anwender bei seinem Modellaufbau einzubinden sind.

Der Anwender möchte bei der Entwicklung eines derartigen Simulators mit möglichst wenigen, sehr mächtigen Bausteinen auskommen, andererseits verliert er jedoch damit gleichzeitig an Flexibilität und Abbildungstreue. Wenn das reale System Eigenschaften aufweist, die sich nicht direkt mit den vordefinierten Bausteinen des Simulators abbilden lassen, kann dies möglicherweise während des Modellbildungsprozesses zu nicht gerechtfertigten Vereinfachungen führen. Darüberhinaus kann dies eine umständliche und damit schwer überschaubare Programmstruktur zur Folge haben.

In diesem Fall sollte man Simulatoren einsetzen, die es gestatten, die bereits vordefinierten Bausteine zu modifizieren oder neue Bausteine selbst zu realisieren. Simulationspakete bieten diese Möglichkeit zur Funktionserweiterung. Bei sogenannten Simulationspaketen werden die Funktionen eines Simulators in Form einer Bibliothek von Unterprogrammen angeboten (vgl. [Sch85a], S. 212).

Eine größere Flexibilität läßt sich auch durch den Einsatz von (niederen) Simulationssprachen erreichen. Diese nehmen dem Benutzer gewisse simulationsspezifische Basisfunktionen ab, die bei der Erstellung von Simulationsprogrammen immer wieder auftreten. Sie unterstützen ihn insbesondere in der Kontrolle des Simulationsablaufes (hierzu gehört die Zeitführung, damit Zustandsübergänge korrekt erfolgen), Generierung von (Pseudo-) Zufallszahlen, Verwaltung von Warteschlangen sowie Auswertung und Ausgabe der Ergebnisse. Die Programmierung modellspezifischer Abläufe liegt weitgehend in den Händen des Anwenders. Eine gewisse Einschränkung des Benutzers erfolgt nur dadurch, daß er auf die der Sprache zugrundeliegende "Weltsicht" festgelegt wird.

Nach Schmidt ([Sch87], S. 255) läßt sich Simulationssoftware nach verschiedenen Ebenen klassifizieren (vgl. Abb. 1-1). Auf der untersten Ebene befindet man sich auf der Systemimplementierungsebene. Hier sind allgemeine höhere Programmiersprachen wie Modula-2, "C" oder Ada angesiedelt. Auf dem Level 1 werden dem Benutzer einige simulationsspezifische Basiskomponenten zur Verfügung gestellt, die ihm eine gewisse Unterstützung bei der Implementierung von Simulationsmodellen bieten. Hier sind die sogenannten niederen Simulationssprachen wie Simscript oder Simula angesiedelt. Simulatoren des Levels 2 bieten für bestimmte Modellklassen (z. B. Bediensysteme) spezifische Komponenten hoher Leistungsfähigkeit an. Dieser Ebene sind die sogenannten höheren Simulationssprachen – wie z. B. das bekannte GPSS – zuzuordnen. Auf dem Level 3 schließlich stehen sehr mächtige, jedoch spezialisierte Modellbausteine zur Verfügung, die auf ein bestimmtes Anwendungsgebiet beschränkt sind (z. B. SIMFACTORY für Produktionssysteme).

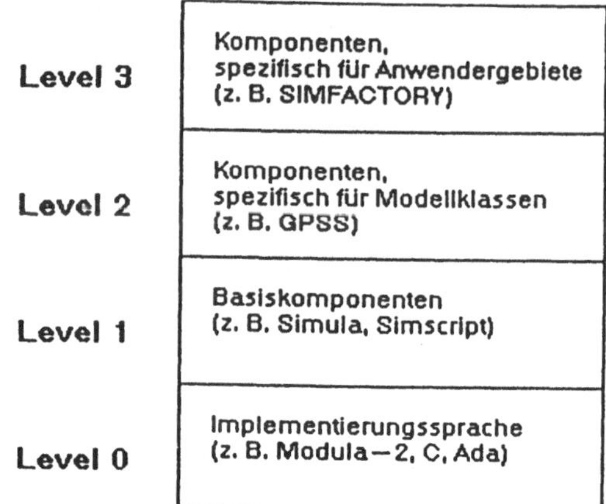

Abb. 1-1: Die Klassifikation von Simulationssoftware nach Ebenen

Moderne Programmierkonzepte ("Software Engineering") wurden beim Entwurf der zumeist relativ betagten gängigen Simulationssprachen und bei der Realisierung der Simulatoren bisher nur wenig berücksichtigt. Die Unterstützung solcher Konzepte war hingegen ein entscheidendes Entwurfsziel bei der Entwicklung moderner (allgemeiner) Programmiersprachen. In diesen modernen Sprachen lassen sich daher Simulatoren und mit deren Hilfe realisierte Modellprogramme strukturierter und damit für den Benutzer weniger fehleranfällig realisieren. Die resultierenden Programme sind in der Regel auch effizienter als solche, die in speziellen Simulationssprachen entwickelt wurden.

In diesem Buch soll gezeigt werden, daß man bei der Simulation mit Hilfe moderner, allgemeiner Programmiersprachen simulationsspezifische Basiskomponenten auf strukturierte und effiziente Weise formulieren kann, so daß sie dem Benutzer für weitere Simulationsstudien zur Verfügung stehen. Die so entstehenden Simulatoren (des Levels 1) erlauben die Codierung von Simulationsprogrammen mit ähnlich problemnahen Konstrukten wie die niederen Simulationssprachen. Gleichzeitig bieten sie dem Benutzer im Gegensatz zu den Simulationssprachen die Möglichkeit einer direkten und flexiblen Spracherweiterung durch Schaffung zusätzlicher Basiskomponenten.

2 Anforderungen an die Programmiersprachen aus Sicht der Simulation

Die Simulation komplexer Systeme mit Hilfe digitaler Rechenanlagen stellt eine Reihe spezieller Anforderungen an einzusetzende Programmiersprachen.

Der Benutzer sollte von der Programmierung vieler Standardfunktionen wie Statistik- und Verwaltungsroutinen befreit sein. Das Simulationssystem sollte eine Anzahl mächtiger Funktionen für die schnelle und sichere Erstellung auch größerer Programme bereitstellen, ohne den Programmierer bei ihrer Verwendung auf ein starres Konzept zu beschränken und seine Flexibilität bei der Wahl seiner Ausdrucksmittel zu beschneiden.

Werden die wünschenswerten Eigenschaften nicht von der eingesetzten Programmiersprache selbst unterstützt, so sollten sie zumindest mit nicht allzu großem Aufwand in einer allgemein verwendbaren, Details verbergenden Form programmierbar sein und dann als anzubindende Programmbausteine (Module), d. h. auf dem Wege der Funktionserweiterung zur Verfügung stehen. Eine Spracherweiterung im Sinne einer Änderung des Sprachkerns, also einer Modifikation des Compilers, kommt für den Anwender i. a. nicht in Betracht.

Nicht übersehen werden darf, daß die Simulationsmodelle häufig nicht von EDV-Spezialisten oder Informatikern implementiert werden. Daher sollte die Implementierungssprache möglichst klar und einfach aufgebaut sein und von maschinennahen Konstrukten abstrahieren.

Bei der Betrachtung zeitdiskreter ereignis- und prozeßorientierter Ansätze sind für einen Simulator (s. Kap. 1) generell zumindest folgende Komponenten bzw. Eigenschaften zu fordern:

Systemzustandsvariablen

Sie beschreiben den (Gesamt-) Zustand eines Simulationsmodells zu einem bestimmten Zeitpunkt. Man kann erwarten, daß die modernen Programmiersprachen alle geeigneten Datenstrukturen, insbesondere auch Verbunde und Felder, bereitstellen.

Simulationsuhr

Diese Systemvariable gibt den aktuellen Stand der Simulationszeit an. Der Simulator sollte ihre automatische Fortschreibung vorsehen.

Temporäre Objekte

Während eines Simulationslaufes entstehen fortlaufend neue Objekte und verlassen nach einiger Zeit wieder das System. Die Sprache sollte daher die dynamische Generierung von (Heap-) Objekten und deren Freigabe unterstützen.

Ereignisliste mit Zeitführungs- und Manipulationsroutinen

In die Ereignisliste werden alle Simulationsereignisse nach Zeit und ggf. Prioritäten geordnet eingetragen. Die Zeitführungsroutine ermittelt das folgende Ereignis auf der Ereignisliste und stellt die Simulationszeit entsprechend vor. Spezielle Listenmanipulationsroutinen dienen zum Einfügen und Entfernen bzw. Verschieben bereits aufgesetzter Ereignisse.

Warteschlangen mit Verwaltungsroutinen

Zumindest für die Realisierung von Bedien- und Wartesystemen ist das Vorhandensein von Warteschlangen eine Grundvoraussetzung. Auch hier müssen Routinen zur Listenverarbeitung, insbesondere zum Einfügen und Entfernen von Objekten (bzw. Prozessen), bereitgestellt werden, die außer der Standard-FIFO-Strategie ggf. auch andere Strategien (LIFO, Prioritäten, direkte Auswahl u. ä.) sowie Suchoperationen auf der Warteschlange vorsehen.

Zufallszahlengeneratoren und Verteilungsfunktionen

Für stochastische Simulationsmodelle sollten mehrere, voneinander unabhängige (Pseudo-) Zufallszahlenströme mit möglichst großer Periode unterstützt werden. Sie werden ergänzt durch Routinen zur Erzeugung gleich-, negativ-exponential-, Erlang-, Gauß- und beliebig anders verteilter Zahlenfolgen. Die automatische Generierung antithetischer Zufallsströme wäre von Vorteil.

Statistische Protokollierung und Auswertung

Neben den üblichen Funktionen wie Mittelwert, Standardabweichung etc. wäre auch eine *automatische* Ablaufverfolgung (Trace), die Erfassung zeitlich gewichteter und ungewichteter Daten und Extremwerterkennung günstig. Die Sprache muß über einen Grundvorrat mathematischer Funktionen verfügen.

Ergebnisprotokolle (formatierte Ausgabe)

Die statistischen Ergebnisse eines Simulationslaufes sollten mit einfachen Ausdrucksmitteln formatiert bzw. tabelliert ausgegeben werden können. Die Ausgabe sollte sowohl auf Drucker als auch auf Dateien und den Bildschirm (zu Testzwecken) geleitet werden können.

Prozeßorientierter Ansatz

In Fällen umfangreicher Interaktion zwischen Simulationskomponenten und bei hochgradig parallelen Handlungsabläufen bietet sich die prozeßorientierte Simulation an. Die Sprache sollte daher Daten- und Programmstrukturen bereitstellen, die diesen Ansatz unterstützen, wie z. B. Koroutinen. Bei diesem Ansatz enthält die Ereignisliste Reaktivierungszeitpunkte der Prozesse.

Interaktion mit dem Benutzer

Dieser Aspekt ist besonders interessant während der Entwicklungs- und Testphase eines Programms. Batch-orientierte Sprachen sind in dieser Phase sehr inflexibel und umständlich zu handhaben. Eine mächtige Debug-Unterstützung reduziert den zeitlichen Aufwand bei der Fehlersuche erheblich, macht in manchen Fällen die Fehlerfindung überhaupt erst möglich[1]. Eine weitere Anwendung des Dialogbetriebes liegt in der Möglichkeit der Beeinflussung von Modellparametern zu beliebigen Zeitpunkten eines Simulationslaufes in Abhängigkeit von Zwischenergebnissen.

Modularisierung

Insbesondere bei prozeßorientierter Simulation ist die Möglichkeit der Zerlegung in Systemkomponenten, die getrennt übersetzt und ggf. sogar in Form einer Prozeßbibliothek vorgehalten werden können, eine wünschenswerte Eigenschaft, um eine klare, übersichtliche und lesbare Struktur zu erhalten. Da beim Prozeßansatz sowohl die Prozeßaktionen als auch die (lokalen) Attribute in einer Programmeinheit vereint werden können, bietet sich eine Modularisierung an. Einzelne Prozesse können dann auch leichter geändert oder ausgetauscht werden, ohne andere Prozesse dadurch zu beeinträchtigen.

Bei der ereignisorientierten Simulation ist eine Modularisierung nur in sehr eingeschränktem Umfang möglich, da dort funktionell eigentlich zusammen gehörende Abläufe häufig auf diverse Ereignisprozeduren verteilt sind und somit — sonst bei

---

[1] Z. B. bei Zeigerstrukturen und bei nebenläufiger Programmierung (s. Abschn. 3.3.6, Ada-Prozesse).

Prozessen lokale – Attribute und Objekte global, potentiell im gesamten Programm zugreifbar, bereitgestellt werden müssen. Änderungen von Programmdetails wirken sich i. a. auf viele Ereignisprozeduren aus.

Struktur und Lesbarkeit

Gerade bei komplexen Simulationssystemen ist es wichtig, ein Programm leicht zu erfassen, und sich einen Überblick über Zusammenhänge und Abhängigkeiten zu verschaffen. Eine schlechte, unübersichtliche Struktur erschwert die Programmerstellung und – noch wichtiger – die Verifikation. Ein Programm sollte leicht lesbar sein, ohne verwirrende Redundanz der Sprachkonstrukte. Dabei ist eine weitgehend selbstdokumentierende Notation von Vorteil.

Auch geeignete Datenstrukturen und -typen, wie Verbunde und Aufzählungstypen, helfen bei gezieltem Einsatz, Strukturzusammenhänge und logische Abhängigkeiten sowie die namentliche Selektion von Objekten, z. B. bei der Indizierung von Feldkomponenten, im Modellprogramm zu unterstreichen.

Effizienz

Nicht zuletzt aus Kosten- bzw. Performancegründen sollte besonders die Laufzeiteffizienz nicht außer acht gelassen werden. Eine umfangreiche Simulation ist auch auf immer schneller werdender Hardware rechenintensiv und zeitaufwendig. Besonders zu berücksichtigen ist dieser Aspekt im Hinblick auf den zunehmenden Einsatz von Mikrocomputern im Bereich der Simulation.

3 Kurze Einführung in die untersuchten Sprachen

3.1 Modula-2

Die 1970 von Niklaus Wirth entwickelte Programmiersprache *Pascal* [Wir71] erfreute sich bald zunehmender Beliebtheit und erfuhr eine unerwartet große Verbreitung. Bei *Modula-2* [Wir83] nun – ebenfalls von N. Wirth entworfen – handelt es sich um eine Allzweckprogrammiersprache, deren Schwerpunkt im Bereich des Software-Engineering zu sehen ist. Sie stellt im wesentlichen eine Weiterentwicklung Pascals dar, die neben wenigen großen auch eine Reihe kleinerer Verbesserungen bietet, und wird zunehmend an seiner Stelle als "Ausbildungssprache" im Hochschulbereich eingesetzt. Zwar existiert noch kein allgemein anerkannter Standard; im *British Standard Institute* (BSI) gibt es jedoch Bestrebungen, einen solchen zu erarbeiten. Wegen seiner Einfachheit und seines geringen Sprachumfangs ist Modula-2 heute – wie Pascal – auf den meisten Rechenanlagen und insbesondere auch auf *Personal-Computern* verfügbar.

3.1.1 Geschichtlicher Überblick

Die in den siebziger Jahren von Niklaus Wirth an der ETH Zürich entwickelte Sprache Modula-2 ist charakterisiert durch strukturierte Programmierung auf der Basis getrennt übersetzbarer *Module* mit definierten Schnittstellen in Form expliziter *IMPORT*- und *EXPORT*-Listen.

Als direkter Abkömmling *Pascals* ([Wir71], [Jen78]) und *Modulas* [Wir77] verbindet sie die Vorzüge einer relativ einfachen, klaren, aber mächtigen Struktur mit den Möglichkeiten des Mehrprogrammbetriebes und der kontrollierten Einbindung systemnaher Funktionen. Das Modulkonzept wurde von der Sprache *MESA* [Mit78] beeinflußt.

Die Urversion mit dem Namen *Modula* ging hervor aus Versuchen zum Mehrprogrammbetrieb. Sie wurde 1975 definiert und experimentell implementiert.

Im Jahre 1977 begann am Institut für Informatik der ETH Zürich ein Forschungsprojekt zur Entwicklung eines integrierten Computersystems, später "Lilith" genannt, das vollständig in einer einzigen Hochsprache programmiert werden sollte. Zu diesem Zweck definierte man *Modula-2*, im folgenden hier auch kurz *Modula* genannt.

1979 erfolgte die erste Implementation auf einer PDP-11, im März des folgenden Jahres die Veröffentlichung in Form eines technischen Reports und schließlich im März 1981 die Freigabe des Compilers für interessierte Benutzer.

3.1.2 Erweiterungen und Unterschiede gegenüber Pascal

Viele der Erweiterungen und Unterschiede decken im wesentlichen die vorwiegend von Praktikern geäußerten Schwächen und Kritikpunkte Pascals ab (vgl. [Sum82], [Ker81]). In diesem Sinne ist Modula-2 als optimiertes Pascal zu betrachten.

Im folgenden findet man eine kurze Auflistung interessanter Neuerungen. Für eine umfassende und detaillierte Sprachbeschreibung sei auf [Wir83] und [Gle84] verwiesen. Eine Diskussion der Schwächen Modulas behandelt Spector [Spe82].

3.1.2.1 Das Modulkonzept

Das Modulkonzept stellt die wichtigste Erweiterung dar: Ein Programm bzw. Programmsystem wird zerlegt in eine Reihe logischer Funktionseinheiten, den Modulen. Man unterscheidet globale und lokale Module.

Globale Module (*compilation units*), unterteilt in Programmodule, vergleichbar mit Pascal-Hauptprogrammen, und Bibliotheksmodule, die als Bausteine anderer Module, insbesondere der Programmodule, verwendet werden, zeichnen sich dadurch aus, daß sie *separat* übersetzt und als *Objektcode* in einer Programmbibliothek vorgehalten werden.

Im Gegensatz zu einigen herkömmlichen Programmiersprachen, bei denen entweder Quelltextsammlungen (*include files*) oder *unabhängig* übersetzte Programmteil- bibliotheken (Unterprogramme) verwendet werden, ist in Modula während der separaten Kompilierung untereinander abhängiger Module eine formale Prüfung der Schnittstellen, insbesondere auch der verwendeten Datentypen, vorgesehen.

Dieses Vorgehen wird unterstützt durch eine Untergliederung eines Bibliotheks- moduls in einen *Definitions-* und einen *Implementationsteil*.

Der *Definitionsteil* dient allein der Schnittstellenfestlegung gegenüber anderen Modulen, insbesondere der Auflistung der vom Modul nach außen bereitgestellten Typen, Konstanten, Variablen und Prozeduren in Form sog. *EXPORT*-Listen.

Am Beispiel eines einfachen Kellerspeichers für ganze Zahlen sei das Prinzip aufgezeigt:

```
DEFINITION MODULE Stack;
    EXPORT QUALIFIED  push, pop, empty, full;
    VAR  empty, full : BOOLEAN;
    PROCEDURE  push (x : INTEGER);
    PROCEDURE  pop  (VAR x : INTEGER);
END Stack.
```

In diesem Fall werden je zwei Variablen und Prozeduren exportiert.

Will ein Modul die Schnittstelle eines anderen Moduls verwenden, so muß es entweder den Namen des anderen Moduls (und damit implizit sämtliche exportierten Objekte) oder Teile der Bezeichner seiner *EXPORT*-Liste explizit *importieren*. Beim obigen Beispiel hätte man folgende Möglichkeiten:

— Unqualifizierter Import der gesamten Schnittstelle:

```
MODULE  xyz;
    IMPORT  Stack;
    . . . . . . . . . . . . .
```

— Qualifizierter Import (von Teilen) der Schnittstelle:

```
MODULE  xyz;
    FROM  Stack  IMPORT  push, pop, empty;
    . . . . . . . . . . . . .
```

Für die Erläuterungen der qualifizierten bzw. unqualifizierten Zugriffe sei auf den nächsten Abschnitt (3.1.2.2) verwiesen.

Der Definitionsteil legt allein die *syntaktische* Form zur Verwendung von Ressourcen für den Anwender fest, für die Darstellung der semantischen Aspekte ist zusätzlich zu sorgen, z. B. durch Kommentare, die zumindest die Vor- und Nach-bedingungen von Prozeduren aufzählen.

Ein Definitionsmodul enthält nur Spezifikationen, keine Anweisungen. Daher wird bei seiner Übersetzung auch kein Objektcode erzeugt, sondern lediglich eine Symbol-datei mit Namen, Typen und Parametern der exportierten Objekte bzw. Prozeduren. Anders als bei externen Prozeduren oder *COMMON*-Bereichen herkömmlicher Programmiersprachen können auf diese Weise formale Fehler in den Schnittstellen bereits zur Kompilierungszeit und nicht erst zur Laufzeit (falls überhaupt) durch unsinnige Ergebnisse oder Abbruch entdeckt werden.

Der *Implementationsteil* besteht aus den Prozedurrümpfen, Anweisungen zur Initialisierung von Variablen und ggf. Deklarationen nach außen nicht sichtbarer, geschützter Datenstrukturen und Prozeduren. Letztere erscheinen nicht im Definitionsteil und können zur Behandlung privilegierter Aktionen eingesetzt werden, um den sicheren Gebrauch möglicherweise "gefährlicher" Konstrukte zu garantieren.

Im "Anweisungsteil" eines Implementationsmoduls können neben der bereits erwähnten Initialisierung von Modulvariablen beliebige Anweisungsfolgen analog zu

Prozeduren ausgeführt werden. Dieser Teil des Implementationsmoduls, der optional entfallen kann, wird jedoch nur einmal, nämlich beim Start des importierenden (Haupt-) Programmoduls, durchlaufen.

Unser Kellerspeicher-Modul hätte grob folgendes Aussehen:

```
IMPLEMENTATION MODULE  Stack;
    CONST  depth = 100; (* max. Kellertiefe *)
    ..........
    VAR   stack : ARRAY [0 .. depth-1] OF INTEGER;
          n : [0 .. depth];
    ..........
    PROCEDURE  push (x : INTEGER);
    BEGIN
       ..........
       IF n < depth THEN
          stack [n] := x;   n := n + 1;
          empty := FALSE;   full := n = depth;
       END;
       ..........
    END push;

    PROCEDURE  pop (VAR x : INTEGER);
    BEGIN
       ..........
       IF n > 0 THEN
          n := n - 1;       x := stack [n];
          empty := n = 0;   full := FALSE;
       END;
       ..........
    END pop;

BEGIN
    empty := TRUE;
    full  := FALSE;
    ..........
END  Stack.
```

Hier können die Konstante *depth* sowie die Variablen *n* und *stack* nicht direkt von außen manipuliert werden, *empty* und *full* dagegen sind ungeschützt. Die beiden letzteren Variablen erhalten im o. g. "Anweisungsteil" ihre Anfangswerte.

Implementationsmodule können – unter Beibehaltung der Schnittstellen-definitionen – beliebig geändert und ausgetauscht werden, ohne deshalb abhängige Module neu übersetzen zu müssen. Lediglich ein erneuter Bindelauf ist nötig. Will man nur Typen, Konstanten oder Variablen zur Verfügung stellen, kann der Implementationsteil "leer" bleiben (*IMPLEMENTATION MODULE <name> END <name>.*).

Das Prinzip des expliziten Im- und Exports erzwingt eine bestimmte Übersetzungs-reihenfolge der Module. Der Definitionsteil eines Moduls muß *vor* seinem Implemen-tationsteil kompiliert werden, ein (Definitions-) Modul, das in der *IMPORT*-Liste eines anderen Moduls erscheint, muß *vor* dem abhängigen Modul übersetzt worden sein. Es entsteht eine *Modulhierarchie*, rekursive Importe sind daher bei Definitionsmodulen nicht erlaubt. Bei den Implementationsmodulen sind sie jedoch ohne weiteres möglich. Als Konsequenz der Hierarchiebildung folgt auch, daß bei Änderung der Schnittstelle eines Moduls alle *abhängigen* Module – inklusive der Implementationsteile – neu übersetzt werden müssen!

Lokale Module haben im Prinzip den gleichen Aufbau wie Implementationsmodule. Sie dürfen jedoch zusätzlich eine *EXPORT*-Liste enthalten; das Schlüsselwort *IMPLEMENTATION* entfällt. Sie können in jedem Deklarationsteil beliebig verschachtelt auftreten, also in lokalen, Programm- und Implementationsmodulen[1] sowie in Prozeduren, obwohl dieser Fall in der Praxis sehr selten auftreten dürfte. Der "Anweisungsteil" eines lokalen Moduls wird jedesmal durchlaufen, wenn die umgebende Prozedur zur Ausführung kommt. Die Daseinsberechtigung solcher Module liegt allein im Verbergen interner (Objekt-) Details. Im Gegensatz zu globalen Modulen sind sie nicht getrennt übersetzbar. Eine umfassende Beschreibung findet man in [Wir83], Kap. 26.

Allgemein läßt sich durch die Modulbildung Modulas das Prinzip der Lokalität besser verwirklichen. Das (ggf. vollständige) Verbergen von Details, der Zugriffsschutz und die Möglichkeit des problemlosen Komponententausches bei Einhaltung der Schnittstellendefinitionen unterstützt die Entwicklung auch großer Programmsysteme im Team, die leichtere Fehlerbehebung bzw. -begrenzung und gewährleistet so eine vergleichsweise hohe Programmiersicherheit. Wenn sich auch eine Umgehung der Schnittstellenprüfungen nicht völlig ausschließen läßt, z. B. durch Verwendung des systemnahen Datentyps *WORD* bei Prozedurparametern[2], kommt Modula der Forderung nach zuverlässiger Software weit näher als viele andere Sprachen.

3.1.2.2 Sichtbarkeit, Gültigkeit und Lebensdauer

Das Modulkonzept ermöglicht im Gegensatz zu üblichen Block- oder Prozedurstrukturen (wie z. B. in Pascal) eine Trennung von Sichtbarkeits- und Gültigkeitsbereichen:

Jedes Modul definiert einen neuen, abgeschlossenen Gültigkeitsbereich (*Scope*) der in ihm definierten Bezeichner. Im Gegensatz zu Prozeduren und Blöcken ist hier jedoch eine Erweiterung des Sichtbarkeits- bzw. Zugriffsbereichs über den Export möglich. Umgekehrt sind in der Umgebung eines Moduls deklarierte Bezeichner ebenfalls nur

---

1 Jedoch nicht in Definitionsmodulen. Diese besitzen einen Definitions- und keinen Deklarationsteil.

2 Diesen Parametern können Werte und Variablen jedes auf einem Maschinenwort definierten Datentyps, beispielsweise *CARDINAL*, *INTEGER* und *BITSET*, als Aktualparameter zugewiesen werden.

sichtbar, wenn sie entweder explizit oder die exportierenden Module insgesamt importiert werden (vgl. Kellerspeicherbeispiel[1]).

Im Unterschied dazu können bei Prozeduren in deren Umgebung deklarierte Objekte lediglich durch lokale Duplikate (Namenskonflikte) verdeckt werden. Bei verschachtelten Modulen muß man die Im- und Exporte u. U. über alle Stufen weiterreichen. Die Im- und Export-Regeln sind völlig symmetrisch[2]. Abb. 3-1 soll dies verdeutlichen (in Anlehnung an [Byt84], S. 150).

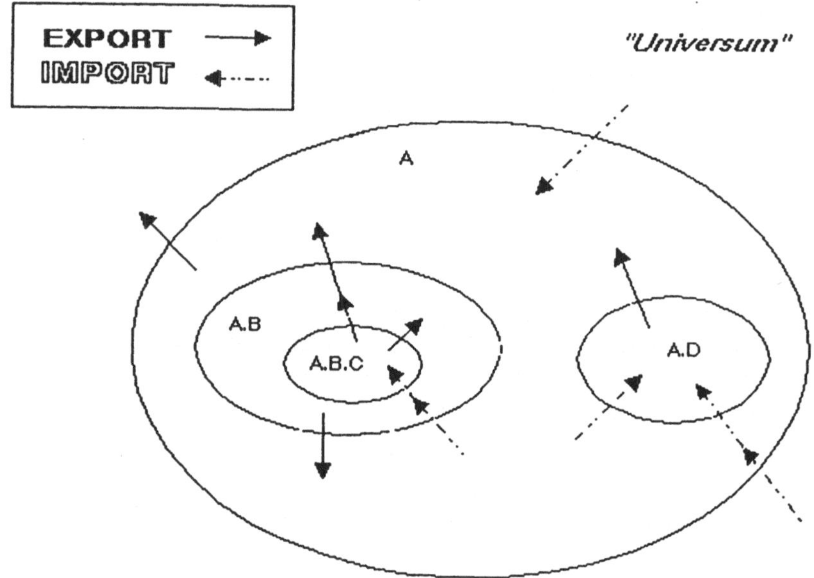

Abb. 3-1:   IMPORT und EXPORT in Modula-2

Der Programmierer hat somit die vollständige Kontrolle über den Zugriff auf interne Objekte einzelner Module, kann im Falle des *undurchsichtigen Exports*[3] sogar die Datenstruktur eines Typs vor Benutzern eines Definitionsmoduls verbergen (*information hiding*). Auf diese Weise lassen sich *abstrakte Datentypen* leicht in Modulen realisieren.

---

1 Dort wird die *direkte* Manipulation der (nicht in der *EXPORT*-Liste enthaltenen) Speichervariablen von unbefugter Stelle verboten, z. B. in der Form *stack [i] := 10;* .

2 Globale Module können als lokal zum "Universum" betrachtet werden (vgl. [Wir83], Kap. 26, S. 94).

3 Beim sog. *opaque export* erscheint im Definitionsmodul lediglich der Typname, die vollständige Deklaration wird im Implementationsteil versteckt. Man spricht in diesem Zusammenhang auch von *privaten Typen*. Diese Form des Exports ist allerdings auf Zeiger-, Standard- und Unterbereichstypen beschränkt.

Um Namenskonflikte beim Import von Bezeichnern aus verschiedenen Modulen zu vermeiden, bietet Modula die Möglichkeit des *qualifizierten* Exports (*EXPORT QUALIFIED*). Auf die importierten Bezeichner ist in diesem Fall *qualifiziert*, d. h. durch Voranstellen des Modulnamens in Punktnotation, vergleichbar der Selektion der Komponente einer Verbundvariablen in Pascal, zuzugreifen (z. B. *Stack.pop*). Bei Definitionsmodulen ist der qualifizierte Export obligatorisch (vgl. [Wir83], Kap. 24, S. 84 und Report, Kap. 14, S. 165), auch wenn dies nicht direkt aus der Syntaxbeschreibung hervorgeht[1]. Umgekehrt können qualifiziert exportierte Bezeichner *un*qualifiziert verwendet werden, wenn man sie mittels *FROM* <Modul> *IMPORT* ... importiert[2].

Auch bei der Lebensdauer von Objekten unterscheiden sich Module von Prozeduren: Zu einer Prozedur lokale Objekte verschwinden nach Ausführung der Prozeduranweisungen. Eine Ausnahme bilden Heap-Objekte und die *OWN*-Variablen aus ALGOL-60 [Nau63], die ihren Wert zwischen zwei Prozeduraufrufen behalten. Bei Modulen "leben" die lokalen Objekte, bis die Umgebung des Moduls aufhört zu existieren. Die Lebensdauer der in einem Bibliotheksmodul deklarierten Variablen ist gleich der des (Haupt-) Programms. In diesem Sinne sind diese Variablen als globale Objekte zu betrachten.

3.1.2.3 Maschinennahe Programmierung und Koroutinen

Eine zweite wichtige Erweiterung besteht in der Möglichkeit, maschinennahe Datenstrukturen (z. B. *WORD* und *ADDRESS*) und Funktionen zu verwenden (*low-level facilities*[3]), um die strikte Typentrennung (s. Abschn. 3.1.2.4) bei Bedarf zu umgehen, sowie Modula-Datenstrukturen auf eine beliebige physikalische Speicherstruktur abbilden zu können. Man muß sich jedoch darüber im Klaren sein, daß damit die Konsistenzprüfungen der Sprache weitgehend entfallen.

Zu diesem Bereich zählt auch das Konzept der sog. *Prozesse* (Koroutinen), die als Basis für Mehrprogrammsysteme dienen sollen. Es besteht die Möglichkeit, mittels der Systemprozedur *NEWPROCESS (p:PROC; a:ADDRESS; n:CARDINAL; VAR p1:PROCESS)* dynamisch Prozesse vom Typ *PROCESS* zu erzeugen, deren Kern jeweils aus einer parameterlosen Prozedur mit den eigentlichen Prozeßanweisungen gebildet wird. Ein Prozeß stellt praktisch eine (dynamische) Inkarnation der Prozedur *p* dar.

---

1 Einige neuere Implementation verzichten völlig auf eine *EXPORT*-Liste im Definitionsmodul. Dieses Vorgehen ist deswegen sinnvoll, weil alle in diesem Modul aufgeführten Bezeichner von anderen Modulen importierbar sein sollen. Die Semantik des qualifizierten Exports bleibt davon allerdings unberührt.

2 Natürlich nicht, wenn dadurch Namenskonflikte auftreten!

3 Hierzu gehören z. B. Operationen auf Maschinenwortebene, Adreßberechnungen, Interrupthandling, Typtransferfunktionen u. ä.

Mit Hilfe der Prozedur *TRANSFER (p1, p2 : PROCESS)* kann die Kontrolle vom Prozeß *p1* auf *p2* übertragen werden. Dabei wird der Zustand der noch laufenden Koroutine *p1* gesichert, diese unterbrochen und die reaktivierte Koroutine *p2* in den Zustand vor ihrer Unterbrechung zurückversetzt[1]. Auch das Hauptprogramm bildet einen der wechselweise aktivierten Prozesse.

Das in Modula gewählte Koroutinenkonzept wird dadurch problematisch, daß zum einen nur parameterlose Prozeduren Verwendung finden dürfen, somit also nur über globale Datenstrukturen mit und zwischen Koroutinen kommuniziert werden kann, zum anderen absolute Adressen und feste Speichergrößenangaben für die Prozeßverwaltung an *NEWPROCESS* übergeben werden müssen. Diese Angaben sind zwangsläufig implementationsabhängig und daher kaum zu generalisieren.

Außerdem ist die Verwaltung und Kooperation der Prozesse vollständig vom Programmierer zu organisieren und somit nicht besonders anwendungsfreundlich gestaltet. Als zusätzliche Erschwernis ist zu beachten, daß das *gesamte* Programm mit einem Laufzeitfehler abbricht, sobald eine *beliebige* Koroutinenprozedur das Ende ihres Anweisungsteils erreicht.

Als kleines, unvollständiges Beispiel für den Umgang mit Modula-Koroutinen sei hier das Gerüst für ein Produzenten- / Konsumentenproblem dargestellt:

```
MODULE  Process_Test;
   FROM SYSTEM IMPORT PROCESS, NEWPROCESS, TRANSFER...;
   ..........
   VAR  main, pro, con : PROCESS;
   ..........

   PROCEDURE  Producer;
      ..........
   BEGIN
      ..........
      IF buffer_full THEN
         TRANSFER (pro, con);
      END;
      ..........
   END Producer;


   PROCEDURE  Consumer;
      ..........
   BEGIN
      ..........
      IF buffer_empty THEN
         TRANSFER (con, pro);
      END;
      ..........
   END Consumer;
```

---

[1] Die Variablen *p1* und *p2* sind als Puffer für die Speicherung der Prozeßzustände zu betrachten. Sie stehen hier als Synonyme für die Koroutinen.

```
BEGIN
    . . . . . . . . . .
    adr1 := ...;   wspc1 := ...;
    adr2 := ...;   wspc2 := ...;
    NEWPROCESS (Producer, adr1, wspc1, pro);
    NEWPROCESS (Consumer, adr2, wspc2, con);
    TRANSFER   (main, pro);
    . . . . . . . . . .
END Process_Test.
```

Im Anweisungsteil dieses Moduls werden zunächst der Produzenten- (*pro*) und der Konsumentenprozeß (*con*) erzeugt. Anschließend erfolgt mittels *TRANSFER* die Übergabe der Ablaufkontrolle vom Hauptprozeß (*main*) an den Produzenten. Letzterer wechselt sich im weiteren in gleicher Weise mit dem Konsumenten ab.

Alle hier genannten *low-level facilities* sowie weitere, z. T. implementationsabhängige Erweiterungen sind im Pseudo-Modul "SYSTEM" zusammengefaßt. Dieses Modul ist so eng mit den Compiler verknüpft, daß es nur virtuell, also nicht als separates Bibliotheks- (Definitions-) modul, zur Verfügung steht (vgl. [Wir83], Kap. 29, S. 127).

3.1.2.4 Datenstrukturen und strenge Typbindung

Modulas Datenstrukturen sind im wesentlichen identisch mit denen Pascals. Als Basistypen kennen beide Sprachen *BOOLEAN*, *INTEGER*, *REAL* und *CHAR*. In Modula kommt noch der nicht-vorzeichenbehaftete Ganzzahltyp *CARDINAL* (0 ... *MaxCard > MaxInt*) hinzu. Ebenso können beiderseits Aufzählungstypen (*enumeration types*), Unterbereichstypen (*subrange types*), Felder (*arrays*) und Verbunde (*records*) deklariert werden. Im Gegensatz zu Pascal-Verbunden, wo auf einen festen Teil optional genau *ein* varianter Teil folgen darf, können Modula-Records beliebig viele variante Teile, auch gemischt mit festen Teilen, enthalten.

Auch Zeiger (*pointer*) zur Behandlung von dynamischen Datenstrukturen[1] sowie Mengen (*sets*) sind in Pascal und Modula vorhanden. Während in Pascal jeder diskrete Typ als Basistyp einer Menge verwendet werden kann[2], wurde in Modula die Anzahl der Elemente auf die Maschinenwortlänge (oder ein kleines Vielfaches davon) eingeschränkt. Der neue Typ *BITSET* ist auf ein Maschinenwort festgelegt.

In Modula herrscht eine strengere Typbindung vor als in Pascal (*strong typing*). Die Sprache unterscheidet zwischen *Kompatibilität* und *Zuweisungskompatibilität*[3] bei

---

[1] Die Erzeugung bzw. Zerstörung erfolgt mit Hilfe der Standardprozeduren *NEW* und *DISPOSE*.

[2] Die meisten Implementationen schränken diesen Bereich jedoch erheblich ein.

[3] Die Typen *T0* und *T1* sind *kompatibel*, falls *T1=T0*, *T1* Unterbereichstyp von *T0* (oder umgekehrt), oder aber beide Unterbereichstypen desselben (Basis-) Typs sind (vgl. [Wir83], Report, Abschn. 6.3).
Operandentypen sind *zuweisungskompatibel*, falls sie *Kompatibel* sind oder beide *INTEGER* oder *CARDINAL* oder Unterbereichstypen mit Basistyp *INTEGER* oder *CARDINAL* (vgl. [Wir83], Report, Abschn. 9.1).

Datentypen. Daher sind insbesondere gemischte arithmetische Ausdrücke nur unter Verwendung von Typkonvertierungsfunktionen zulässig. Dies gilt auch für die beiden vordefinierten Ganzzahltypen *INTEGER* und *CARDINAL*. So müßte die in Pascal zulässige Zuweisung

```
r := 3.141 * i;
```

wobei *r* vom Typ *REAL* und *i* vom Typ *INTEGER* ist, in Modula in der Form

```
r := 3.141 * FLOAT ( CARDINAL (i) );
```

formuliert werden. Dagegen ist die direkte Zuweisung

```
i := k;
```

mit *k* vom Typ *CARDINAL* erlaubt. Der Programmierer hat jedoch selbst auf die Einhaltung der Bereichsgrenzen zu achten.

Im Gegensatz zu Pascal sind außerdem *strukturidentische* Typen nicht mehr kompatibel[1].

3.1.2.5 Syntaktische und semantische Änderungen

Im Unterschied zu Pascal ist die Modula-Syntax etwas systematischer aufgebaut: Wirth achtete auf sauberere Klammerung, d. h. jedes Konstrukt, welches mit einem Schlüsselwort beginnt, endet auch mit einem expliziten Terminationssymbol (meist mit *END*). Dadurch entfallen häufig die Pascal-typischen *BEGIN ... END* -Schachtelungen.

Konstanten-, Typen-, Variablen- und Prozedurdeklarationen können in beliebiger Reihenfolge, auch gemischt, nach logischen Gesichtspunkten gruppiert, auftreten. Dabei ist nur zu beachten, daß Bezeichner, die in weiteren Deklarationen verwendet werden, vor ihrer Verwendung textuell bekannt sein müssen. Diese Regel gilt nicht für Zeigertypen, solange die Deklarationen im selben Block enthalten sind. Bei rekursiven Prozeduren entfallen die *FORWARD*-Deklarationen, außerdem dürfen in Konstantendeklarationen auch (konstante) Ausdrücke verwendet werden. Ganzzahlige Konstanten darf man auch in oktaler oder sedezimaler Schreibweise (Endung "B" bzw. "H"), beliebige Zeichen aus dem verfügbaren Zeichensatz über ihre oktale Ordnungszahl (Endung "C") angeben.

---

[1] So sind z. B. im folgenden die Typen *A* und *B* nicht kompatibel, wohl aber die Typen *A* und *C*, sowie die Komponenten aller drei Typen (vgl. [Wir83], Kap. 15):

```
TYPE A = ARRAY [1..5] OF INTEGER;
TYPE B = ARRAY [1..5] OF INTEGER;
TYPE C = A;
```

Modula unterscheidet Groß- und Kleinschreibung, Schlüsselworte müssen groß geschrieben werden. Praktischerweise sind verschachtelte Kommentare zulässig. Auf das *GOTO* hat man verzichtet. Die hinzugenommene Endlosschleife in Form des *LOOP ... END*-Konstrukts kann man jedoch kontrolliert mittels der *EXIT*-Anweisung verlassen, wobei jedoch nur die direkt umgebende Schleife abgebrochen und nach dem zugehörigen *END* fortgefahren wird. Alternativ kann in diesem Fall auch die umgebende Prozedur mittels *RETURN* beendet werden.

Bei der *FOR*-Schleife läßt Modula die Angabe einer ganzzahligen, auch negativen Schrittweite zu; die syntaktische Unterscheidung auf- und absteigender Folgen (*TO*, *DOWNTO*) entfällt. Zur Klarheit verschachtelter *IF*-Anweisungen trägt der zusätzliche, beliebig oft wiederholbare *ELSIF*-Teil bei; die *CASE*-Anweisung wurde zur Behandlung sonst nicht abgedeckter Fälle um einen *ELSE*-Zweig erweitert. Pascals Standardfunktionen zur Vorgänger- und Nachfolgerbestimmung *succ* und *pred* wurden in Modula durch die Prozeduren *INC* und *DEC* (zur In- bzw. Dekrementierung um ganzzahlige Werte mit 1 als Vorbesetzung) ersetzt. Sie sind auch auf Aufzählungstypen und *CHAR* anwendbar.

Eine weitere Verbesserung stellen die *short-circuit control forms* dar: Ein boolscher Ausdruck wird nur soweit wie nötig ausgewertet, und damit das umständliche "Abfangen" ggf. undefinierter Teilausdrücke in Pascal, speziell bei Zeigerstrukturen, vermieden, was häufig zur Klarheit der Programmstruktur beiträgt.

In Modula sind Prozeduren und Funktionen unter dem Schlüsselwort *PROCEDURE* zusammengefaßt worden. Ihre Unterscheidung ist durch den bei eigentlichen Funktionen vorhandenen Ergebnistyp im Prozedurkopf ersichtlich. Wie in Pascal sind Werte- und Variablenparameter zugelassen. Beide Arten der Unterprogramme können mittels einer oder mehrerer *RETURN*-Anweisungen an beliebiger Stelle verlassen werden. Leider läßt die Sprache, genau wie Pascal, keine strukturierten Datentypen als Funktionswert zu. Eine Besonderheit besteht in der verbindlichen Wiederholung des Prozedurnamens am Ende des Prozedurrumpfes, die Wirth zur leichteren Identifizierung von Verschachtelungsfehlern während der Kompilation eingeführt hat.

Die in Pascal gegebene Möglichkeit, Prozeduren und Funktionen in Parameterlisten anderer Prozeduren zu verwenden, wurde in Modula durch deren dynamische Allozierung an Variablen ersetzt (sog. *procedure types*). So kann man z. B.

```
TYPE  func = PROCEDURE (REAL) : REAL;
```

und

```
VAR   f : func;
```

deklarieren. Dann wird eine Zuweisung der Form

```
f := sin;
```

zulässig, so daß nun *f* mit der Sinusfunktion identisch ist. Der Typ *func* kann dann als formaler Parametertyp in Prozeduren auftreten, z. B. bei der Berechnung von Riemann-schen Integralen,

```
PROCEDURE Riemann (p : func);
 . . . . . . . . . .
```

so daß ein Aufruf von *Riemann* mit *f* als aktuellem Parameter möglich wird. Der Standardtyp *PROC* steht für beliebige parameterlose Prozeduren.

Hinzugekommen ist das Konzept der *offenen Feldparameter (open array parameters)*, d. h. die Option, eindimensionale Felder unterschiedlicher Größe an Prozedurparameter übergeben zu können. Hierbei ist nur der Komponententyp festzulegen, die untere Feldgrenze wird auf 0 transformiert, die obere ist mittels der Standardfunktion *HIGH* abfragbar. Sei beispielsweise eine Prozedur zur Zeichenketten-verarbeitung wie folgt deklariert:

```
PROCEDURE  P  (s  :  ARRAY  OF  CHAR);
```

So kann dem formalen Parameter *s* jedes beliebige Zeichenfeld zugewiesen werden, wie z. B.

```
a : ARRAY [1..10] OF CHAR;
b : ARRAY [0..99] OF CHAR;
```

Die *offenen Felder* sind aber nicht mit dynamischen Arrays wie z. B. in ALGOL-60 zu verwechseln. Denn in Modula hat die Festlegung der Feldgrenzen bereits bei der Deklaration der aktuellen Parameter in Form konstanter Ausdrücke zu erfolgen.

3.1.3 Zum Sprachumfang

Allgemein ist zu erwähnen, daß der Modula-Kern relativ knapp gehalten ist. Die in anderen Programmiersprachen üblicherweise integrierten mathematischen Funktionen, Ein- / Ausgabebehandlungen, inklusive des Datentyps *file*, sowie die Implementation der dynamischen Speicherallozierung sind in Modula vollständig aus der Sprach-definition herausgenommen und im Sinne der Modula-Philosophie auf diverse, den vielfältigen Bedürfnissen anpaßbare Module verlagert worden. Wirth beschreibt zwar die Schnittstellen einiger Standardmodule (z. B. *MathLib0*, *InOut*, *Terminal*, *Storage*), die Implementation und ggf. beliebige Erweiterung ist aber jeweils systemabhängig bei der Installation der Sprache vorzunehmen. Die *low-level facilities* unterstützen diesen Prozeß mit entsprechenden Datenstrukturen.

Bedingt durch den geringen Verwaltungsaufwand kann der Compiler – auch auf Personal-Computern – klein und effizient implementiert werden, ohne daß die Mächtigkeit der Sprache darunter leidet.

Sumner und Gleaves (vgl. [Sum82], S. 33) vertreten sogar die Ansicht, daß Modula-2 im wesentlichen den Anforderungen des Steelman-Reports für Ada (s. Abschn. 3.3.1) entspricht und somit als Alternative zu Ada zu betrachten ist.

3.2 "C"

Die Programmiersprache "C" wurde Anfang der 1970er Jahre zusammen mit dem Betriebssystem UNIX entwickelt. Fast alle unter UNIX laufenden Dienst- und Anwendungsprogramme sowie der größte Teil des Betriebssystems selbst wurden in "C" programmiert.

Im US-amerikanischen Institut für Standards *ANSI* ist eine Standardsprachdefinition für "C" in Vorbereitung (vgl. [Her86]). Solange dieser Standard noch nicht in endgültiger Form vorliegt, stellt das *C Reference Manual* von Brian W. Kernighan und Dennis M. Ritchie (als Anhang A enthalten in [Ker78]) die verbindliche Sprachdefinition dar.

Im folgenden werden einige Konzepte und Konstrukte von "C" erläutert, soweit dies zum Verständnis der im Anhang enthaltenen "C"-Programme erforderlich ist. Die Grundlage dieser Ausführungen ist [Ker78] in der deutschen Ausgabe, die auch einige der Erweiterungen des "K&R"-Standards beschreibt, wie sie in den Entwürfen des ANSI-Standards vorgesehen sind (z. B. *enum* und *void*).

3.2.1 Datentypen und Deklarationen

3.2.1.1 Elementare Datentypen

Als elementare Datentypen stellt "C" Zeichen (*char*), ganze Zahlen (*int*) und Gleitkommazahlen einfacher (*float*) sowie doppelter Genauigkeit (*double*) zur Verfügung. Ganze Zahlen können noch durch Angabe der Adjektive *short*, *long* oder *unsigned* qualifiziert werden.

int-Werte ohne Qualifizierung werden in der für die jeweilige Maschine "natürlichen" Wortgröße abgelegt, auf der VAX-11 z. B. in 32 Bits. Durch Qualifizierung einer ganzen Zahl als vorzeichenlos (*unsigned*) steht die volle Wortlänge für einen nicht-negativen Wert zur Verfügung. Die Schlüsselworte *short* und *long* können unterschiedlich lange Repräsentationen für ganzzahlige Größen angeben.[1]

Außer den vordefinierten elementaren Datentypen bietet "C" dem Programmierer die Möglichkeit, mit Hilfe des Schlüsselwortes *enum* Aufzählungstypen zu definieren.

Hingegen können Unterbereichstypen in "C" nicht definiert werden. Dies zwingt den Programmierer, Bereichsprüfungen stets explizit zu formulieren.

---

[1] Wie [Ker78] dazu lakonisch bemerkt, "... steht es jedem Übersetzer frei, *short* und *long* so zu interpretieren, wie es für seine Maschine sinnvoll ist. Sie können sich dabei eigentlich nur darauf verlassen, daß *short* nicht länger ist als *long*." (Abschn. 2.2 "Datentypen und Speicherbedarf")

Auch gibt es keinen elementaren Datentyp *Boolean* oder *logical*. Wahrheitswerte werden durch ganze Zahlen repräsentiert. Dabei wird 0 als "falsch", jeder andere Wert als "wahr" interpretiert. Die logischen Operatoren liefern als Wahrheitswert "wahr" stets 1.

3.2.1.2 Zeigertypen

Um höhere Datenstrukturen wie Listen oder Bäume zu implementieren, werden Zeigertypen benötigt. Wie in Pascal sind Zeiger auch in "C" typgebunden, d. h. eine Zeigervariable darf nur Zeiger auf Objekte eines bestimmten Typs als Wert annehmen (Allerdings ist die Typprüfung in "C" bei weitem nicht so streng wie in Pascal). Allen Zeigertypen gemeinsam ist der Wert *NULL*, der wohldefiniert auf kein Objekt zeigt.[1]

Anders als in vielen anderen Programmiersprachen werden Zeiger in "C" nicht "nur" zur Konstruktion höherer Datenstrukturen benötigt, sondern auch für Konzepte, für die in anderen Sprachen oft eigene Konstrukte zur Verfügung gestellt werden, wie etwa Referenzparameter. Außerdem können in "C" Zeiger auf jedes beliebige Objekt generiert werden, z. B. auch Zeiger auf Funktionen.

3.2.1.3 Strukturierte Datentypen

Alle vorgenannten Datentypen haben gemein, daß sie in "C" mit elementaren Operatoren manipuliert werden können. Unter strukturierten Datentypen sind solche zu verstehen, für deren Manipulation "C" keine Primitive zur Verfügung stellt. Objekte solcher Datentypen können also nur komponentenweise bearbeitet werden. Nicht einmal Zuweisungen oder Prüfung auf Gleichheit sind in "C" für strukturierte Daten-typen definiert.[2]

Von Pascal kennt man Felder (*ARRAY*s) und Verbunde (*RECORD*s). Felder gibt es auch in "C", allerdings können nicht beliebige diskrete Typen für die Indizierung verwendet werden. Vielmehr sind die Indizes stets vorzeichenlose ganze Zahlen, die bei 0 beginnen. Felder sind daher durch die Angabe des Basistyps und der Anzahl der Komponenten vollständig definiert. Felder können auch ohne Angabe der Anzahl der Komponenten (vorwärts-) deklariert werden. Man erhält dann offene Felder, ähnlich wie in Modula-2. Zeichenketten werden in "C" durch Felder von Zeichen repräsentiert, wobei ein Null-Zeichen das Ende der Zeichenkette markiert.

---

1 Eigentlich ist *NULL* eine vordefinierte *int*-Konstante, die lediglich – aufgrund der schwachen Typbindung – an Zeigervariable zugewiesen oder mit Zeigerwerten verglichen werden kann.

2 Der ANSI-Entwurf erlaubt Zuweisungen und Parameterübergaben von *struct*-Variablen.

Das *RECORD*-Konstrukt in Pascal vereinigt zwei Konzepte, die in "C" – wie etwa auch in ALGOL-68 – streng getrennt sind. Einerseits ist ein Verbund eine Ansammlung von beliebig vielen Komponenten beliebigen Typs, auf die über ihre Namen zugegriffen werden kann. Die Definition eines solchen Verbundes wird in "C" mit dem Schlüsselwort *struct* eingeleitet. Andererseits kann ein *RECORD* in Pascal einen varianten Teil enthalten, d. i. quasi eine Komponente, deren Typ je nach Situation unterschiedlich interpretiert werden kann. Dies wird in "C" durch das Konstrukt *union* geleistet. Der Name läßt sich dadurch motivieren, daß die Menge der Werte, die eine *union*-Variable annehmen kann, die Vereinigung der Wertemengen der Komponenten ist.

3.2.1.4 Deklarationen

Während die letzten Abschnitte konzeptuelle Aspekte der Datentypen in "C" behandelten, soll hier näher auf die Syntax der Variablendeklarationen eingegangen werden, da diese von den gewohnten Notationen in Pascal stark abweicht. Dabei werden die wesentlichsten Aspekte anhand von Beispielen erläutert; für eine genaue Syntaxbeschreibung sei nochmals auf [Ker78][1] verwiesen.

Variablendeklarationen können in "C" kompakter formuliert werden als etwa in Pascal. So benötigen Vereinbarungen von Zeiger- oder Feldvariablen keine namentliche Typdefinition, sondern können gemeinsam mit der Vereinbarung von Variablen des jeweiligen Basistyps niedergeschrieben werden. Hierzu werden die Bezeichner bereits in der Deklaration mit dem Operator, der auf den Basistyp führt, verknüpft.

```
int i, ai[n], *pi = NULL, fi(), *fpi(), (*pfi)();
```

Diese Deklaration vereinbart *i* als ganzzahlige Variable (*int*), *ai* als Feld mit *n* ganzzahligen Komponenten, *pi* als Zeiger auf eine Ganzzahlvariable, *fi* als Funktion, die eine ganze Zahl als Ergebnis liefert, *fpi* als Funktion, die einen Zeiger auf eine ganze Zahl als Ergebnis liefert und *pfi* als einen Zeiger auf eine Funktion, die ein ganzzahliges Ergebnis liefert. Hierbei wird die Variable *pi* gleichzeitig mit dem Wert *NULL* initialisiert. Die Deklarationen von *fi* und *fpi* entsprechen Vorwärtsdeklarationen in Pascal; sie sind nur dann nötig, wenn Funktionen aufgerufen werden sollen, bevor sie definiert worden sind.

Die Verwendung der Operatoren für den Zugriff auf eine Komponente eines Feldes (*[]*), die Dereferenzierung von Zeigern (*) und den Funktionsaufruf (*()*) bereits in den Vereinbarungen hat den mnemotechnischen Vorteil, daß man der Deklaration auf einen Blick ansieht, daß etwa *(*pfi)()*, also das Ergebnis der Funktion, auf die *pfi* zeigt, vom Typ *int* ist.

---

[1] Insbesondere Anhang A, Abschn. 8.4.

Verbunde, Vereinigungen und auch Aufzählungen sind noch keine Datentypen, sondern lediglich Mechanismen zur Konstruktion neuer Datentypen, die aus beliebig vielen benannten Komponenten bestehen. Solche Typen müssen daher ausdrücklich definiert und benannt werden. Die Syntax dafür ist einheitlich: dem Typkonstruktor (einem der Schlüsselwörter *struct*, *union* oder *enum*) folgt der Name des zu konstruierenden Datentyps, dann die Aufzählung der Komponenten und schließlich die Namen der zu deklarierenden Variablen des jeweiligen Typs (wobei selbstverständlich wieder Zeiger, Felder und Funktionen in derselben Deklaration vereinbart werden können). In späteren Deklarationen des gleichen Typs kann dann die Aufzählung der Komponenten ausgelassen werden. Steht von vornherein fest, daß keine weiteren Deklarationen des gleichen Typs benötigt werden, so kann der Typbezeichner ausgelassen werden.

Die folgenden Beispiele mögen dies verdeutlichen. Zunächst werden *foreground* und *background* als Variable des Aufzählungstyps *color* vereinbart, wobei *background* mit dem Wert *blue* initialisiert wird. Die nächste Deklaration vereinbart *root* als Zeiger auf einen Verbund vom Typ *tree*. Der Anfangswert des Zeigers ist *NULL*. Jeder Verbund vom Typ *tree* enthält eine Ganzzahlvariable *key*, eine maximal 20-stellige Zeichenkette *name* und je einen Zeiger auf einen linken und rechten Nachfolger gleichen Typs. Schließlich wird die Variable *address* vereinbart, deren Wert als Zeiger auf ein Zeichen oder als vorzeichenlose ganze Zahl interpretiert wird, je nachdem, ob er als *address.ptr* oder als *address.val* angesprochen wird. Dieser Vereinigungstyp erhält keinen Namen; es können daher keine weiteren Variablen dieses Typs deklariert werden.

```
enum color {red, green, blue};

enum color foreground, background = blue;

struct tree {
        int           key;
        char          name [20];
        struct tree *lchild, *rchild;
} *root = NULL;

union {
        char        *ptr;
        unsigned val;
} address;
```

Wie bereits erwähnt wurde, können Variable bei der Deklaration bereits mit einem Startwert versehen werden. Solche Initialisierungen sind auch für strukturierte Variable möglich: dazu werden einfach die Startwerte der einzelnen Komponenten aufgezählt und mit geschwungenen Klammern umfaßt, also z. B.

```
struct tree empty_tree = {0, "dummy", NULL, NULL};

float unit [3][3] = {{1.0,  0.0,  0.0},
                     {0.0,  1.0,  0.0},
                     {0.0,  0.0,  1.0}};
```

3.2.1.5 Typprüfung

Während die Möglichkeiten zur Strukturierung von Daten in "C" denen anderer
moderner Programmiersprachen nicht nachstehen, ist ein anderer Aspekt des modernen
Typenkonzeptes kaum berücksichtigt. Die Typprüfung, also die automatische Untersuchung aller Operanden in Ausdrücken und Anweisungen auf gleiche oder zumindest
verträgliche Typen durch den Übersetzer, findet in "C" nur in geringem Umfang statt.
Als Beispiel seien hier automatische Typumwandlungen und die fehlende Überprüfung
von Feldgrenzen aufgeführt.

Die Definition von "C" führt eine Reihe von Situationen auf, in denen implizite
Typkonversionen durchgeführt werden. Hierzu zählen insbesondere Zuweisungen, in
denen grundsätzlich – selbst dann, wenn dabei Information verloren geht! – der Typ des
zugewiesenen Ausdrucks dem der Zielvariablen angepaßt wird, sowie arithmetische
Ausdrücke, in denen die (in [Ker78] so genannten[1]) "üblichen arithmetischen
Umwandlungen" zur Anwendung kommen. Diese besagen, daß in jedem Teilausdruck
kürzere ganzzahlige Operanden (*char*, *short*, *enum*[2]) in längere (*int*, *long*) und ganzzahlige Operanden in Gleitkommazahlen verwandelt werden, wenn ein anderer Operand
bereits den "höheren" Typ hat. Außerdem werden alle Gleitkommaoperationen in
doppelter Genauigkeit durchgeführt, selbst wenn alle Operanden nur einfache Genauigkeit haben.

Es wurde bereits erwähnt, daß das Konzept des Feldes in "C" gegenüber anderen
Sprachen dadurch vereinfacht ist, daß als Indizes nur ganze Zahlen ab 0 verwendet
werden können. Überspitzt könnte man sagen, daß es in "C" überhaupt keine Felder
gibt, sondern lediglich Zeigerarithmetik. So wird der Name einer Feldvariablen, wenn
er ohne den Komponentenoperator (*[]*) verwendet wird, zu einem Zeiger auf die erste
Komponente evaluiert, und der Ausdruck *a[i]* ist äquivalent zu *((a)+(i))*.

Für die Programmierpraxis hat das vereinfachte Typkonzept von "C" zur Folge, daß
eine Vielzahl häufiger Programmierfehler nicht, wie in streng typgebundenen Sprachen,
vom Übersetzer oder Laufzeitsystem erkannt werden können. Hierzu zählen versehent-
liche Genauigkeitsverluste bei Vermengung von ganzzahligen und Gleitkommawerten
ebenso wie die Überschreitung von Feldgrenzen.

---

[1] Anhang A, Abschn. 6.6.

[2] Anders als in anderen modernen Programmiersprachen sind Aufzählungstypen in "C" nicht mit allen anderen
Typen paarweise disjunkt. Vielmehr werden die Komponenten eines Aufzählungstyps – wie auch Zeichen – wie
int-Werte behandelt. Insbesondere sind die arithmetischen Operationen anwendbar.

3.2.2 Ausdrücke und Anweisungen

Ausdrücke bestehen aus einem bis endlich vielen *Operanden*, die durch *Operatoren* verknüpft werden. Operanden können Konstanten, Bezeichner von "C"-Objekten oder (geklammerte) Ausdrücke sein. *Anweisungen* wiederum bestehen aus Schlüsselwörtern und/oder Ausdrücken.

3.2.2.1 Operanden

Zeichenkonstanten werden wie in Pascal in einfachen Anführungszeichen notiert. Außerdem besteht die Möglichkeit, mit Hilfe eines Fluchtsymbols (unter anderen) folgende Zeichen darzustellen:

'\n'   Zeilenvorschub,
'\t'   Tabulator,
'\\'   das Fluchtsymbol selbst,
'\''   das einfache Anführungszeichen.

Ebenfalls mit Hilfe des Fluchtsymbols können darüber hinaus beliebige Zeichen durch Angabe ihrer maschinenspezifischen Repräsentation in Oktalziffern angegeben werden, etwa '\014' für das ASCII-Zeichen "Form Feed" (Seitenvorschub).

Die Laufzeitbibliothek enthält Funktionen zur Manipulation von Zeichenketten. Diese Funktionen erwarten, daß das Ende einer Zeichenkette durch ein Null-Zeichen markiert ist, d. i. das Zeichen '\000', nicht etwa das Zeichen '0'. Eine Folge von Zeichen, die mit doppelten Anführungszeichen eingefaßt ist (z. B. "Zeichenkette"), wird vom Übersetzer automatisch in diesem Format abgelegt. Auch in solchen Zeichenkettenkonstanten können mit Hilfe des o. g. Fluchtsymbols Sonderzeichen dargestellt werden, etwa in "Bei Fehlern ertönt die \007Warnglocke". Der Wert einer Zeichenkettenkonstanten ist ein Zeiger auf den Speicherbereich, in dem die Zeichenfolge abgelegt wurde.

Ganzzahlige Konstanten können in oktaler, dezimaler oder sedezimaler Notation angegeben werden. Für Gleitkommakonstanten steht die übliche Exponentialdarstellung zur Verfügung.

3.2.2.2 Operatoren und Ausdrücke

Aus der Vielzahl der Operatoren in "C" sollen hier nur die wichtigsten tabellarisch aufgeführt werden (Tabellen 3-B und 3-C). Einige der aufgeführten Operatoren[1] bedürfen sicherlich etwas näherer Erläuterung:

Die sogenannte *cast*[2]-Operation *(Typ)* erzwingt eine Konversion des Operanden in den genannten *Typ*.

sizeof-Ausdrücke werden zur Übersetzungszeit ausgewertet und stellen damit keine Operation im eigentlichen Sinne dar. Ähnliches gilt für den Adreßoperator &.

Die Prä- und Postinkrement- und -dekrementoperatoren ++ und -- übertragen Adressierungsmodi, die auf vielen Prozessoren zur Verfügung stehen, in eine hochsprachliche Notation. Der Unterschied zwischen der Präfix- und der Postfix-notation mag an einem Beispiel deutlicher werden: $m=n++;$ ist äquivalent zu $m=n;$ $n=n+1;$ während $m=++n;$ äquivalent ist zu $n=n+1;$ $m=n;$.

Operator	Syntax	Semantik
--	Präfix	arithmetische Negation
!	Präfix	logische Negation
~	Präfix	bitweises Komplement
*	Präfix	Dereferenzierung von Zeigern
&	Präfix	Adresse des Operanden
(Typ)	Präfix	explizite Typumwandlung
sizeof()	Präfix	Speicherbedarf des Operanden in Bytes
++	Präfix	Erhöhung des Operanden um 1 VOR Auswertung
--	Präfix	Verminderung des Operanden VOR Auswertung
++	Postfix	Erhöhung des Operanden um 1 NACH Auswertung
--	Postfix	Verminderung des Operanden NACH Auswertung
()	Postfix	Funktionsaufruf
[]	Postfix	Auswahl einer Feldkomponente

Abb. 3-2:   Unäre Operatoren in "C"

Der Operator -> stellt eine Abkürzung für Kombinationen aus den Operatoren * und . dar, d. h. a->b ist äquivalent zu $(*a).b$

---

1 Die in den Tabellen enthaltenen Operatoren für Funktionsaufruf und Auswahl von Feld-, Verbund- und Vereinigungskomponenten (auch nach Dereferenzierung) werden in [Ker78], Anhang A, Abschn. 7.1 nicht als *Operatoren* aufgeführt, sondern als Konstrukte zur Bildung *einfacher Ausdrücke (primary expressions)*, zu denen auch geklammerte Teilausdrücke zählen. Der Einfachheit halber wird diese Unterscheidung hier im folgenden nicht durchgeführt.

2 Englisch: Gipsverband.

Durch den Komma-Operator können zwei Ausdrücke nacheinander ausgewertet werden und dabei syntaktisch als *ein* Ausdruck gelten[1]. Der linke Operand des Operators wird zuerst ausgewertet, der Wert des gesamten Ausdrucks ist der Wert des rechten Operanden. Dieses Konstrukt ist sinnvoll zu verwenden, wenn mehrere Operationen ausgeführt werden sollen, aber nur ein Ausdruck syntaktisch erlaubt ist, z. B. im Bedingungsteil von Schleifen.

```
Operator      Vorrang    Semantik

    .            1       Auswahl einer struct- oder union-Komponente
   ->            1       Komponentenauswahl nach Dereferenzierung
   * /           2       Multiplikation und Division
    %            2       Rest bei ganzzahliger Division
   + -           3       Addition und Subtraktion
 < <= > >=       4       übliche Vergleichsoperationen (Anordnung)
   == !=         5       Vergleichsoperationen Gleichheit, Ungleichh.
    &&           6       logisches "und"
    ||           7       logisches "oder"
    =            8       Zuweisung
    ,            9       Nacheinander-Auswertung
```

Abb. 3-3: Binäre Operatoren in "C" (Auswahl)
(Vorrang von oben nach unten fallend, der Vorrang der unären Operatoren liegt zwischen den Stufen 1 und 2)

Die logischen Operatoren && und // dürfen nicht verwechselt werden mit den Operatoren & und /. Letztere stehen für bitweises "und" und "oder" und sind in obiger Tabelle nicht aufgeführt, einerseits um Verwirrung zu vermeiden, andererseits weil sie in dieser Arbeit nicht verwendet werden. Verwechslungsgefahr besteht außerdem bezüglich des unären Adreßoperators &. Die Auswertung der logischen Operationen ist nicht strikt, d. h. wenn der Wert des Ausdrucks bereits nach der Auswertung des linken Operanden feststeht, wird der rechte Operand nicht mehr ausgewertet.

Besondere Beachtung verdient der Zuweisungsoperator. Anders als in Pascal und Modula-2 nimmt die Zuweisung in "C" keine besondere syntaktische Funktion ein. Vielmehr ist sie eine Operation wie andere auch. Dies bedeutet, daß die Zuweisungsoperation syntaktisch keine Anweisung ist, sondern ein Ausdruck. Als solche hat sie einen Wert (nämlich den zugewiesenen), der als Operand in einem umgebenden Ausdruck weiterverwendet werden kann. Dadurch werden z. B. Mehrfachzuweisungen ermöglicht.

---

[1] Bei Funktionsaufrufen werden die Aktualparameter durch Kommata getrennt. Hier müssen zusätzlich Klammern gesetzt werden, wenn der Operator für Nacheinander-Ausführung gemeint ist.

Der Zuweisungsoperator kann darüber hinaus mit einigen der anderen binären Operatoren kombiniert werden. Die entstehenden zusammengesetzten Zuweisungsoperatoren haben den gleichen syntaktischen Wert wie der einfache Zuweisungsoperator. Semantisch ist dabei *a op= e* äquivalent zu *a = a op (e)*, wobei *op* einer der binären arithmetischen Operatoren ist.[1] Diese Notation verhindert das fehlerträchtige Wiederholen womöglich langer gleicher Teilausdrücke auf beiden Seiten einer Zuweisungsoperation.

Außer den unären und binären Operatoren gibt es in "C" einen ternären Operator für die bedingte Auswertung von Ausdrücken. Der Wert des Ausdrucks *e1 ? e2 : e3* ist der Wert von *e2*, wenn *e1* zu "wahr" evaluiert wird, sonst der Wert von *e3*.

Für weitergehende Detailinformationen zu Operatoren und Ausdrücken (etwa über weitere Operatoren, Zeigerarithmetik, Assoziativität und Auswertungsreihenfolge) in "C" sei abermals auf [Ker78], insbesondere Anhang A, Abschn. 7 verwiesen.

3.2.2.3 Anweisungen und Kontrollstrukturen

Durch Anfügen eines Semikolons (*;*) wird aus einem Ausdruck eine Anweisung. Anders als etwa in Pascal dient das Semikolon also nicht zur Trennung mehrerer, sondern zur Begrenzung einzelner Anweisungen.

Außer diesen elementaren Anweisungen stehen Schlüsselwörter zur Konstruktion der üblichen Kontrollstrukturen zur Verfügung, die zum Standard moderner höherer Programmiersprachen gehören:

Die Zusammenfassung von Anweisungen, die in Pascal durch *BEGIN* und *END* realisiert wird, erfolgt in "C" durch geschwungene Klammern (*{* und *}*, vgl. Abschn. 3.2.3.2).

Für binäre Fallunterscheidungen steht die *if*-Anweisung mit optionalem *else*-Zweig und für die Auswahl eines aus mehreren möglichen Fällen die *switch*-Anweisung, vergleichbar mit dem *CASE* in Pascal oder Modula-2, zur Verfügung. In der *switch*-Anweisung besteht die Möglichkeit einen *default*-Zweig anzugeben, der ausgeführt wird, falls keiner der explizit aufgeführten Fälle zutrifft. Zu beachten ist bei der Verwendung der *switch*-Anweisung, daß die einzelnen *case*-Marken nichts anderes sind als eben Marken: die *switch*-Anweisung wird in einen Sprung zu der betreffenden Marke übersetzt. Die dazugehörigen Anweisungen werden auch keineswegs (wie in Modula-2) durch die nächste *case*-Marke abgeschlossen. Der Programmierer gewinnt dadurch die Möglichkeit, die einzelnen Ausführungszweige überlappen zu lassen.

---

[1] Die Klammern um *e* sind dabei notwendig, da z. B. *a *= b+c* nicht etwa äquivalent ist zu *a = a*b+c*.

Wie in anderen Programmiersprachen auch, kann man in "C" Schleifen formulieren mit Auswertung der Abbruchbedingung vor der Ausführung des Schleifenrumpfes (*for, while*) oder danach (*do*). Hierbei ist allerdings das *for*-Konstrukt flexibler als in den meisten anderen Sprachen. Es können nämlich beliebige Ausdrücke zur Initialisierung und Re-Initialisierung einer oder mehrerer Schleifenkontrollvariablen sowie zur Prüfung der Abbruchbedingung angegeben werden. Genauer gesagt ist

```
for (expr1; expr2; expr3)
        stmt
```

äquivalent zu

```
expr1;
while (expr2) {
        stmt
        expr3;
}
```

wobei *expr1*, *expr2* und *expr3* beliebige Ausdrücke sind. Dadurch können z. B. nicht nur Felder, sondern auch verkettete Listen mit einer *for*-Anweisung durchlaufen werden.

Zum strukturierten Verlassen der vorgenannten Konstrukte steht die *break*-Anweisung zur Verfügung. Diese ist besonders wichtig für die *switch*-Anweisung, da hier jeder der alternativ auszuführenden Zweige mit *break* abgeschlossen werden muß, um ein "Durchfallen" des Programmflusses in den nächsten Zweig zu verhindern. Aber auch Schleifen können mit *break* an beliebigen Stellen verlassen werden.

Die Syntax der oben genannten Kontrollstrukturen weicht von der Pascal-Syntax dadurch ab, daß Füllworte wie *THEN* oder *DO* nicht vorkommen. Um die Syntax-analyse ähnlich einfach zu halten, werden stattdessen die Bedingungen stets in Klammern gesetzt.

3.2.3 Programmstruktur

Ein Programm in "C" ist eine Sammlung von Daten- und Funktionsdefinitionen. Dabei muß genau eine Funktion mit dem Namen *main* definiert werden; diese stellt das Hauptprogramm dar.

Anders als in Pascal können Datenobjekte und Funktionen in beliebiger Reihenfolge definiert werden. Dadurch können die Definitionen nach logischen Gesichtspunkten geordnet werden. Die einzige Einschränkung dabei – nämlich, daß jeder Bezeichner vor seiner Verwendung deklariert werden muß – kann durch Vorwärtsdeklarationen überwunden werden.

3.2.3.1 Funktionen

Funktionsdefinitionen in "C" ähneln denen von ALGOL. Der Angabe des Ergebnistyps folgt der Bezeichner der Funktion, eine Liste der Namen der Formalparameter (die auch dann in Klammern eingefaßt werden muß, wenn sie leer ist), ggf. die Typdeklarationen der Formalparameter und schließlich ein Block (s. u., Abschn. 3.2.3.2), der lokale Datenvereinbarungen und ausführbare Anweisungen enthält.

Als Ergebnistyp kann das Schlüsselwort *void* angegeben werden. Dies bezeichnet keinen Datentyp, sondern gibt an, daß die Funktion kein Ergebnis liefert. Solche Funktionen sind also Prozeduren im Sinne von Pascal.

Das Funktionsergebnis wird an die aufrufende Funktion durch eine *return*-Anweisung zurückübergeben. Die *return*-Anweisung terminiert auch die Ausführung einer Funktion, so daß sie – ohne Argument – auch zur Rückkehr aus einer *void*-Funktion verwendet werden kann.

Funktionsparameter sind stets Wertparameter. Werden Referenzparameter benötigt, so sind explizit Zeiger zu übergeben. Hierzu kann beim Aufruf der Adreßoperator verwendet werden, der einen Zeiger auf seinen Operanden erzeugt. Eine scheinbare Ausnahme von dieser Regel bilden Felder. Da der Name eines Feldes – wie bereits erwähnt – zu einem Zeiger auf seine erste Komponente evaluiert wird, ist hier der Adreßoperator überflüssig; Felder werden daher stets als (Pseudo-) Referenzparameter übergeben. Darüber hinaus kann bei der Deklaration von Feldern als Parametern die Angabe der Größe des Feldes ausgelassen werden; dies entspricht dem Mechanismus der offenen Feldparameter in anderen Programmiersprachen. Da auch der Name einer Funktion, wenn er ohne den Aufrufoperator *()* verwendet wird, zu einem Zeiger auf die Funktion evaluiert wird, können auch (Zeiger auf) Funktionen als Parameter übergeben werden.

Funktionsdefinitionen können nicht wie in Pascal geschachtelt werden. Vielmehr sind alle Funktionen "global". Die Sichtbarkeit einer Funktion hängt von ihrer Plazierung im Quelltext ab. Diese Regel kann durch Vorwärtsdeklarationen und Angabe von Speicherungsklassen (s. u., Abschn. 3.2.3.3) durchbrochen werden.

Rekursion ist in "C" erlaubt. Dies gilt sogar für das Hauptprogramm, die Funktion *main*. Da dies eine Funktion wie jede andere ist, kann sie sich direkt oder indirekt selbst aufrufen. Viele Betriebssysteme, z. B. UNIX, unterstützen auch die Übergabe von Parametern an *main* beim Start des Programms sowie die Rück-Übergabe eines Ergebnisses von *main* am Ende der Ausführung des Programms.

3.2.3.2 Blöcke

Der Rumpf einer Funktion wird als Block dargestellt. Ein Block besteht aus Deklarationen und Anweisungen, die von geschwungenen Klammern eingefaßt werden. Alle Deklarationen müssen der ersten ausführbaren Anweisung eines Blockes vorausgehen.

Variable, die innerhalb eines Blockes definiert sind, werden dynamisch beim Eintritt in den Block erzeugt und beim Austritt wieder vernichtet, sofern nicht durch Angabe einer Speicherungsklasse (s. u.) eine andere Art der Speicherallozierung vorgeschrieben wird.

Neben der Verwendung als Funktionsrümpfe können Blöcke überall dort stehen, wo Anweisungen erwartet werden. Die Blockstruktur von "C" entspricht somit eher der von ALGOL oder auch Ada als der von Pascal.

3.2.3.3 Getrennte Übersetzung und Speicherungsklassen

Die Funktions- und Datendefinitionen eines Programmes können auf mehrere Quelltexte verteilt werden. Die einzelnen Quelltexte können unabhängig voneinander übersetzt werden. Die entstehenden Objektdateien müssen dann zu einem ausführbaren Programm gebunden werden.

Die Sichtbarkeit von Variablen und Funktionen, sowohl innerhalb eines Quelltextes als auch über die Grenzen eines Quelltextes hinaus, sowie die Lebensdauer von Variablen können durch die Angabe von Speicherungsklassen kontrolliert werden. Hierbei muß man zunächst unterscheiden zwischen Deklarationen und Definitionen, sodann zwischen Vereinbarungen innerhalb eines Blockes und solchen auf globaler Ebene.

Jedes "C"-Objekt (Funktion oder Variable) kann nur einmal definiert, aber beliebig oft (vorwärts-) deklariert werden. Bei der Definition einer Funktion wird Code erzeugt, bei der Definition einer Variablen Speicherplatz reserviert und ggf. initialisiert. Deklarationen hingegen machen lediglich den Bezeichner eines woanders definierten Objekts sichtbar. Funktionsdeklarationen bestehen nur aus dem Ergebnistyp, dem Bezeichner und dem Aufrufoperator *()*, d. h. die Parameterliste und der Rumpf fehlen. Variablendeklarationen enthalten keine Startwerte.

Lokale Variable eines Blockes (Funktionen können nur auf globaler Ebene definiert werden) können in einer der vier Speicherungsklassen *extern*, *static*, *auto* und *register* vereinbart werden. Wird keine Speicherungsklasse angegeben, so wird *auto* angenommen.

Die Speicherungsklasse *extern* kennzeichnet die Deklaration eines Objektes, das in einem anderen Quelltext definiert wird.

Lokale Variablen in der Speicherungsklasse *static* "überleben" den Ausstieg aus dem Block und haben bei erneutem Eintritt noch den gleichen Wert. Sie werden auch bei rekursivem Aufruf nicht neu angelegt. *static*-Variable sind physikalisch globale Variable, auf die aber nur innerhalb des Blockes, in dem sie definiert sind, zugegriffen werden kann. Wie globale Variable, werden sie mit 0 initialisiert, wenn nicht ein anderer Startwert angegeben ist. Der Mechanismus der *static*-Variablen entspricht den *own*-Variablen in ALGOL oder der – laut [Hor84], Abschn. 4.2 (S. 84 f.) – üblichen Implementation lokaler Variablen in FORTRAN.

Die Speicherungsklasse *auto* entspricht dem Konzept der lokalen Variablen in Pascal. *auto*-Variable werden beim Eintritt in den Block dynamisch erzeugt und beim Austritt wieder vernichtet. Der Wert einer *auto*-Variablen ist vor der ersten Zuweisung undefiniert, es sei denn, ein Anfangswert wurde bei der Definition ausdrücklich angegeben.

register-Variable entsprechen hinsichtlich Lebensdauer und Sichtbarkeit den *auto*-Variablen. Diese Speicherungsklasse dient lediglich der Effizienzsteigerung, indem der Übersetzer angewiesen wird, die betreffende Variable, wenn möglich, nicht im Hauptspeicher, sondern in einem CPU-Register anzulegen. Dies hat allerdings zur Folge, daß auf *register*-Variable der Adreßoperator nicht angewendet werden kann.

Auf globaler Ebene stehen die Speicherungsklassen *auto* und *register* nicht zur Verfügung. Variable und Funktionen sind von ihrer Deklaration bis zum Ende des Quelltextes sichtbar. Durch *extern*-Deklarationen können Objekte sichtbar gemacht werden, die in anderen Quelltexten definiert sind.

Globale Vereinbarungen ohne Angabe einer Speicherungsklasse definieren Objekte, die von anderen Quelltexten aus durch eine *extern*-Definition sichtbar gemacht werden können.

Die Speicherungsklasse *static* verhindert den Zugriff auf das so definierte Objekt von außerhalb des Quelltextes. Innerhalb des Quelltextes gelten die normalen Sichtbarkeitsregeln für globale Objekte. Verschiedene Objekte gleichen Namens können in verschiedenen Quelltexten definiert werden, wenn sie stets als *static* vereinbart werden.

An dieser Stelle muß noch erwähnt werden, daß der Übersetzer, da er ja immer nur einen Quelltext zur Zeit bearbeitet, keine Möglichkeit hat, Inkonsistenzen zwischen der Definition eines Objektes und *extern*-Deklarationen desselben Objektes in anderen Quelltexten aufzuspüren. Erschwerend kommt hinzu, daß bei Funktionen aufgrund der fehlenden Parameterliste in der Deklaration nicht nur nicht festgestellt werden kann, ob die beim Aufruf übergebenen Argumente die richtigen Typen haben. Vielmehr kann nicht einmal sichergestellt werden, daß die richtige *Anzahl* von Argumenten übergeben wird[1].

3.2.3.4 Typdefinitionen

Syntaktisch die gleiche Funktion wie die Schlüsselwörter für Speicherungsklassen hat das Schlüsselwort *typedef*. Die Semantik ist aber eine völlig andere. Die Bezeichner, die in einer *typedef*-Vereinbarung die Position der vereinbarten Objekte einnehmen, werden zu Bezeichnern für den jeweiligen Datentyp. Dadurch können diese Bezeichner später wie die Typschlüsselwörter verwendet werden, um Objekte zu vereinbaren. Dies mag wieder durch ein Beispiel deutlicher werden:

```
typedef struct tree {
        int        key;
        char       name [20];
        struct tree *lchild, *rchild;
} TREE, *TREEPTR;

static TREE empty_tree = {0, "dummy", NULL, NULL};

TREEPTR root = &empty_tree;

TREEPTR search();
```

Durch die *typedef*-Vereinbarung wird *TREE* zu einem Bezeichner für den angegebenen *struct*-Typ, *TREEPTR* zu einem Bezeichner für den entsprechenden Zeigertyp. Diese Bezeichner können danach anstelle der Deklaratoren *struct tree* bzw. *struct tree ** verwendet werden, um Datenobjekte oder Funktionen zu vereinbaren.

3.2.4 Besonderheiten

In diesem Abschnitt sollen einige Eigenarten von "C" kurz erläutert werden, die sich nicht einem der obigen Abschnitte zuordnen lassen.

3.2.4.1 Bezeichner

Bezeichner können wie in Pascal aus Buchstaben, Ziffern und dem Unterstrich aufgebaut werden. Lexikalisch gibt es zwei Unterschiede zu Bezeichnern in Pascal. Zum einen wird Groß- und Kleinschreibung unterschieden, zum anderen kann der

---

[1] Im Entwurf des ANSI-Standards können auch Funktions*deklarationen* formale Parameterlisten enthalten. Dies erlaubt weitergehende Prüfungen durch den Übersetzer.

Unterstrich wie ein Buchstabe verwendet werden, d. h. er ist signifikant und kann auch am Anfang eines Bezeichners stehen.

Aufgrund dieser Unterschiede können durch geringe Abweichungen in der Schreibweise viele Bezeichner aus einem Namen gewonnen werden. Diese Möglichkeit ermutigt durchaus zur Verwendung selbsterklärender Bezeichner, da der Programmierer nicht künstlich gezwungen ist, ständig neue Namen für verwandte Objekte zu erfinden. In obigem Beispiel zu *typedef*-Vereinbarungen etwa wird der Name *tree* für den *struct*-Bezeichner und *TREE* für den definierten Typ verwendet.

Viele "C"-Programmierer halten sich an die Konvention, Variablen- und Funktionsbezeichner klein zu schreiben, Konstanten- und Typbezeichner groß (und zwar GANZ), und lokale Bezeichner in Typdefinitionen und Dienstmodulen, die mit Bezeichnern im benutzenden Programm in Konflikt geraten könnten, mit Unterstrichen beginnen zu lassen. In den im Anhang enthaltenen Programmen wird diese Konvention weitgehend eingehalten, mit der einen Ausnahme, daß Variablen- und Funktionsbezeichner zwecks besserer Lesbarkeit zwar klein, aber mit großen Anfangsbuchstaben, auch bei zusammengesetzten Worten, geschrieben wurden.

Ein syntaktischer Unterschied zu Pascal besteht darin, daß die Bezeichner von *struct*-oder *union*-Komponenten zwar nicht mit globalen Objektbezeichnern in Konflikt geraten können, wohl aber mit den Bezeichnern von Komponenten in anderen *structs* oder *unions*. Solche Bezeichner werden nämlich in einer gemeinsamen Klasse verwaltet, während in Pascal jede *RECORD*-Deklaration eine neue Bezeichnerklasse eröffnet.

3.2.4.2 Präprozessor

Der "C"-Übersetzer enthält einen sogenannten Präprozessor, der den Quelltext vor der Übersetzung aufbereitet. Der Präprozessor interpretiert bestimmte Kommandos im Quelltext. Diese Kommandos sind zeilenorientiert (während "C" ansonsten formatfrei ist) und beginnen mit einem Doppelkreuz, das das erste Nicht-Leerzeichen in der Zeile sein muß. Zwei der Präprozessor-Kommandos werden im folgenden näher erläutert. Die anderen, die die bedingte Übersetzung und die Generierung von Zeilennummern in der Programmliste betreffen, sind für diese Arbeit nicht von Bedeutung. Eine vollständige Darstellung des Präprozessors findet sich in [Ker78], Anhang A, Abschn. 12.

Durch die Präprozessor-Anweisung *#include* wird der angegebene Quelltext mit übersetzt. Dies kann genutzt werden, um Deklarationen, die in mehreren Programmen oder in mehreren Modulen eines Programmes benötigt werden, nicht in jedem der betreffenden Quelltexte wiederholen zu müssen. Stattdessen werden solche Deklarationen in einer sogenannten Kopfdatei[1] zusammengestellt, die dann durch das *#include*-Kommando in jeden der betreffenden Quelltexte eingebunden wird. Dadurch werden die Probleme, die üblicherweise mit redundanter Datenhaltung verbunden sind, vermieden, insbesondere das Problem, *eine* Änderung in *vielen* Quelltexten vornehmen zu müssen. Eine Reihe solcher Kopfdateien gehört in der Regel zum Lieferumfang eines "C"-Übersetzers, insbesondere die Deklarationen der Objekte in der mitgelieferten Laufzeitbibliothek.

Der Dateiname des mit zu übersetzenden Quelltextes wird entweder in doppelte Anführungszeichen oder in spitze Klammern eingefaßt. Während Quelldateien in Anführungszeichen bei der Übersetzung zunächst im aktuellen Verzeichnis (*directory*) und dann – bei Mißerfolg – in bestimmten, durch die Implementation festgelegten Standardverzeichnissen gesucht werden, wird bei Quelldateien in spitzen Klammern die Suche im aktuellen Verzeichnis ausgelassen.

Besonders mächtig ist das Präprozessor-Kommando *#define*. Es führt eine Textersetzung (*token replacement*) durch. In der einfachsten Form entspricht dies der Konstantendeklaration in Pascal. Allerdings können auch Schlüsselwörter und Sprachsymbole ersetzt werden. So haben sich manche Programmierer angewöhnt, ihre Programme durch

```
#define BEGIN {
#define END   }
```

"fast wie Pascal" aussehen zu lassen. Dies hat durchaus einen tieferen Sinn, wenn man an Rechnern oder Terminals arbeitet, auf denen die geschwungenen Klammern nicht zur Verfügung stehen oder nur umständlich erzeugt werden können.

Darüberhinaus können die ersetzten Symbole parametrisiert sein. Auf diese Weise können einfache "Funktionen" oft effizienter implementiert werden. Auch hierzu ein Beispiel:

```
#define MAX(a,b) ((a) > (b) ? (a) : (b))
```

Diese Definition realisiert nicht nur die Errechnung des Maximums zweier Werte ohne den Verwaltungsaufwand für Funktionsaufrufe. Da die Textersetzung vor der eigentlichen Übersetzung stattfindet, ist sie außerdem typunabhängig: mit *MAX* kann das größere zweier Zeichen ebenso bestimmt werden wie die größere zweier Gleitkomma- oder ganzen Zahlen (Zur Erläuterung des ternären Operators *? :* vgl. Abschn. 3.2.2.2). Man beachte auch, daß die Parameter einer solchen "Funktion"

---

[1] Englisch: Header; daher der Dateiname, der meist auf ".h" endet.

Namensparameter[1] sind. Die Nichtbeachtung dieses Umstandes ist einer der häufigsten Programmierfehler in "C".[2]

3.2.4.3 Laufzeitbibliothek

Zu einer "C"-Implementation gehört neben dem Übersetzer auch eine Bibliothek von Funktionen für Ein- und Ausgabe, Speicherverwaltung und andere Operationen, von denen der Programmierer erwarten darf, sie nicht selbst programmieren zu müssen. Im folgenden sollen einige Funktionen der Standardlaufzeitbibliothek[3] dargestellt werden, die in den im Anhang enthaltenen Programmen Verwendung finden.

Die Deklarationen, die erforderlich sind, um die Bibliotheksfunktionen zu verwenden, sind in einer Reihe von Kopfdateien zusammengestellt, z. B. enthält *stdio.h* die Deklarationen für die üblichen Ein- / Ausgabefunktionen.

Sequentielle, zeichenorientierte Ein- und Ausgabe macht einen großen Teil der Laufzeitbibliothek aus. Es wird ein abstrakter Datentyp *FILE* zur Verfügung gestellt, über den die Ein- / Ausgabe abgewickelt wird. Eine Reihe von Standard-*FILE*s kann verwendet werden, ohne daß sie explizit vereinbart und geöffnet werden müssen: *stdin* für Eingabe, *stdout* für Ausgabe, *stderr* für Fehlermeldungen (alle drei *FILE*s werden in der Regel dem Terminal des Benutzers zugeordnet) und andere.

Mit der Funktion *fopen* wird ein *FILE* einer Datei im Sinne des Betriebssystems zugeordnet. Als zweiter Parameter (nach dem Dateinamen) wird der Funktion eine Zeichenkette übergeben, die angibt, in welcher Art und Weise auf die Datei zugegriffen werden soll: "r" für lesenden Zugriff, "w" für schreibenden und so weiter. Das Ergebnis der Funktion *fopen* ist ein Zeiger auf ein *FILE*, der danach den Ein- / Ausgabefunktionen als Parameter übergeben wird, um den Ein- / Ausgabekanal zu identifizieren.

Die Funktion *printf* gibt eine Zeichenkette an *stdout* aus, *fprintf* leistet das gleiche für einen beliebigen Ausgabekanal. Die auszugebende Zeichenkette kann Platzhalter für mit auszugebende Werte enthalten, die als weitere Argumente an *printf* übergeben

---

[1] S. [Hor84], Abschn. 7.3.

[2] So wird z. B. oft eine Definition *toupper* zur Verfügung gestellt, die Kleinbuchstaben in Großbuchstaben umwandelt:

```
#define toupper(c) (((c) >= 'a' && (c) <= 'z') ? ((c)-('a'-'A')) : (c))
```

Der Ausdruck *toupper(getchar())* bewirkt dann, daß *drei* Zeichen eingelesen werden. Wenn davon das erste größer oder gleich 'a' und das zweite kleiner oder gleich 'z' ist, so wird am dritten die beschriebene Manipulation vorgenommen. Die ersten beiden Zeichen gehen verloren!

[3] Die dargestellten Funktionen sind in praktisch allen "C"-Implementationen und auch im ANSI-Standard-Entwurf in gleicher Form enthalten.

werden[1]. Die Platzhalter bestehen aus einem Prozentzeichen, Feldbreitenangaben und einem Zeichen, das den Typ des auszugebenden Wertes angibt. So wird durch den Aufruf

```
printf ("Laufzeit: %3d Tage enstpr. %9.2f Stunden", 365, 8.0 * 365);
```

die Zeichenkette

```
"Laufzeit: 365 Tage entspr.    2920.00 Stunden"
```

ausgegeben.

Entsprechend liest die Funktion *scanf* eine Zeichenkette von *stdin* (*fscanf* von einem beliebigen Kanal) ein. Auch an *scanf* wird als erstes Argument eine Zeichenkette ("Formatstring") übergeben, die Platzhalter für die einzulesenden Werte enthält. Allerdings enthält der Formatstring in der Regel außer den Platzhaltern allenfalls Leerzeichen. Anderenfalls müssen alle Zeichen des Formatstrings mit eingegeben werden. Letztlich ist der Formatstring nur erforderlich, damit *scanf* erkennen kann, wie viele Argumente welcher Typen einzulesen sind.

Die Allozierung von Speicherplatz für dynamisch zu erzeugende Variable besorgt die Funktion *malloc*. Als Argument wird ihr der benötigte Speicherplatz (Anzahl Bytes) übergeben. Das Ergebnis ist ein allgemeiner Zeiger (*char **) auf den allozierten Speicherbereich, der durch eine *cast*-Operation in den gewünschten Zeigertyp konvertiert werden kann. Kann die Speicheranforderung nicht befriedigt werden, so liefert *malloc* das Ergebnis *NULL*. Die Funktion *free* gibt den durch *malloc* reservierten Speicherplatz wieder frei.

3.2.5 Zusammenfassung

"C" ist eine allgemein verwendbare Programmiersprache mit besonderer Ausrichtung auf die Erfordernisse der Systemprogrammierung. Vielen Konstrukten von "C" ist anzusehen, daß das Augenmerk der Entwickler nicht in erster Linie der Lesbarkeit oder Verifizierbarkeit der in "C" zu schreibenden Programme galt — wie dies etwa bei Pascal oder Modula-2 der Fall war — sondern der direkten Übersetzbarkeit in maschinensprachliche Konstrukte.

Das Resultat ist eine Sprache, die sehr kompakte Formulierungen ermöglicht, den Programmierer in der Wahl seiner Ausdrucksmittel kaum einschränkt, ihn dadurch aber auch oft ins offene Messer rennen läßt. Viele Programmierfehler, die in streng typ-

---

1 *printf* ist damit ein Beispiel für eine Funktion mit variabel langer Parameterliste. Solche Funktionen können in "C" formuliert werden. Dieser Mechanismus soll hier nicht näher dargestellt werden.

gebundenen Sprachen vom Übersetzer erkannt werden, insbesondere Typunverträglich-
keiten bei Zuweisungen, Verknüpfungen und Parameterübergaben, passieren den "C"-
Übersetzer unbeanstandet und werden erst – wenn überhaupt! – zur Laufzeit bemerkt.

Da in "C" viele Operationen durch Operatorsymbole bewirkt werden – statt durch
besondere Schlüsselworte wie in anderen Sprachen – kann besonders leicht durch
Auslassen oder Hinzufügen eines einzelnen Zeichens ein syntaktisch korrektes
Programm entstehen, das sich völlig anders verhält als erwartet. Solche Fehler sind
naturgemäß besonders schwer zu finden und zu beseitigen.

3.3 Ada

Ada ist eine höhere Programmiersprache mit spezieller Ausrichtung zur Unterstützung
moderner software-technischer Prinzipien. Sie gehört zusammen mit *Modula-2*, nachfolgend Modula genannt, wohl zu den bekanntesten Neuentwicklungen auf diesem
Gebiet. Die aus Sicht des Anwendungsprogrammierers wichtige Forderung nach
Standardisierung ist erfüllt. Vom Standard abweichende Implementierungen sind
verboten und dürfen nicht den Namen Ada tragen (s. *Reference-Manual*: [Goo83]).
Wegen der Förderung durch das US-Verteidigungsministerium (s. nächsten Abschnitt, 3.3.1) ist – ähnlich wie in den 60er Jahren bei COBOL – mit einer großen
Verbreitung zu rechnen.

Nachfolgend sollen die wesentlichen Konzepte von Ada vorgestellt werden. Dabei
handelt es sich überwiegend um solche Konzepte, die über Modula (und damit auch
über *Pascal*) hinausgehen. Auf syntaktische "Feinheiten" wird meist im Rahmen kurzer
Beispiele eingegangen. Wegen der relativ hohen Komplexität der Sprache z. B. im
Vergleich zu Modula wird dabei aber sicherlich nur ein kleiner Teil erfaßt; zur
Ergänzung sei die Einsicht in Syntaxdiagramme (z. B. in [Boo83]) empfohlen, da dies
bei vorhandenen Programmierkenntnissen der wohl schnellste Weg zur Bewältigung
damit verbundener Schwierigkeiten ist. Ansonsten sei zur Vertiefung (und vielleicht
manchmal zur Klarstellung) auf die im Anhang aufgeführte Literatur und dabei
insbesondere auf das bereits zitierte Reference-Manual ([Goo83]) verwiesen.

3.3.1 Geschichtlicher Überblick

Die Entwicklung der Programmiersprache Ada ist im Jahre 1974 vom US-Verteidigungsministerium in Auftrag gegeben worden. Der Grund waren die in den
vergangenen Jahren immens gestiegenen Softwarekosten, von denen mehr als die Hälfte
auf sog. *eingebettete Systeme* fiel. Da für dieses Gebiet mehrere hundert Programmiersprachen im Einsatz waren, wurde der Wunsch nach Standardisierung zu einem der
Hauptanliegen. Denn in den beiden anderen großen Gebieten der Datenverarbeitung sah
man diese als bereits erfolgt an (COBOL für die kommerzielle und FORTRAN für die
wissenschaftliche und technische Datenverarbeitung). Dabei sollte eines der wesentlichen Kriterien das Einfließen der Erkenntnisse des Software-Engineering sein.

In den Jahren bis 1979 wurden die Sprach-Anforderungen vorläufig in einer Serie
von Schriften festgelegt: *Strawman, Woodenman, Tinman, Ironman, Steelman* (endgültige Fassung). Es wurde um Vorschläge für eine neue Sprache gebeten, für die die
Sprachen Pascal, PL/1 und Algol-68 "empfohlene Grundlage" sein sollten. Die Wahl
fiel im Jahre 1979 auf einen Vorschlag der Firma *Honeywell Bull*, und die Sprache

wurde zur Ehre Augusta Ada Byrons, Gräfin von Lovelace (1816 – 1851), die als erste Programmiererin der Welt angesehen wird, "Ada" genannt. Im Jahre 1983 hat die Sprache schließlich einen ANSI-Standard erhalten.

Parallel zur Entwicklung der Sprache entstand das Bedürfnis nach einer einheitlichen Programmierumgebung. Auch für dieses "Ada Programming Support Environment" (APSE) wurden eine Reihe von Schriftstücken entwickelt: *Sandman*, *Pebbleman* und schließlich *Stoneman*.

3.3.2 Datenstrukturierung

Eine geregelte Zuordnung von Datenobjekten an sog. *Typen* ist neben Pascal und Modula auch in Ada anzutreffen. Man kann diesbezüglich sagen, daß die in Modula gegenüber Pascal verschärfte *Typstrenge* hier eine weitere Steigerung erfahren hat.

3.3.2.1 Datentypen

Der Begriff "Typ" bezeichnet in der Definition von Ada nicht nur eine Menge von Werten, sondern außerdem die darauf anwendbaren Operationen.

Bevor nun näher auf die verschiedenen Typen selbst eingegangen wird, soll zunächst die sog. *Block-Anweisung* vorgestellt werden. Das ist der einfachste Fall eines Programmtextes, der sowohl Vereinbarungen als auch Anweisungen aufweist; hier können also z. B. Typen und Objekte dazu deklariert werden:

```
DECLARE
   <Vereinbarungen>
BEGIN
   <Anweisungen>
END;
```

Da es sich dabei um eine Anweisung handelt, können im Anweisungsteil selbst auch wieder Block-Anweisungen auftreten, so daß beliebige Verschachtelung möglich ist.

Eine schematische Übersicht über die verschiedenen "Klassen" von Datentypen in Ada gibt Abb. 3-4. Wie in anderen Sprachen auch wird zu jedem Typ eine gewisse Menge anwendbarer Operationen bereitgestellt, und es gibt eine Reihe von Standardtypen. *Natural* steht für die nicht-negativen ganzen Zahlen, *Positive* für die natürlichen Zahlen und *String* für Zeichenketten (beliebiger Länge). Reelle Zahlen sind auf Rechnern nicht exakt darstellbar. Es gibt daher die Möglichkeit, bei den entsprechenden Typen Genauigkeiten festzulegen; bei den Gleitpunkttypen erfolgen diese *relativ* (durch Angabe einer minimalen Anzahl dezimaler Stellen) und bei den Festpunkttypen *absolut* (durch ein sog. "Delta"-Intervall). Näheres s. [Goo83]. Der vordefinierte Gleitpunkttyp *Float* entspricht dem aus Pascal und Modula bekannten Typ *Real*.

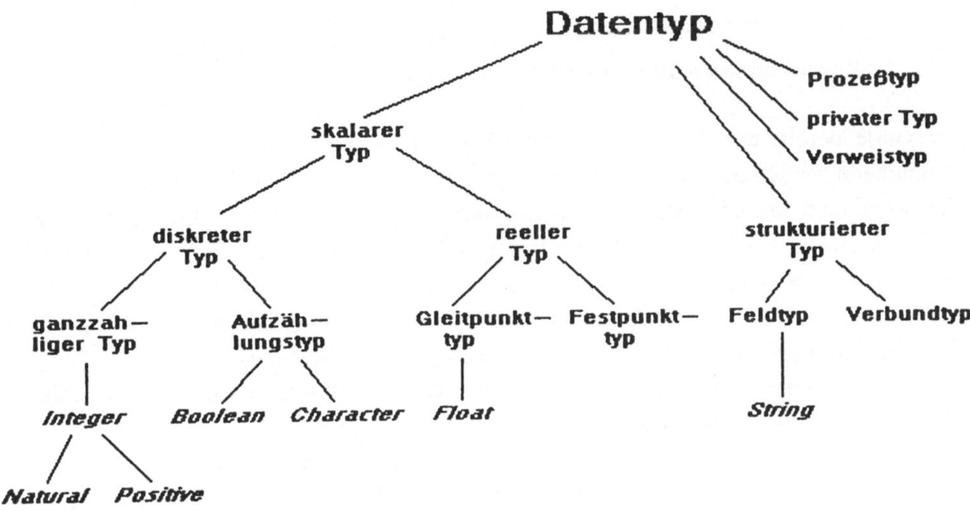

Abb. 3-4: Datentypenklassifikation

Jeweils an einem Beispiel soll die Vereinbarung von Aufzählungs- und Verweistypen (Zeigertypen) illustriert werden:

```
TYPE Colour IS (Red, Yellow, Green);

TYPE Link;
TYPE RefLink IS ACCESS Link;
TYPE Link IS
     RECORD
         Content : Integer;
         Next    : RefLink;
     END RECORD;
```

Die Werte eines solchen selbstdefinierten Aufzählungstyps und auch die der vordefinierten Aufzählungstypen *Boolean* und sogar *Character* können zusätzlich in anderen Typen als Aufzählungswerte auftauchen. Darüberhinaus gibt es für alle Typen die sog. "Ableitung", auf die im folgenden Abschnitt (3.3.2.2) eingegangen wird. Man spricht in diesen Fällen von *Überladung* (*overloading*). Bei der Vereinbarung des Verweistyps *RefLink* bzgl. des Verbundtyps *Link* ist zu beachten, daß für *Link* eine sog. *unvollständige Typdeklaration* voransteht, weil in Ada grundsätzlich sämtliche Größen vor ihrer Verwendung vereinbart sein müssen.

Auf strukturierte Typen wird in Abschn. 3.3.2.3 noch gesondert eingegangen. Private Typen haben ihre Bedeutung bei der Modularisierung, und sie werden später in diesem Zusammenhang besprochen (Abschn. 3.3.4.4 und Abschn. 3.3.7.3). Prozeßtypen schließlich werden in Abschn. 3.3.6.1 erläutert.

3.3.2.2 Typenkonzepte und Objekt-Vereinbarungen

Es wurde bereits erwähnt, daß die Typstrenge von Pascal über Modula zu Ada hin zunehmend verschärft in Erscheinung tritt. Als wohl wichtigster Gesichtspunkt ist die Regelung in Ada bzgl. der *Typkompatibilität* in einem bestimmten Kontext (vgl. Abschn. 3.1.2.4) zu erwähnen: Typen müssen zunächst *gleich* sein. Die Begriffe der Struktur-Gleichheit (*structural equivalence*) und der Deklarations-Gleichheit (*declaration equivalence*) verlieren in diesem Zusammenhang ihre Relevanz zugunsten der (strikten) Namens-Gleichheit (*name equivalence*) als ausschließlich gültigem Kriterium (näheres zur Terminologie s. auch [Hor84]). Dadurch werden Kompatibilitätsprüfungen besonders einfach. Beispiel:

```
a,b : ARRAY (1 .. 10) OF Boolean;
```

Die Felder *a* und *b* sind trotz Struktur- und Deklarations-Gleichheit unterschiedlichen Typen angehörig, also nicht kompatibel. Darüberhinaus sind *anonyme Typdefinitionen*, wie sie dieses Beispiel zeigt, im Gegensatz zu Modula sowieso nur bei "eingeschränkten Felddefinitionen" (s. dazu auch Abschn. 3.3.2.3) möglich. Bis auf diese Ausnahme sind immer Typbezeichner einzuführen (mittels Typvereinbarungen).

Man beachte, daß auch bei einer vollständigen Überladung (s. vorangegangenen Abschnitt, 3.3.2.1) der Werte eines Typs keine Kompatibilität vorliegt, weil dadurch wegen des Grundsatzes der Namens-Gleichheit neue Typen festgelegt werden. Beispiel:

```
TYPE Colour  IS (Red,  Yellow,  Green);
TYPE Light   IS (Red,  Yellow,  Green);
a : Colour;
b : Light;
```

Die Variablen *a* und *b* lassen sich also z. B. nicht aufeinander zuweisen. Es gibt jedoch wie in Modula die Möglichkeit einer expliziten *Typumwandlung*, z. B.

```
a := Colour (b);
```

Eine allgemeine Möglichkeit, bzgl. schon vorhandener Typen neue Typen mit anderen Namen, aber gleichen Eigenschaften einzuführen, sind sog. *abgeleitete Typen* (*derived types*). Dabei sind die Werte des neuen Typs auch Überladungen, also "Kopien" der Werte des sog. *Stammtyps* (*parent type*). Eine weitere Eigenschaft, die abgeleitet wird, sind die auf den Stammtyp anwendbaren Operatoren und sogar

Unterprogramme (wenn sie im sichtbaren Teil sog. Pakete vereinbart wurden; s. Abschn. 3.3.4). Man spricht von *Vererbung*, und dahinter stecken implizite Überladungen (s. Abschn. 3.3.3.2). Eine Ableitung des Typs *Light* von *Colour* hätte wie folgt ausgesehen:

```
TYPE Light IS NEW Colour;
```

Abgeleitete Typen können dann sinnvoll sein, wenn man eine Vermischung von Werten gleicher Wertebereiche für logisch verschiedene Anwendungen verhindern will. Außerdem will man vielleicht für die Bereiche (zumindest teilweise) unterschiedliche Operationen bereitstellen.

Für solche Fälle, in denen die Typzugehörigkeit von Werten oder auch ganzer Ausdrücke nicht durch den Kontext gegeben ist, gibt es die Möglichkeit einer *Typqualifikation*: Eine solche wäre bzgl. *Red* und *Colour* beispielsweise

```
Colour'(Red).
```

Trotz des Prinzips der Namens-Gleichheit gibt es in Ada die Möglichkeit, wie in anderen Sprachen *Untertypen* (*subtypes*) zu formulieren, ohne die Kompatibilität zum sog. *Basistyp* einzubüßen. Es sind also *keine* neuen Typen. Zur Vermeidung von Inkonsistenzen sind sie im *Reference-Manual* definiert als "Typen zusammen mit einer Einschränkung". Je nach Art des Basistyps haben *Einschränkungen* verschiedene Formen (s. dazu auch nächsten Abschnitt, 3.3.2.3). Bei den schon erwähnten Standardtypen *Natural* und *Positive* handelt es sich um Untertypen von *Integer*, und die Einschränkung sieht wie folgt aus:

```
SUBTYPE Natural  IS Integer RANGE  0 .. Integer'Last;
SUBTYPE Positive IS Integer RANGE  1 .. Integer'Last;
```

Dabei ist *Last* ein sog. *Attribut* des Typs *Integer*. Solche (vordefinierten) Attribute gibt es auch (in dieser apostrophierten Schreibweise) für andere Typen. Die Bedeutung einer damit verbundenen Operation ist meist intuitiv klar. Ansonsten sei, auch bzgl. weitergehender Anwendungsmöglichkeiten auf [Goo83] verwiesen.

Der einschränkende Teil einer Untertypdeklaration kann übrigens auch entfallen, so daß man auch in Ada die Möglichkeit hat, Typen mehrere Namen zu geben. Wollte man z. B. für *Light* die Kompatibilität zu *Colour* erhalten, müßte man schreiben:

```
SUBTYPE Light IS Colour;
```

Als den Typen zugehörige Objekte sind Variablen und Konstanten möglich. Variablen können bei ihrer Vereinbarung initialisiert werden, und Konstanten müssen es, da sie später nicht mehr änderbar sind. Beispiel:

```
e : CONSTANT Float := 2.71828;
```

Nachfolgend soll noch auf ein paar Besonderheiten bzgl. der Verweistypen und des Standardtyps *Boolean* eingegangen werden:

Dynamische Objekte werden mit Hilfe eines sog. *Objektkonstruktors* (*allocator*) generiert. Hat man z. B. *p* als Zeiger vom Typ *RefLink* deklariert, so erzeugt

```
p := NEW Link;
```

ein dazugehöriges Objekt. Der Objektkonstruktor kann aber alternativ zu dem referenzierten Typ auch aus einem entsprechend qualifizierten Ausdruck dieses Typs bestehen. Dadurch wird auch hier Initialisierung möglich:

```
p := NEW Link'(4711, NULL);
```

Die geklammerte Schreibweise repräsentiert dabei ein sog. "Aggregat", auf das im folgenden Abschnitt (3.3.2.3) eingegangen wird. *NULL* ist der auf "nichts" verweisende Zeiger, und mit ihm werden in Ada Zeigervariablen implizit initialisiert.

Will man das Objekt bzgl. des Zeigers ansprechen, so muß man schreiben:

```
p.ALL.
```

Bei der Selektion bestimmter Verbundkomponenten kann man allerdings die verkürzte punktierte Schreibweise verwenden, also z. B. *p.Content* statt *p.ALL.Content.*

Für logische Ausdrücke mit "und" und "oder" gibt es die Möglichkeit, zwischen normaler Auswertung und der aus Modula bekannten Kurzform (*short circuit control form*) zu wählen. Hierfür gibt es die Schlüsselwortpaare *AND THEN* und *OR ELSE.* Bzgl. einer mit *p* verbundenen Liste würde man z. B. bei der Suche nach einem bestimmten Element mittels

```
IF p /= NULL AND THEN p.Content /= 13 THEN
   p := p.Next;
END IF;
```

das bekannte Problem des Laufzeitabbruchs am Ende lösen.

Eine Bemerkung zu einer syntaktischen Feinheit bzgl. zusammengesetzter Anweisungen soll noch gemacht werden: die meisten von ihnen werden in Ada durch entsprechende "Anweisungs-Klammern", also Wiederholung des einführenden Schlüsselwortes am Ende formuliert (*IF ... END IF* im Beispiel). Weitere "Spezialitäten" zu solchen Anweisungen, wie z. B., daß die drei bekannten Schleifenkonstruktionen "for", "while" und "repeat" durch eine *LOOP*-Anweisung zusammengefaßt werden, lassen sich am besten anhand der schon erwähnten Syntaxdiagramme ersehen.

3.3.2.3 Strukturierte Datentypen

In diesem Abschnitt sollen die wesentlichen Besonderheiten von Feldern (*Arrays*) und Verbunden (*Records*) in Ada beschrieben werden:

1. Felder

Felder haben insofern dynamischen Charakter, als ihre Indexbereiche nicht statisch sein müssen. Es könnte daher beim mehrfachen Durchlauf eines Programmstücks mit einer Feldvereinbarung (z. B. einer Blockanweisung) das Feld jedesmal andere Grenzen annehmen. Nachdem jedoch für ein *bestimmtes* Feldobjekt die Grenzen einmal festgelegt wurden, lassen sie sich nachträglich nicht mehr ändern. Zur Erhaltung der Kompatibilität von Feldern gleicher Komponententypen, aber verschiedener Indexbereiche ist das schon vorgestellte Konzept der Untertypen mit Einschränkungen vorgesehen: Man stellt einen *uneingeschränkten Feldtyp* bereit, z. B.

```
TYPE Vektor IS ARRAY (Positive RANGE <>) OF Float;
```

Danach hat man die Möglichkeit, Untertypen mit *Indexeinschränkungen* zu deklarieren, die alle kompatibel sind, wenn nur die Komponenten*anzahlen* der entsprechenden Dimensionen gleich sind:

```
SUBTYPE Vektor10 IS Vektor (1..10);
```

Wenn man die Kompatibilität zwischen verschiedenen Feldern nicht benötigt, kann man, wie im letzten Abschnitt (3.3.2.2) bereits gezeigt, ausnahmsweise Objekte mit anonymen Typen vereinbaren. Es ist aber zu beachten, daß Feldobjekte grundsätzlich entsprechende Indexeinschränkungen erhalten müssen.

Mit Hilfe uneingeschränkter Feldtypen kann man auch die Festlegung der Grenzen formaler Feldparameter von Prozeduren und Funktionen (s. Abschn. 3.3.3) bis zum Aufruf aufschieben. Sie erfolgt dann erst durch die aktuellen Parameter, wobei ein ähnliches Konzept wie das der "offenen Feldparameter" in Modula (s. Abschn. 3.1.2.5) zugrundeliegt.

Es gibt die Möglichkeit, Feldern einen (strukturierten) Wert als Ganzes zuzuweisen. Man spricht von sog. *Feldaggregaten*. Dadurch wird auch die Initialisierung ganzer Felder möglich. Am Beispiel soll das gezeigt werden:

```
a : CONSTANT ARRAY (1..10) OF Integer := (1,2,3,4,5,6,7,8,9,10);
```

Hier ist darüberhinaus das Feld als Konstante vereinbart; diese Möglichkeit ist besonders für Suchtabellen von Bedeutung.

Feldaggregate können zwei verschiedene Formen annehmen: Man unterscheidet die im Beispiel gezeigte *positionsbezogene* Schreibweise von einer *namensbezogenen*, z. B.

```
v : Vektor10 := (1|3 => 10.0, 2|4..6 => 20.0, 7..10 => 30.0);
```

Hier wird der 1. und 3. Komponente von *v* der Wert 10.0, der 2. und der 4. bis 6. Komponente 20.0 und den restlichen Komponenten 30.0 zugewiesen. Es ist zu beachten, daß Aggregate vollständig sein müssen. In vielen Fällen ist zur Vervollständigung eine *OTHERS*-Alternative am Ende von Aggregaten zulässig (näheres s. [Goo83]), z. B.:

```
v := (10.0, 20.0, OTHERS => 30.0);
```

Mischformen von positions- und namensbezogener Schreibweise sind nicht zulässig.

Für Zeichenketten gibt es den vordefinierten Typ *String*:

```
TYPE String IS ARRAY (Positive RANGE <>) OF Character;
```

Für (positionsbezogene) Aggregate, die nur aus Zeichen bestehen, gibt es eine abkürzende Schreibweise, die der gewohnten Form für Zeichenketten entspricht: Statt

```
Text : String (1..4) := ('T','e','x','t');
```

läßt sich z. B. schreiben:

```
Text : String (1..4) := "Text";
```

Es sollen noch kurz drei Attribute erwähnt werden, die sich auf die Indizes von Feldern beziehen und oft nützlich sind: *First*, *Last* und *Range*. *First* und *Last* geben die untere und obere Grenze des jeweiligen Feldes an, während *Range* für den Index*bereich* steht. Man kann durch diese Attribute beispielsweise auf die Grenzen uneingeschränkter formaler Feldparameter oder auch sonst auf nicht bekannte Grenzen von Feldern Bezug nehmen, z. B.:

```
v : Vektor (m..n);
...
v := (v'Range => 0.0);
```

2. Verbunde

Die zweite Art von Aggragaten sind die sog. *Verbundaggregate*. Auch hier unterscheidet man zwischen positions- und namensbezogener Schreibweise. Als Erweiterung gegenüber den Feldaggragaten ist hier eine Mischform zulässig, und zwar in der Weise, daß zunächst die postionellen und anschließend die namentlichen Komponenten aufgeführt werden. Nach der ersten namentlichen Zuordnung in einem Aggregat haben also die restlichen Zuordnungen auch namentlich zu erfolgen. Ein Beispiel:

```
TYPE Monate IS
       (Jan, Feb, Mae, Apr, Mai, Jun, Jul, Aug, Sep, Okt, Nov, Dez);

TYPE Datum IS
       RECORD
           Tag    : Integer RANGE 1..31;
           Monat  : Monate;
           Jahr   : Integer := 1987;
       END RECORD;

d1 : Datum := (20, Jul, 1959);
d2 : Datum := (15, Jahr => 1960, Monat => Apr);
```

Das Beispiel zeigt außerdem die Möglichkeit, den Komponenten von Verbunden in der Typvereinbarung *Vorbesetzungswerte* mitzugeben.

Verbundtypen lassen sich parametrisieren. Das geschieht mit Hilfe von *Diskriminanten*, und man kann speziell die schon aus Pascal bekannten *varianten Verbunde* (variante *Records*) formulieren:

```
TYPE Geschlecht IS (m, w);
TYPE Person (Sex : Geschlecht := m) IS
       RECORD
           Alter : Positive;
           CASE Sex IS
              WHEN m =>
                   Bart : Boolean;
              WHEN w =>
                   Schwanger : Boolean;
           END CASE;
       END RECORD;
```

In diesem Beispiel ist *Sex* die Diskriminante. Man beachte die Vorbesetzung (durch *m*): Dadurch wird es für eine Variable des Verbundtyps überhaupt erst möglich, daß ihre Struktur später (oder sogar gleich bei einer Initialisierung) geändert werden kann. Beispiel:

```
p : Person := (w, 30, True);
```

Ohne diese Initialisierung wäre eine Variablenvereinbarung direkt gar nicht möglich, weil sie keine definierte Struktur erhalten würde. Eine andere Möglichkeit wäre wieder die Verwendung von Untertypen, und zwar mit einer weiteren Form der Einschränkung, der *Diskriminanteneinschränkung*, z. B.

```
p : Person (w);
```

Auf diese Weise wird jedoch die Struktur der Verbundvariablen endgültig festgelegt, so daß ein varianter Verbund im üblichen Sinne nicht mehr vorliegt. Ob "vorläufige Strukturfestlegung" durch Diskriminanten-Initialisierung vorliegt oder nicht, ist dabei nicht mehr relevant. Übrigens können auch entsprechende Verweistypen (direkt) mit Diskriminanteneinschränkungen versehen werden, z. B.

```
TYPE RefPerson IS ACCESS Person;
SUBTYPE RefMann IS RefPerson (m);
```

Diskriminaten eingeschränkter Verbunde können nach ihrer Festlegung nicht mehr geändert werden. Aber auch bei nicht eingeschränkten Verbunden kann man die Diskriminanten nicht für sich alleine, sondern nur durch vollständige Verbundzuweisung ändern.

Im Gegensatz zu Modula können Verbunde nur *einen* varianten Teil enthalten. Dieser kann jedoch verschachtelt sein.

Es wurde oben von der "speziellen" Formulierung varianter Verbunde durch die Parametrisierung gesprochen: Diskriminanten sind nicht ausschließlich hierfür verwendbar. Man kann sie z. B. auch als Grenzen für Verbundkomponenten verwenden, die ganze Felder sind.

3.3.3 Unterprogramme

Es gibt zwei Arten von Unterprogrammen: Prozeduren (*procedures*) und Funktionen (*functions*). Der grundlegendste Unterschied ist, wie schon in Pascal, daß Prozeduren als Anweisungen und Funktionen als Teile von Ausdrücken aufgerufen werden. Als Funktionen können jedoch auch (vordefinierte) Operatoren definiert werden. Das Operatorsymbol ist dann (als Zeichenkette) der Funktionsname, und Funktionsaufrufe können in entsprechender Form erfolgen. Die Funktion kann aber auch – und das ist der Normalfall – mit Hilfe der normalen Syntax aufgerufen werden, die sonst im Zusammenhang mit dem Operator verwendet wird (Infix-Notation). Damit lassen sich z. B. ganze Vektor- und Matrizenmultiplikationen mit Hilfe des Operators "*" definieren:

```
FUNCTION "*" (a, b : Vektor) RETURN REAL IS
   ...
BEGIN
   ...
END "*";
```

Die Wiederholung des Namens von Unterprogrammen am Ende der Vereinbarung ist optional.

Ein Hauptprogramm hat die Form einer Prozedur. Man kann es sich vorstellen als eingebettet in eine fiktive Ada-Umgebung, von der aus es aufgerufen wird.

3.3.3.1 Parameter

Die wesentlichen Merkmale zu Unterprogrammparametern sind die folgenden:

1. **Übergabearten:** Es gibt drei verschiedene Parameterarten:

    IN   für Eingabeparameter
    OUT   für Ausgabeparameter
    IN OUT   für Ein- / Ausgabeparameter (*Transienten*)

Auf Eingabeparameter ist nur Lesezugriff, auf Ausgabeparameter nur Schreibzugriff und auf Transienten sowohl Lese- als auch Schreibzugriff erlaubt. Diese Effekte werden bei skalaren Parametern durch Kopieren erreicht: Beim Unterprogrammstart werden bei Eingabeparametern und Transienten die Werte der aktuellen Parameter in die entsprechenden formalen Parameter kopiert, während bei der Beendigung bei Transienten und Ausgabeparametern die Werte der formalen in die aktuellen Parameter zurückkopiert werden (*call-by-value-result*). Bei strukturierten Parametern, bei denen Kopieren u. U. recht aufwendig werden kann, ist es der (Sprach-) Implementation freigestellt, alternativ auch den sonst von Variablenparametern bekannten Mechanismus des "call-by-reference" zu realisieren. (Unzulässige Lese- oder Schreibzugriffe werden sowieso bereits zur Übersetzungszeit "abgelehnt".)

Da das Ausgabeverhalten von Funktionen ausschließlich durch den zurückgelieferten Wert bestimmt sein sollte, dürfen sie zur Vermeidung von Seiteneffekten auf ihre Umgebung nur Eingabeparameter besitzen. Hier offenbart sich also eine gewisse Analogie zur rein mathematischen Betrachtungsweise. Übrigens sollte auch der Zugriff auf globale Variable ausschließlich *lesend* geschehen.

Ein einfaches Beispiel soll noch gegeben werden:

```
PROCEDURE Add (a,b : IN Integer; c : OUT Integer) IS
BEGIN
   c := a + b;
END;
```

IN kann man auch fortlassen, dieser Modus wird implizit angenommen.

2. **Vorbesetzte Parameter (default parameters):** Für den Fall, daß ein oder mehrere *Eingabeparameter* gewöhnlich denselben Wert beim Aufruf haben, läßt sich in der Unterprogrammspezifikation ein Vorbesetzungswert angeben. Den entsprechenden aktuellen Parameter kann man dann beim Aufruf weglassen. Beispiel:

```
PROCEDURE Print ( File      : FileType;
                  HeadLine  : Boolean := False;
                  FirstLine : Positive := 1    );
```

Solche Voreinstellungen sind besonders zweckmäßig für Softwarebausteine, für die es viele Parameter und sehr verschiedene Anwendungsfälle gibt.

3. Benannte Parameter: Ähnlich wie bei der in Abschn. 3.3.2.3 beschriebenen Zuordnung von Werten an die Komponenten strukturierter Objekte durch Aggregate kann die Zuordnung von aktuellen und formalen Parametern positions- oder namensbezogen festgelegt werden. Im ersten Fall bezieht sich der erste aktuelle auf den ersten formalen Parameter, der zweite auf den zweiten, usw., wie auch in anderen Sprachen normalerweise üblich. Bei der Namens-Zuordnung hingegen wird jeweils der aktuelle Parameter zusammen mit dem Namen seines formalen Parameters angegeben, wobei die Reihenfolge der verschiedenen Parameter keine Rolle mehr spielt. Wie bei den Verbundaggregaten sind die beiden Zuordnungsarten auch gemeinsam möglich, wenn die Positions-Zuordnungen voranstehen. Ein Aufruf von *Print* wäre z. B. wie folgt möglich:

```
Print (ActualFile, FirstLine => 10);
```

3.3.3.2 Überladen (*overloading*)

Es gibt die Möglichkeit, verschiedene Unterprogramme mit demselben Namen zu definieren, wenn die Formalparameterlisten (hinreichend) unterschiedlich sind. Es handelt sich dabei um den Mechanismus des Überladens (*overloading*), der schon im Zusammenhang mit Datentypen aufgetaucht ist. Die Verwendung desselben Namens im selben Kontext ist sinnvoll, wenn eine inhaltlich gleiche Aktion auf verschiedene Typen angewendet werden soll. Ob bestehende Unterprogramme überladen oder *versteckt* werden, wie aus anderen Programmiersprachen bekannt, hängt in Ada also von der Unterschiedlichkeit der Spezifikation ab. Im Fall der oben bereits erwähnten selbst-definierten Operatoren handelt es sich immer um Überladungen, da nur bereits vorhandene Operatorsymbole dafür verwendet werden dürfen. Dabei gibt es bzgl. des Operators "=" noch Besonderheiten, auf die in Abschn. 3.3.4.4 eingegangen wird.

3.3.4 Modulkonzepte

Eines der Hauptprobleme der traditionellen blockorientierten Sprachen wie Pascal ist die mangelnde Datenabstraktionsmöglichkeit und die damit verbundene im software-technologischen Sinne mangelnde Kontrolle der Sichtbarkeit. In Ada wird dieses Problem in ähnlicher Weise durch *Pakete* (*packages*) wie in Modula durch die dortigen Module gelöst. Dabei sind die prinzipiellen Mechanismen zur Trennung von Existenz-, Gültigkeits- und Sichtbarkeitsbereich (im Sinne von *direkter* Zugreifbarkeit) weit-gehend analog zu Modula, so daß hierauf an diese Stelle nicht weiter eingegangen werden muß.

Ebenso in analoger Weise bestehen Pakete aus zwei Teilen, nämlich der

Spezifikation, die die Schnittstelle zur Außenwelt angibt und damit nur die für einen Benutzer notwendigen Informationen enthält, und dem

Rumpf (*package body*), der die verborgene, eigentliche Realisierung des Paketes in allen Einzelheiten enthält.

Auch die Regeln über Abhängigkeiten und die damit verbundenen Übersetzungs-reihenfolgen gelten entsprechend.

Die Sichtbarkeit der Elemente eines Paketes in einer anderen Programmeinheit wird durch die sog. *USE-Klausel* erreicht. Um z. B. die Prozeduren eines Paketes *Stack* zur Realisierung eines Kellerspeichers sichtbar zu machen, müßte man im Vereinbarungs-teil (oder vor) der Programmeinheit schreiben:

```
USE Stack;
```

Anders als in Modula mit seinen expliziten Exportlisten kann man also eine direkte Zugreifbarkeit auf *sämtliche* Elemente des jeweiligen Paketes (seiner Schnittstelle) erreichen. Gezielte Sichtbarmachung ist hier dafür nicht möglich. Dabei ist zu beachten, daß auf diese Weise sichtbar gemachte Elemente nicht andere Elemente verstecken sondern höchstens überladen können. Ansonsten sind Elemente, die im Gültigkeits- aber nicht im Sichtbarkeitsbereich angesprochen werden, auch mittels der aus Modula bekannten *punktierten* Schreibweise (s. Abschn. 3.1.2.2) zugreifbar.

3.3.4.1 Bibliothekseinheiten

Bezüglich der in Hinblick auf die Softwareentwicklungsstrategie in Modula vorlie-genden Modularisierungsart ist in Ada neben der Programmeinheit "Paket" auch noch das Unterprogramm (also auch die Funktion) zulässig. Diese Einheiten werden vor den Programmen, die sie verwenden, für allgemeine Verwendungszwecke entwickelt und sind somit *kontextunabhängig*. Es handelt sich bei dieser Strategie also um den *Bottom-*

Up-Mechanismus, so daß sich hier die Verwendung einer *Programmbibliothek* in besonderem Maße eignet.

Für die Erweiterung des Gültigkeitsbereichs solcher Bibliothekseinheiten gibt es die sog. *WITH*-Klausel. Sie hat vor der benutzenden Einheit (also nicht im Deklarationsteil) zu stehen, wobei diese selbst auch eine Bibliothekseinheit sein muß. Der Mechanismus entspricht dem des Modulimports von Modula. Wollte man also z. B. *Stack* zugreifbar machen, hätte man zu schreiben:

```
WITH Stack;
```

Es gibt vordefinierte Bibliothekseinheiten, durch die eine Reihe implementations-abhängiger Ressourcen zur Verfügung gestellt werden. Als Beispiel soll das Paket *Text_Io* erwähnt werden, das der Ein- und Ausgabe von Text dient. Auch solche Bibliothekseinheiten werden durch die *WITH*-Klausel "angekoppelt". Darüberhinaus gibt es ein vordefiniertes Paket *Standard*, bei dem diese Klausel nicht verwendet wird, weil es keine Bibliothekseinheit ist. Es enthält im wesentlichen die vordefinierten Typen mit den dazugehörigen Operationen und ist als "deklarative Umgebung" für alle Bibliothekseinheiten und konsequenterweise auch für das Hauptprogramm anzusehen.

3.3.4.2 Untereinheiten (*subunits*)

Bei der Programmentwicklung läßt sich die Implementierungsphase nicht immer strikt von der Entwurfsphase trennen. Daher wird in Ada, über Modula hinausgehend, neben dem Mechanismus der Bottom-Up-Übersetzung (*inside-out*) auch der der *Top-Down-Übersetzung* (*outside-in*) zur Verfügung gestellt. Bei der Entwicklung großer Programmsysteme ist also schrittweise Verfeinerung möglich. Die Spezifikationen der aufzurufenden Einheit und der Rumpf der aufrufenden Einheit lassen sich fertig entwickeln und bereis übersetzen, bevor man sich der Implementierung der Einheiten selbst zuwendet. Die Widerspiegelung gewisser Methoden aus dem Bereich des Projektmanagements ist hier nicht zu übersehen.

Solche Untereinheiten, die also stets kontextabhängig sind, können auch wieder Pakete, Unterprogramme und Prozesse sein. Die praktische Vorgehensweise dabei ist die, daß der Rumpf der jeweiligen Einheit in der *Stammeinheit* durch einen sog. *Rumpfstumpf* (*body stub*) ersetzt wird. Das wird durch Kennzeichnung mit Hilfe des Schlüsselwortes *SEPARATE* erreicht. Die entfernten Untereinheiten werden ebenfalls durch *SEPARATE* und zusätzlich durch Angabe der Stammeinheit gekennzeichnet. Sie sind dann eigenständige Übersetzungseinheiten. Am Beispiel des Kellerspeichers könnte das so aussehen:

```
PACKAGE BODY Stack IS
   ...
   PROCEDURE Push (x :       Integer)  IS SEPARATE;
   PROCEDURE Pop  (x : OUT Integer)  IS SEPARATE;
END Stack;
```

Die Untereinheit *Push* (*Pop* analog) wird zu

```
SEPARATE (Stack)
PROCEDURE Push (x : Integer) IS
BEGIN
   ...
END;
```

Die Sichtbarkeit der Untereinheit ist die gleiche wie die ihres Rumpfstumpfes, der immer auf der äußersten Deklarationsebene ihrer Stammeinheit vereinbart sein muß.

3.3.4.3 Synonyme

Es besteht die Möglichkeit, mit Hilfe von Synonym-Deklarationen (*renaming declarations*) Umbenennungen vorzunehmen. Dadurch kann man lange Punktnotationen umgehen, die z. B. wegen sonst bestehender Mehrdeutigkeiten notwendig oder aus Effizienzgründen (Abkürzung von Zugriffspfaden) sinnvoll wären. Sie eignen sich aber auch, um in einem bestimmten Kontext gewünschte kürzere Bezeichner einzuführen, um Funktionen in Operatoren zu verwandeln und um nachträglich Vorbesetzungswerte einzuführen, zu ändern oder zu löschen.

Beispiel:

```
FUNCTION Sort (t : IN OUT Table) RENAMES SortRoutines.QuickSort;
```

Synonyme können für Datenobjekte, Ausnahmen, Unterprogramme und Pakete eingeführt werden. Für Typen nicht, da es dort bereits die Möglichkeit der Untertypdeklaration ohne Einschränkung gibt (vgl. Abschn. 3.3.2.2).

3.3.4.4 Private Typen

Die Realisierung des abstrakten Datentyps ist in Ada der sog. private Typ. Sowohl seine reine Deklaration als auch seine vollständige Festlegung erscheinen im Spezifikationsteil des jeweiligen Paketes. Man unterscheidet hier zwischen *sichtbarem Teil*, in dem die Information steht, die außerhalb des Paketes verfügbar ist, und *privatem Teil* mit den Strukturangaben. Man muß daher den oben angeführten Begriff der Schnittstelle etwas differenzieren. Der gesamte Spezifikationsteil ist die *physische* Schnittstelle, während der sichtbare Teil die *logische* Schnittstelle repräsentiert. Sowohl für die Deklaration privater Typen als auch für die Einleitung des privaten Teils wird das Schlüsselwort *PRIVATE* verwendet. Das folgende Beispiel soll zeigen, wie:

```
PACKAGE Komplexe_Zahlen IS
    TYPE Komplex IS PRIVATE;
    i : CONSTANT Komplex;
    FUNCTION "+" (x,y : Komplex) RETURN Komplex;
    FUNCTION "-" ...
    ...
PRIVATE
    TYPE Komplex IS
        RECORD
            Re, Im : REAL;
        END RECORD;
    i : CONSTANT Komplex := (0.0, 1.0);
END;
```

Außerhalb können lediglich Objekte dieser privaten Typen deklariert und neben den in der logischen Schnittstelle aufgeführten Unterprogrammen auch die Operationen "Zuweisung", "Gleichheit" und "Ungleichheit" angewendet werden. Denn diese Operationen setzen keine Kenntnisse über den internen Aufbau eines Typs voraus. Eine graphische Veranschaulichung liefert die folgende Abbildung (entnommen aus [Sch84]).

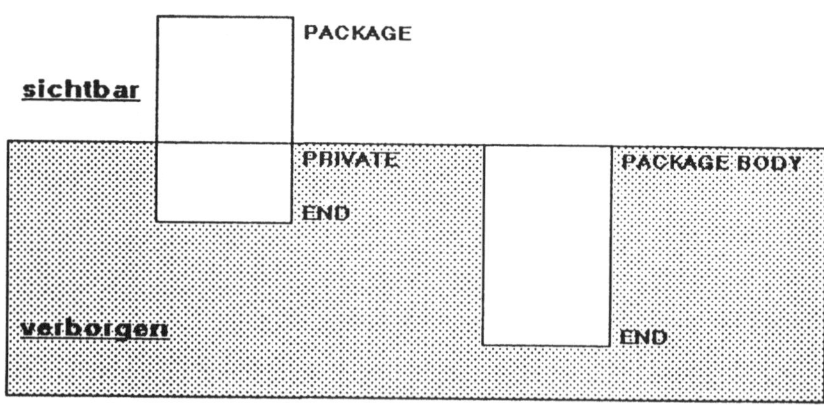

Abb. 3-5:   Sichtbarkeiten bei Paketen

Konstanten können übrigens ihren Wert erst im privaten Teil der Schnittstelle erhalten, weil der Wert ja schon eine Strukturangabe ist. Man spricht hier von *aufgeschobenen Konstanten* (*deferred constants*).

Die Strukturangaben zu privaten Typen sind logisch aber nicht nötig, ja im Sinne des *Information-Hiding* aus softwaretechnologischer Sicht sogar schädlich. Anders als in Modula, wo man bei der Änderung von nach außen nicht sichtbaren Typen den "Definitionsteil" eines Moduls nicht neu übersetzen muß, muß man in Ada als Konsequenz hieraus also sowohl die Paketspezifikation als auch alle davon abhängigen Programmeinheiten neu übersetzen. Benutzern muß hier also eine Neuübersetzung zugemutet werden, obwohl sie ihre Module zwangsläufig von den Details der privaten Typen unabhängig geschrieben haben. Fairerweise muß man dazu sagen, daß in Modula versteckte Typen auf Zeigertypen und Unterbereiche von Standardtypen beschränkt sind. Nur würde auch eine entsprechende freiwillige Selbstbeschränkung zur Minimierung der Anzahl von Übersetzungsläufen in Ada nicht helfen. Der Hintergrund für diese Schwäche Adas ist technischer Natur: Für die Deklaration von Objekten von privaten Typen in anderen Programmeinheiten muß zur Übersetzung der Speicherplatz dieser Objekte bekannt sein.

Zur Erlangung einer vollständigen Kontrolle über Ressourcen kann man Typen auch als *begrenzt privat* (*LIMITED PRIVATE*) vereinbaren. Das bedeutet dann eine Reduktion der außen zulässigen Operationen auf nur noch die in der logischen Schnittstelle zur Verfügung gestellten, so daß auch Zuweisungen, Gleichheits- und Ungleichheitsabfragen nicht mehr zulässig sind. Die Funktion "=" läßt sich jedoch selbst definieren. Die Voraussetzung dafür ist, daß ihr Ergebnistyp *Boolean* und die Typen ihrer Parameter begrenzt privat und gleich sind. Der Operator "/=" läßt sich nicht explizit definieren, seine Bedeutung richtet sich nach der gerade aktuellen Bedeutung von "=". Der Gebrauch von Variablen begrenzt privater Typen als Parameter für Unterprogramme bleibt zulässig, so daß ein Mißbrauch für "Zuweisungstricks" nicht ganz ausgeschlossen ist (s. dazu [Bar83], S. 135 bzw. 330).

3.3.5 Ausnahmen (*exceptions*)

Bei der Betrachtung von Ausnahmezuständen handelt es sich um eine Technik, mit der Programme fehlertolerant gemacht werden: Unerwartete Situationen werden in einer geeigneten Form gemeldet, damit Maßnahmen zur Fortsetzung des normalen Arbeitsablaufes ergriffen werden können.

3.3.5.1 Deklaration und Auslösung

Ausnahmen werden in ähnlicher Weise wie Variablen vereinbart. Eine Ausnahme *InputError* wird beispielsweise durch

```
InputError : EXCEPTION;
```

deklariert. Es gibt eine Reihe vordefinierter Ausnahmen, die sich auf Programmierfehler beziehen, die während der Compilierzeit nicht erkannt werden können. Solche sind z. B.

	Constraint_Error	für Wertebereichsunter- und Überschreitungen
und	*Numeric_Error*	für arithmetische Fehler, wie Division durch Null.

Eine Ausnahme, egal ob vordefiniert oder durch den Programmierer deklariert, kann an jeder beliebigen Stelle seines Gültigkeitsbereichs *explizit* durch die Auslöseanweisung *RAISE* ausgelöst werden. Bzgl. obiger Ausnahme würde z. B. durch

```
RAISE InputError;
```

dem restlichen Programm der Mißerfolg einer Aktion mitgeteilt werden. Vordefinierte Ausnahmen können auch *implizit* ausgelöst werden (und werden es in der Regel auch).

3.3.5.2 Behandlung und Übertragung

Eine Ausnahmebehandlung (*handling*) kann innerhalb ihres Gültigkeitsbereichs in jeder durch *BEGIN* und *END* eingeschlossenen Programmeinheit durchgeführt werden. Sie wird am Ende der Einheit notiert und durch das Schlüsselwort *EXCEPTION* wie folgt (bzgl. *InputError*) eingeleitet:

```
BEGIN
   ...
EXCEPTION
   WHEN InputError =>
      ...
END;
```

Wenn *InputError* während der Ausführung der Anweisungen zwischen *BEGIN* und *EXCEPTION* ausgelöst wird, wird unmittelbar zu der Anweisungsfolge nach "=>" verzweigt. Hier werden die Restaurierungsaktionen zur Behebung des Ausnahmezustandes durchgeführt, bevor die normale Abarbeitungsfolge des Programms wieder aufgenommen wird.

Falls bei einer Ausnahme-Auslösung in der aktuellen Programmeinheit keine Behandlung gefunden wird, wird der Ausnahmezustand *dynamisch* übertragen (*propagation*). Bei ineinandergeschachtelten Blöcken entspricht dies der *statischen* Struktur, aber z. B. bei Unterprogramm-Aufrufen wird der Ausnahmezustand auf die das Unterprogramm aufrufende Einheit übertragen, die natürlich nicht die Vereinbarung des Unterprogramms enthalten muß. Dieser Vorgang wird wiederholt, bis entweder eine Einheit, die die Ausnahme behandelt, oder die äußerste Ebene erreicht wird. Im zweiten

Fall wird der Programmtext abgebrochen, und es ist eine (hoffentlich) passende diagnostische Meldung des Laufzeitsystems zu erwarten.

Eine Ausnahme kann innerhalb ihrer Behandlung auch erneut ausgelöst werden. Das geschieht durch die Anweisung

```
RAISE;
```

(ohne den Namen der Ausnahme). Dadurch ist es möglich, nach einer zunächst speziellen eine allgemeine Ausnahmebehandlung durchzuführen.

3.3.5.3 Anwendung

Zur Bewältigung ungewöhnlicher, aber erwarteter Situationen ist die Verwendung *vordefinierter* Ausnahmen mit Vorsicht zu genießen, weil es keine Garantie dafür gibt, daß die Ausnahme tatsächlich wegen der erwarteten Situation ausgelöst wurde.

Generell ist zu sagen, daß der Ausnahmebehandlungsmechanismus nur für außergewöhnliche Fälle verwendet werden sollte (für diese ist er auch erfunden worden). Er ist nämlich vom Standpunkt des Software-Engineering durchaus nicht ungefährlich, da ein extensiver Gebrauch letztlich wieder zu undurchschaubaren Programmen führen kann.

In Ada wurde ein *Termination-Model* gewählt: Die Ausführung einer Programmeinheit wird nach Auslösung einer Ausnahme beendet, d. h. Fehlersituationen werden als Endsituationen behandelt. Dies steht im Gegensatz zum *Resumption-Model* von z. B. *PL/1*, bei dem die Kontrolle nach der Behandlung einer Ausnahme an den Punkt ihres Eintretens zurückgeht, also nach Fehlerberichtigungen direkt fortgefahren werden kann. Zuweilen wird daher auch die Auffassung vertreten, daß Ausnahmen in Ada nur marginale Bedeutung haben. *Coar* ist sogar der Meinung, sie seien nicht nützlich genug, um eine kostspielige Implementierung zu rechtfertigen (s. [Coa84], S. 224). Diese Auffassung soll jedoch nicht darüber hinwegtäuschen, daß es auch leidenschaftliche Befürworter gibt. Wir selbst sehen z. B. die Ausnahmen als sehr nützliche Erweiterung zu den bisherigen modernen, blockorientierten Programmiersprachen an.

3.3.6 Prozesse

Alle bisherigen Betrachtungen bezogen sich auf einen rein sequentiellen Ablauf von
Aktivitäten. In diesem Abschnitt soll nun auf die Sprachelemente eingegangen werden,
die in Ada für die *parallele* Datenverarbeitung zur Verfügung gestellt werden. Dieser
Aspekt ist besonders wichtig, weil bei Echtzeitanwendungen gewöhnlich mehrere
Aktivitäten gleichzeitig abzuwickeln sind, und Ada ist u. a. für solche Anwendungen
entwickelt worden. Parallelität ist hier eigentlich im Sinne von *potentieller Gleich-
zeitigkeit* zu verstehen. Das bedeutet, daß das Ausmaß der Parallelität von der
zugrundeliegenden Basismaschine abhängt. Ist diese z. B. eine Einprozessoranlage, so
müssen alle Aktivitäten letztlich doch wieder sequentialisiert werden. Man sollte aber
bedenken, daß auch in diesem Fall durch die *konzeptionelle Unabhängigkeit* eine u. U.
beträchtliche *Effizienzsteigerung* erreicht werden kann: Wenn bei einer Aktivität ein
Stillstand auftritt, so müssen nicht alle anderen mit warten, sondern der Prozessor kann
sich zwischenzeitlich auch ihnen zuwenden.

Die Programmeinheit, für die Parallelität möglich ist, ist in Ada der Prozeß (*task*).
Dabei bezieht sich die Parallelität immer auf *verschiedene* Prozesse, die miteinander
kooperieren können, während sie jeweils für sich selbst sequentiell ablaufen.

Der beim Sprachentwurf gewählte Synchronisationsmechanismus für Prozesse ist der
des *Rendezvous*. Es hätte hier auch der der *Semaphore* oder der *Monitore* zugrunde-
gelegt werden können (s. z. B. [Hor84]), und in der Tat gab es bzgl. dieses Themas
heftige Diskussionen. Überhaupt ist die Definition von Sprachelementen für parallele
Prozesse eines der schwierigsten Probleme eines entsprechenden Sprachentwurfs.
Hierzu sei nur gesagt, daß bei der Entwicklung der Sprache *PL/1* im Laufe der
Normungsarbeit entsprechende Sprachelemente mehrfach überarbeitet wurden, um
schließlich, mangels Einigung, völlig gestrichen zu werden (vgl. [Sch84]).

3.3.6.1 Deklaration

Ein Prozeß wird in ähnlicher Weise wie ein Paket deklariert. Er besteht auch aus einem
Spezifikationsteil und einem Rumpf. Der Spezifikationsteil nimmt auch die Funktion
einer Schnittstelle an, in der gewisse Hilfsmittel exportiert werden, während der Rumpf
die verkapselte Implementation enthält. Für einen Prozeß *t* sieht das wie folgt aus:

```
TASK t IS
  ...
END t;

TASK BODY t IS
  ...
END t;
```

Im Fall einer leeren Schnittstelle kann als Spezifikation auch abkürzend

```
        TASK t;
```

geschrieben werden.

Die einen Prozeß umfassende Einheit (*Stammeinheit*) muß ein Unterprogramm, ein Block, ein Paket oder ein anderer Prozeß*rumpf* sein. Bei Paketen kann die Spezifikation in deren Schnittstelle verlegt werden.

An dieser Stelle seien zwei wichtige Begriffe vorgestellt, auf die später Bezug genommen wird. Der eine ist der der *Abhängigkeit*: man sagt, ein Prozeß sei abhängig von der (schachtelungsmäßig) nächsten ihn umfassenden Einheit, die *dynamisches Leben* besitzt, also nicht passiv und somit kein Paket ist. Ist die Stammeinheit kein Paket, so handelt es sich also stets um diese. Der andere Begriff ist der der *Geschwisterprozesse*. Man bezeichnet damit solche Prozesse, die gemeinsam in einer Stammeinheit vereinbart sind.

In gewisser Weise nehmen Prozesse eine Mittelstellung zwischen Paketen und Unterprogrammen ein. Die Hauptaufgabe von Paketen ist, in ihren Schnittstellen Unterprogramme nach außen zur Verfügung zu stellen, und der Anweisungsteil ihres Rumpfes wird nur einmal (normalerweise nur zu Initialisierungszwecken) aufgerufen. Insofern haben Pakete deklarativen Charakter und sind passive Programmeinheiten. Prozesse enthalten dagegen ihre Implementation wie Unterprogramme im Anweisungsteil ihres Rumpfes und sind somit *aktiv*. Sie werden jedoch im Gegensatz zu Unterprogrammen nur genau einmal aktiviert, und zwar geschieht das *implizit* bei der Abarbeitung ihrer Deklaration. In ihren Schnittstellen können sie zwar weder Unterprogramme noch Objekte, dafür aber Kommunikationselemente nach außen zur Verfügung stellen.

Im Unterschied zu den bisher betrachteten *einzelnen* Prozessen gibt es auch noch die Möglichkeit, sog. *Prozeßtypen* zu deklarieren. Diese haben die Eigenschaften eines begrenzt privaten Typs, und zwar auch innerhalb ihrer Stammeinheiten. Von diesen können dann in bekannter Weise beliebig viele Prozeß-Objekte vereinbart und insbesondere auch verkettete Listen erzeugt werden, was im Zusammenhang dieser Arbeit bzgl. prozeßorientierter Simulation wichtig ist. Syntaktisch wird aus einem einfachen Prozeß durch das Schlüsselwort *TYPE* in der Spezifikation hinter *TASK* ein Prozeßtyp gemacht.

Prozesse können keine Bibliothekseinheiten sein, wohl aber können ihre Rümpfe Untereinheiten sein. Direkte Sichtbarkeit von Prozeß-Schnittstellen gibt es nicht (Unzulässigkeit der *USE*-Klausel).

3.3.6.2 Ablaufsteuerung (*scheduling*)

Prozesse können sowohl zu ihren Geschwisterprozessen als auch zum Anweisungsteil ihrer Stammeinheit (hypothetischer Hauptprozeß) parallel ablaufen. Ihre Aktivierung geschieht automatisch, und zwar genau dann, wenn der Kontrollfluß den Anweisungsteil der Stammeinheit erreicht. Eine explizite Aktivierungsanweisung ist also nicht nötig und gibt es auch gar nicht. Beim echten Parallelbetrieb existieren also mehrere Stellen der Programmausführung und somit auch mehrere Programmzähler.

In der Praxis steht jedoch in der Regel nicht für jeden Prozeß ein eigener bzw. nur ein Prozessor zur Verfügung. Es wird daher implizit eine Ablaufsteuerung, also eine Verwaltung der Aufteilung, z. B. in Form eines Zeitscheibenmechanismus vorgenommen. Hinzu kommt die Möglichkeit, Prozessen explizit Prioritäten zuzuteilen (durch sog. *Pragmas*). Es ist dann sichergestellt, daß nie Prozesse mit höheren Prioritäten warten, während sich andere mit niedrigeren Prioritäten in der Ausführung befinden.

Insbesondere für Echtzeitanwendungen ist die sog. *DELAY*-Anweisung zur expliziten Verzögerung eines Prozesses von Bedeutung. Bei

```
DELAY 10.0;
```

wären das z. B. (mindestens) 10 s. Man kann mit Hilfe dieser Anweisung beispielsweise eine zeitlich periodische Durchführung von Aktionen veranlassen.

3.3.6.3 Synchronisation und Kommunikation

Es besteht die Möglichkeit, Prozesse miteinander kommunizieren zu lassen. Dahinter steckt die Auffassung, daß dies nur durch Synchronisation möglich sein soll. Das hierfür von der Sprache verwendete Konzept ist das des *Rendezvous*: Zwei Prozesse laufen zunächst voneinander unabhängig parallel ab, treffen sich dann an einem bestimmten Punkt, führen gewisse Aktionen gemeinsam aus und trennen sich wieder voneinander, um unabhängig weiterzulaufen. Es handelt sich dabei um ein *asymmetrisches* Konzept, weil nur der einen anderen Prozeß aufrufende Prozeß seinen Partner kennen muß, nicht aber der aufgerufene. Anschaulich kann man sich dabei einen Kunden-Bediener-Mechanismus vorstellen, bei dem die Kunden ganz gezielt eine bestimmte Dienstleistung erwarten, die der Bediener unabhängig vom individuellen Kunden jedesmal stur ausführt. Dabei können sich natürlich Warteschlangen bilden, und in der Tat ist in Ada sogar eine implizite Abarbeitung nach der *first-in-first-out*-Strategie vorgesehen.

Zur Realisierung der Kommunikation stellt der Bediener-Prozeß in seiner Schnittstelle sog. *Eingänge (entries)* nach außen bereit. Diese können in gleicher Weise wie

Prozeduren mit Parametern versehen werden und von anderen Programmeinheiten aufgerufen werden.

Beispiel:

```
TASK t IS
   ENTRY e (...);
END t;
```

Wegen der fehlenden direkten Sichtbarkeit würde ein entsprechender Aufruf von außen immer so aussehen:

```
t.e (...);
```

Ein Rendezvous läuft nun so ab, daß im Rumpf des gerufenden Prozesses der Eingangs-Aufruf mittels einer sog. *ACCEPT-Anweisung* bearbeitet wird:

```
ACCEPT e (...) DO
   ...
END e;
```

Dabei ist die Anzahl der *ACCEPT*-Anweisungen pro Eingang nicht beschränkt.

Da der Kontrollfluß des gerufenen Prozesses wohl kaum gerade genau in dem Moment bei einer entsprechenden *ACCEPT*-Anweisung ankommt, wenn sein Kommunikationspartner ihn ruft, gilt die Konvention, daß beide aufeinander warten, um dann gemeinsam die Anweisungen innerhalb der *ACCEPT*-Anweisung auszuführen. Der eigentliche Informationsaustausch geschieht dabei mit Hilfe der Parameter, ansonsten handelt es sich um eine reine Synchronisation. Warteschlangen können sich nun bzgl. jedes Eingangs bilden, und die Ausführung einer entsprechenden *ACCEPT*-Anweisung entfernt immer genau einen Prozeß daraus. Dadurch wird der bei der Parallelprogrammierung oft wichtige wechselseitige Ausschluß von Prozessen bei Lese- und Schreibvorgängen erreicht.

3.3.6.4 Alternative Eingangs-Bearbeitung

Wenn ein Prozeß nacheinander mehrere Eingänge zu bearbeiten hat, aber die Reihenfolge dabei eigentlich gar nicht wichtig ist, so gibt es die Möglichkeit, sie der gerade aktuellen Nachfragesituation anzupassen. Dadurch läßt sich die *Laufzeiteffizienz* steigern, weil nicht im falschen Moment auf gerade nicht vorliegende Eingangs-Aufrufe gewartet werden muß. Zuständig ist dafür die sog. *SELECT-Anweisung*. Sie läßt das Warten auf mehrere Aufrufe (beliebig viele) zu. Das bedeutet, der erste eintreffende Aufruf wird bearbeitet, es sei denn, es lagen gleich zu Beginn der Anweisungs-ausführung mehrere (verschiedene) Aufrufe vor. In diesem Fall liegt ein *Konflikt* vor, der willkürlich, und zwar *nichtdeterministisch* gelöst wird. Der Programmierer hat dabei keine Möglichkeit der Einflußnahme, was einer der Gründe für die schlechte Reproduzierbarkeit und damit Testbarkeit paralleler Programmläufe ist.

Zur Verdeutlichung läßt sich hier wieder eine Bediener-Kunden-Analogie betrachten: Existiert kein Kunde, so wartet der Bediener und bedient den nächsten, der ankommt. Steht bereits eine Schlange an, so bedient er der Reihe nach den jeweils ersten Kunden. Stehen jedoch zwei Schlangen (für verschiedene Dienstleistungen) an, so liegt es im Ermessen des Bedieners, welcher Schlange er sich jeweils widmet.

Die Alternativen der *SELECT*-Anweisung lassen sich mit sog. *Sicherheitsbedingungen* versehen. Man spricht von einer *offenen* Alternative, wenn dieser entweder keine solche Bedingung vorausgeht, oder wenn selbige zur Laufzeit erfüllt ist. Das zuvor beschriebene Verfahren wird nun nur bzgl. solcher offenen Alternativen angewendet, so daß eine entsprechende Überprüfung immer zuvor stattfindet. Falls keine Alternative offen ist, wird die Ausnahme *Select_Error* ausgelöst.

Zur Konkretisierung der bisherigen Ausführungen soll auch in diesem Rahmen das in der Literatur gern zitierte Beispiel des begrenzten zyklischen Puffers (s. z. B. [Goo83], [Bar83], [Hor84]) angebracht werden:

```
TASK BufferManager IS
   ENTRY Write (x : IN   Item);
   ENTRY Read  (x : OUT  Item);
END;

TASK BODY BufferManager IS
   Buffer : ARRAY (1..n) OF Item;
   i, j   : INTEGER RANGE 1..n := 1;
   Count  : INTEGER RANGE 0..n := 0;
BEGIN
   LOOP
      SELECT
         WHEN Count < n =>
            ACCEPT Write (x : IN item) DO
               Buffer (i) := x;
            END;
            i := i MOD n + 1; Count := Count + 1;
      OR
         WHEN Count > 0 =>
            ACCEPT Read (x : OUT Item) DO
               x := Buffer (j);
            END;
            j := j MOD n + 1; Count := Count - 1;
      END SELECT;
   END LOOP;
END BufferManager;
```

Der Typ der zu puffernden Elemente *Item* und die Größe des Puffers *n* seien in der Programmumgebung des Prozesses definiert.

Zusammen mit den bisherigen Erläuterungen in diesem Abschnitt ist dieses Beispiel weitgehend selbsterklärend. Nur soviel sei gesagt: Der angegebene Prozeß ist als Zwischenprozeß zur first-in-first-out-Pufferung für einen Produzenten- und einen Konsumentenprozeß zu verstehen. Die besondere Effizienz des Vorganges findet dadurch ihren Ausdruck, daß durch die nichtdeterministische Auswahl nicht immer nur stur abwechselnd, sondern bedarfsabhängig produziert bzw. konsumiert werden kann. Man beachte dabei die Schutzbedingungen, die verhindern, daß in einen vollen Puffer geschrieben bzw. von einem leeren Puffer gelesen wird. Die Anweisungen innerhalb der *SELECT*- aber außerhalb der *ACCEPT*-Anweisungen sind solche, die außerhalb des Rendezvous stattfinden, so daß die Benutzerprozesse nicht mehr als nötig aufgehalten werden.

Die *SELECT*-Anweisung kann bzgl. der bisher beschriebenen alternativen Eingangs-Bearbeitung drei weitere Formen annehmen. Da ist zunächst die des *zeitlich begrenzten Wartens*. Bei dieser steht bei einem oder mehreren Zweigen eine *DELAY*- statt einer *ACCEPT*-Anweisung. Es wird hier also keine Verzögerung, sondern eine maximale Wartezeit für Eingangs-Aufrufe angegeben. Nach Ablauf der Zeit wird der Kontrollfluß des Prozesses hinter die *DELAY*-Anweisung umgeleitet, wo auch noch ein Anweisungsteil stehen darf. Die zweite Form ist die der *bedingten Eingangs-Bearbeitung*:

```
SELECT
    ACCEPT ...
        ...
OR
        ...
ELSE
        ...
END;
```

Sie ist eine Kurzform für das zeitlich auf 0 s begrenzte Warten. Bei der dritten Form handelt es sich um die des abbrechbaren Wartens. Sie wird im Zusammenhang mit der Beendigung von Prozessen in Abschn. 3.3.6.6 besprochen.

3.3.6.5 Alternative Eingangs-Aufrufe

Die *SELECT*-Anweisung läßt sich nicht nur für die Bearbeitung von Eingangs-Aufrufen (passive Seite), sondern auch für die Aufrufe selber (aktive Seite) verwenden. Allerdings dient sie hier nicht dazu, daß man zwischen mehreren Aufrufalternativen wählen kann, und es ist hier kein Nichtdeterminismus im Spiel. Es geht hier lediglich um die Formulierung eines *bedingten* und eines *zeitlich begrenzten* Eingangs-Aufrufs (ohne Sicherheitsbedingung), so daß jeweils nur zwei Zweige vorhanden sind.

Durch die Anweisung

```
SELECT
   t.e (...);
ELSE
   ...
END;
```

wird bei nicht sofortigem Erfolg des Eingangs-Aufrufs des Prozesses *t* der Kontrollfluß in die alternative Anweisungsfolge des *ELSE*-Zweiges umgeleitet. Entsprechend wird bei

```
SELECT
   t.e (...);
OR DELAY 10.0;
   ...
END;
```

(mindestens) 10 s auf ein Zustandekommen des Rendezvous gewartet und ansonsten in den Anweisungsteil hinter der *DELAY*-Alternative verzweigt. Auch hier ist der bedingte Eingangs-Aufruf eine Kurzform für den zeitlich auf 0 s begrenzten Eingangs-Aufruf.

Das Bediener-Kunden-Modell läßt sich hier auch wieder sehr gut zur Illustrierung verwenden: Ein Prozeß, der einen zeitlich begrenzten Aufruf durchführt, entspricht einem Kunden in einem Geschäft, der sich zwar in die Warteschlange des Bedieners einreiht, aber nach einer bestimmten Zeit aufgibt und die Warteschlange verläßt. Der bedingte Aufruf entspricht einem sehr ungeduldigen Kunden, der bei nicht sofortiger Bedienung das Geschäft gleich wieder verläßt.

3.3.6.6 Beendigung von Prozessen

Man unterscheidet zwischen *normaler* und *anomaler* Beendigung von Prozessen. Nach Freigabe ihres beanspruchten Speicherplatzes bezeichnet man sie als *terminiert*.

Normale Beendigung findet dann statt, wenn das Ende des Prozesses erreicht wird *und* alle abhängigen Prozesse auch beendet sind. Zusätzlich gibt es die schon erwähnte Form des *abbrechbaren Wartens* der *SELECT*-Anweisung:

```
SELECT
   ...
OR
   TERMINATE;
END;
```

Die *TERMINATE-Alternative*, die auch mit einer Sicherheitsbedingung versehen werden kann, wird dann ausgeführt, wenn sowohl alle abhängigen als auch alle Geschwisterprozesse als auch die Programmeinheit, von der der Prozeß abhängt, terminiert sind oder auch auf Ausführung einer offenen *TERMINATE*-Alternative warten. Da die besagte Programmeinheit kein Paket sein kann (s. Abschn. 3.3.6.1), besteht Zugriff auf die Eingänge der Prozesse nur innerhalb der Einheit, so daß in diesem Zustand keine wartenden Eingangs-Aufrufe mehr vorliegen können. Die Terminierung der wartenden Prozesse kann nun im Prinzip gleichzeitig erfolgen. Die direkt übergeordnete Einheit eines solchen Prozesses (diese kann auch ein Paket sein) kann übrigens auch bei vorzeitiger Beendigung erst dann verlassen werden, wenn auch alle anderen abhängigen Prozesse terminiert sind bzw. auf Terminierung warten. Damit ist sichergestellt, daß die Objekte im Gültigkeitsbereich des Prozesses während seiner Lebensdauer nicht verschwinden können.

Von anomaler Beendigung (Abbruch) eines Prozesses spricht man, wenn diese bedingungslos und "unfreiwillig" durch eine sog. *ABORT-Anweisung* geschieht.

```
ABORT t1, t2, t3;
```

bricht z. B. die Prozesse *t1*, *t2* und *t3* ab. Wegen möglicherweise nicht kalkulierter Nebenwirkungen, auf die hier nicht weiter eingegangen werden kann, sollte dieses Vorgehen nur für besondere Fälle vorbehalten werden (vgl. [Bar83]).

3.3.7 Generische Programmeinheiten

Eines der Probleme von Programmiersprachen mit streng reglementierten Datentypen ist, daß diese zur Übersetzungszeit festgelegt sein müssen. Oft ergibt sich jedoch eine Situation, in der die Logik eines Programmstückes von den enthaltenen Typen unabhängig ist, so daß es unnötig erscheint, es für die Anwendung auf verschiedene Typen zu wiederholen. Abstraktionsmechanismen zur wiederholten Verwendung von Programmtextausschnitten sind durch Einführung von Schleifen, Unterprogrammen, Modulen und Bibliotheken schon in anderen Programmiersprachen verwirklicht worden. Ein weiteres Konzept ist das der generischen Programmeinheiten, das in diesem Abschnitt vorgestellt werden soll. Es handelt sich dabei um Programmeinheiten, die ähnlich wie Unterprogramme parametrisiert werden können, nur daß die Übergabe der entsprechenden aktuellen Parameter schon zur Übersetzungszeit erfolgt. Als Programmeinheiten sind Unterprogramme und Pakete zulässig. Der Effekt eines generischen Prozesses läßt sich durch Einbettung des Prozesses in ein generisches Paket erreichen. Der Parametrisierungsmechanismus ist in zweierlei Hinsicht eine Erweiterung gegenüber dem von (gewöhnlichen) Unterprogrammen: zum einen, weil auch Pakete verwendet werden können, und zum anderen sind als generische Parameter zusätzlich zu den sonst auch zulässigen Objekten Typen und Unterprogramme erlaubt.

Die Übersetzung generischer Einheiten erfolgt in zwei Teilen, erst in allgemeiner Form und dann in spezieller. Im Gegensatz zur allmeinen Übersetzung, die genau einmal erfolgt, kann die spezielle Übersetzung beliebig oft erfolgen: sie findet für jeden beabsichtigten Anwendungszweck einmal statt.

3.3.7.1 Generische Vereinbarung

Die Vereinbarung einer generischen Programmeinheit unterscheidet sich von der ihres nicht generischen Pendants dadurch, daß ihrer Spezifikation ein sog. generischer Teil vorangestellt wird. (Für Unterprogramme muß zusätzlich zum Rumpf eine Spezifikation gesondert aufgeführt werden.) Am Beispiel des Kellerspeichers soll das gezeigt werden:

```
GENERIC
    Max : Natural;
    TYPE Item is PRIVATE;
PACKAGE Stack IS
    PROCEDURE Push (x : IN  Item);
    PROCEDURE Pop  (x : OUT Item);
END Stack;
```

Hinter dem Schlüsselwort *GENERIC* folgt die (möglicherweise leere) Liste von formalen Parametern. Bei dem Beispiel werden durch die beiden Parameter zwei Ziele erreicht: zum einen ist der Kellerspeicher nun universell einsetzbar, d. h. für Objekte mit beliebigen Typen, und zum anderen wird durch *Max* seine Aufnahmekapazität festgelegt. Auf die Verwendung privater Typen in diesem Zusammenhang wird in Abschn. 3.3.7.3 eingegangen.

Die im vorangegangenen Abschnitt (3.3.7) erwähnte erste Teilübersetzung der generischen Einheit besteht aus der normalen Übersetzung von Spezifikation und Rumpf. Daraus resultiert eine Art Programm-Schablone (*template*), die so natürlich noch nicht ausführbar ist. Anwendungsbezogene endgültige Ausprägungen für dadurch festgelegte "Klassen" von Unterprogrammen bzw. Paketen erfolgen später (s. nachfolgenden Abschnitt, 3.3.7.2). Die Schablone wird gewöhnlich wie nicht generische Einheiten in eine Programmbibliothek eingetragen.

3.3.7.2 Generische Inkarnation

Die Verwendung einer generischen Einheit, also der Zugriff auf Elemente bzw. die Aufrufbarkeit der Einheit wird erst nach Herstellung einer Ausprägung dieser ermöglicht. Man bezeichnet eine solche Ausprägung und auch den Vorgang als solchen als Inkarnation (*instance / generic instanciation*). Dabei werden die aktuellen (Übersetzungszeit-)Parameter in der von Unterprogrammaufrufen bekannten Weise als Liste übergeben. Inkarnationen von *Stack* könnten z. B. wie folgt auftreten:

```
PACKAGE Integer_Stack IS NEW Stack (100, Integer);
PACKAGE Real_Stack    IS NEW Stack (100, Real);
```

Bei zusätzlicher Verwendung entsprechender *USE*-Klauseln (s. Abschn. 3.3.4) können auf diese Weise von Unterprogrammen jeweils mehrere Überladungen (s. Abschn. 3.3.3.2) geschaffen werden, wie hier von *Push* und *Pop*.

Bei der Inkarnation handelt es sich um den zweiten Teil der Übersetzung generischer Einheiten. Erst durch diese entstehen reguläre, nicht generische Unterprogramme bzw. Pakete mit den bekannten Eigenschaften. Die Inkarnation entspricht der Vereinbarung einer nicht generischen Einheit und steht daher im Deklarationsteil der anwendenden Programmeinheit. Sie läßt sich auffassen als Kopie der generischen Einheit ohne den generischen Teil, wobei die formalen generischen Parameter durch die aktuellen und der Name der Einheit durch den der Inkarnation ersetzt wird. Man sollte sich vergegenwärtigen, daß mit jeder "Kopie" ein entsprechender Speicherplatzbedarf verbunden ist. Vor unnötigem Gebrauch aus Bequemlichkeitsgründen – wenn z. B. von einem generischen Paket nur ein kleiner Teil der Ressourcen benötigt wird – sollte daher Abstand genommen werden.

3.3.7.3 Generische Parameter

Die Übergabe der aktuellen an die formalen Parameter ist in gleicher Weise wie bei Unterprogrammaufrufen positions- oder namensbezogen möglich. Für Objekte sind die Übergabearten *IN* und *IN OUT* möglich, wobei in bekannter Weise *IN*-Parameter als Konstanten und *IN-OUT*-Parameter als Variablen verwendet werden. *OUT* ist nicht zulässig. Auch Vorbesetzungen sind analog wie bei Unterprogrammen möglich.

Die wesentlichste Eigenschaft generischer Programmeinheiten ist, daß auch Typen als Parameter übergeben werden können. Für die entsprechenden Formalparameter gibt es u. a. folgende Arten:

```
TYPE t IS PRIVATE;
TYPE t IS (<>);
TYPE t IS RANGE <>;
```

Auf private Typen in diesem Zusammenhang wird nachfolgend noch eingegangen. Der zweite Fall steht für diskrete Typen, also Aufzählungs- oder ganzzahlige Typen und der dritte für ausschließlich ganzzahlige Typen als aktuelle Parameter. Des weiteren sind auch noch Gleit- und Festpunkttypen sowie Feld- und Verweistypen möglich. Darauf soll hier jedoch nicht weiter eingegangen werden (zur Vertiefung s. [Goo83]).

Bei privaten Typen sind als Operatoren in bekannter Weise lediglich die Zuweisung, Gleichheit und Ungleichheit vorhanden, nur wirken die Schutzeffekte in umgekehrter Richtung wie gewohnt: es wird nicht die Deklaration vor dem Anwender verborgen, sondern der Zugriff innerhalb der Einheit eingeschränkt. Aktuelle Parameter müssen die Zuweisung und Gleichheit natürlich bereitstellen; sie können daher weder begrenzt privat noch Prozeßtypen sein. Als Formalparameter sind begrenzt private Typen jedoch möglich und folglich mit allen Typen bei der Inkarnation verträglich. In diesem Fall ist nur zu bedenken, daß alle Operatoren, die angewendet werden sollen, im generischen Teil (als Unterprogramme) mitgeliefert werden müssen.

Im Gegensatz zu gewöhnlichen Programmeinheiten liegt hier bei privaten Typen noch keine Strukturangabe vor, sie wird erst später (bei der Inkarnation) festgelegt. Man erinnere sich, daß sonst bei privaten Typen die Strukturangabe zwar festliegt, aber nach außen verborgen sein soll. Der bisherigen Wirkung "bekannt, aber geheim" steht hier also "noch unbekannt" gegenüber.

Während schon in Pascal die Möglichkeit bestand, Prozeduren als Formalparameter zu formulieren, besteht in Ada die Möglichkeit generischer Unterprogrammparameter. Diese eignet sich besonders für mathematische Anwendungen. Mit Hilfe von

```
GENERIC
   WITH FUNCTION f (x : Real) RETURN Real;
FUNCTION Integral (a,b : Real) RETURN Real;
```

könnte man z. B. mit jeweils einer Inkarnation für jede Argumentfunktion Riemannsche Integrale berechnen. (Das Schlüsselwort *WITH* ist nötig, damit f als generischer Parameter statt als generische Funktion erkannt wird.)

Bei den Parametern zusammen mit der Schnittstelle einer generischen Programmeinheit besteht eine gewisse Analogie zu den beiden Übergabearten "Eingabe" und "Ausgabe" bei Unterprogrammen: Wenn man einmal die "Übergabe-Richtung" von der reinen Regelung von Lese- und Schreibzugriff unabhängig betrachtet ("von außen nach innen" bzw. "von innen nach außen"), entsprechen die generischen Parameter den Eingabeparametern und die sonstigen Elemente der Schnittstelle den Ausgabeparametern. Zur Verdeutlichung soll noch einmal der Unterschied zwischen der schlichten Erweiterung von Gültigkeitsbereichen (s. Abschn. 3.3.4.1) und der Verwendung von generischen Parametern hervorgehoben werden: während im ersten Fall auf eine bereits bestehende Umgebung Bezug genommen wird, betrifft der zweite Fall eine noch nicht bestehende oder zumindest noch nicht übersetzte Umgebung (eines Anwenderprogrammes).

4 Die Simulationsumgebung und deren Implementation

In diesem Abschnitt sollen Simulatoren des Levels 1 (s. Kap. 1) vorgestellt werden. Die besagten Basiskomponenten werden in Form von Modulen (als Simulationspaket) realisiert. Sie entsprechen anschaulich einer Simulations*umgebung*, derer sich der Anwender zur Implementierung eines individuellen Modells bedienen kann. Dieser Begriff soll daher auch im folgenden dafür verwendet werden. Dabei geht es um solche Konstrukte, die sonst in gleicher oder ähnlicher Form bei jeder Modellimplementation von neuem erstellt werden müßten. In Abb. 4-1 wird eine anschauliche Darstellung etwaiger Komponenten für die ereignisorientierte Simulation in Form von "Wolken" gegeben.

Nach einigen allgemeinen Betrachtungen wird die Implementation dieser Komponenten in den höheren Programmiersprachen Modula, "C" und Ada vorgestellt. Anschließend folgt die Implementation einer Umgebung für die prozeßorientierte Simulation.

4.1 Allgemeine Betrachtungen

4.1.1 Modularisierung

Ziel und Sinn der Bereitstellung von allgemein (modellunabhängig) verwendbaren Simulationspaketen ist es, die Simulationsumgebung vom Simulationsmodell zu trennen. Das vom Benutzer implementierte Simulationsmodell soll übersetzt werden können, ohne die Umgebung neu zu übersetzen. Da das Ziel der Arbeit der Vergleich moderner Programmiersprachen ist, sollte die Art der Modularisierung unabhängig von der jeweiligen Programmiersprache sein.

Bei der Formulierung von Simulationsmodulen muß gerade aus Benutzersicht die Datenabstraktion unterstützt werden. Für ihn ist z. B. eine Warteschlange nur durch die Objekte, mit denen gearbeitet wird, und die Operationen darauf spezifiziert. Gemeint ist also das Konzept des *abstrakten Datentyps*.

Gerade für große Simulationsprogramme erscheint es unumgänglich, eine klare Zuweisung der Prozeduren und Funktionen an entsprechende *Bibliotheksmodule* zu gewährleisten. Die Bereitstellung eines Modules in einer Bibliothek wird natürlich umso effizienter, je vielfältiger es verwendet werden kann.

4.1.2 Zugriffsschutz

Bibliotheksmodule liefern eine Reihe von Funktionen und Prozeduren, die der Benutzer aufrufen kann. Das Konzept des abstrakten Datentyps (Menge von Objekten und Operationen auf diesen Objekten) verlangt es, daß außer auf den vorgesehenen Objekten keine Zugriffe auf andere Unterprogramme und Datenobjekte zugelassen werden dürfen. So ist es angebracht, gerade bei komplexeren Listenoperationen Zugriffe auf Datenobjekte nur über Funktionen zu organisieren.

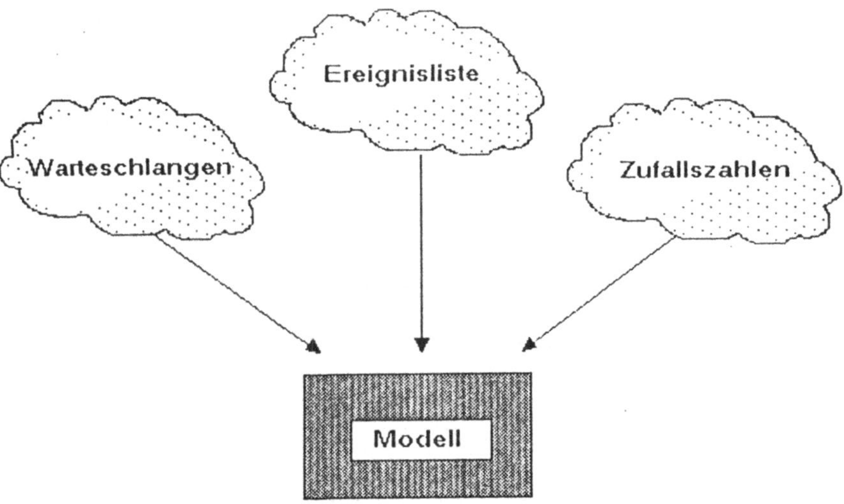

Abb. 4-1:   Die Wolkendarstellung

Eine sichere Schnittstellenorganisation läßt sich sprachbedingt jedoch nur bis zu einem bestimmten Grad erreichen. In *Ada* ist – wie in Abschn. 3.3.4.4 ausführlich beschrieben – die Möglichkeit gegeben, bestimmte Typen als *private* oder auch *limited private* zu deklarieren, wodurch die Struktur des Typs für den Benutzer des Paketes nicht zugreifbar ist. In Modula leistet der "undurchsichtige" (*opaque*) Typ ähnliches.

Der Anwender muß sich in jedem Fall darauf verlassen können, daß nur die von der Umgebung spezifizierten Änderungen auf benutzerdefinierte Objekte eintreten. Seiteneffekte können unkontrollierbare Wirkungen haben, die in der Regel schwer zu analysieren sind.

4.1.3 Freispeicherverwaltung

Während der Simulation wird dynamisch eine große Anzahl von Objekten erzeugt, deren Lebensdauer im Vergleich zur gesamten Simulationszeit gering ist. Daher kann das Benutzerprogramm leicht an die Grenze der ihm zur Verfügung stehenden Halde stoßen, wenn der Speicherbereich nicht wiederverwendet werden kann. Schwierigkeiten begegneten uns besonders in Ada, wo mit Hilfe einer Bibliotheksprozedur (*Unchecked_Deallocation*) nicht mehr benötigte Simulationsobjekte dealloziert werden sollten. Die Verwendung dieser generischen Prozedur ist recht umständlich, weil für jeden Typ eine Inkarnation jener Prozedur geschaffen werden muß. Die garantierte Wirkung besteht jedoch nur darin, einen Nullzeiger zurückzugeben und nicht in der Wiederverwendung des Speichers. Ausdrücklich sei darauf hingewiesen, daß von Ada-Prozessen belegter Speicherplatz nicht wiederverwendet werden kann. In Modula und "C" ist die Freigabe nicht mehr benötigter Speicherfragmente ("Löcher im Heap") durch bestimmte Konstrukte (*DISPOSE* bzw. *free*) vorgesehen, aber die Wiederverwendung nicht garantiert.

Da von den Sprachen selbst die Freigabe dynamisch allozierten Speichers i. a. nicht zuverlässig unterstützt wird, ist eine eigene *Freispeicherverwaltung* sinnvoll, welche von der Umgebung automatisch vorgenommen wird. Die in jener geführten Freispeicherlisten werden in erster Linie für temporäre Objekte benötigt, die in den Warteschlangen und Ereignislisten keine Verwendung mehr finden.

4.1.4 Simulationsstatistik

Die Führung der *Simulationsstatistik* wird, soweit sie modellunabhängig ist, von der Umgebung behandelt. Am Ende der Simulation werden von dem Anwenderprogramm Daten abgerufen, die u. a. die Warteschlangen vor den Bedienstationen betreffen. Diese umfassen zumindest die durchschnittliche Wartezeit in der Schlange und die mittlere Warteschlangenlänge. Teile der Statistik können von der Umgebung automatisiert vorgenommen werden, andere sind vom Anwender zu implementieren. Der Benutzer kann erwarten, daß die Führung der Statistik implizit vorgenommen wird, wenn er sich der Warteschlangen- und Ereignislistenverwaltung bedient.

4.2 Ereignisorientierte Implementationen

Die in unserer Arbeit vorgestellten Module sollen zusammen keine vollständige Simulationsumgebung bilden. Vielmehr sind wir in unserer Arbeit von den Anforderungen des Beispielmodells ausgegangen. Die Simulationsumgebung sollte klar beschriebene Schnittstellen besitzen, damit sie – wie gesagt – vom Modell abgekapselt ist.

Die Simulationsumgebung für die ereignisorientierten Versionen umfaßt die folgenden Module:

– *Eventchain* zur Verwaltung von Ereignislisten und Zeitführung,
– *Queue* mit Routinen zur Warteschlangenverwaltung und
– *Distributions* für Zahlengeneratoren und Verteilungsfunktionen.

Die Abb. 4-2 zeigt die Modularisierung am Beispiel von Modula-2 und die Anbindung an ein Modell.

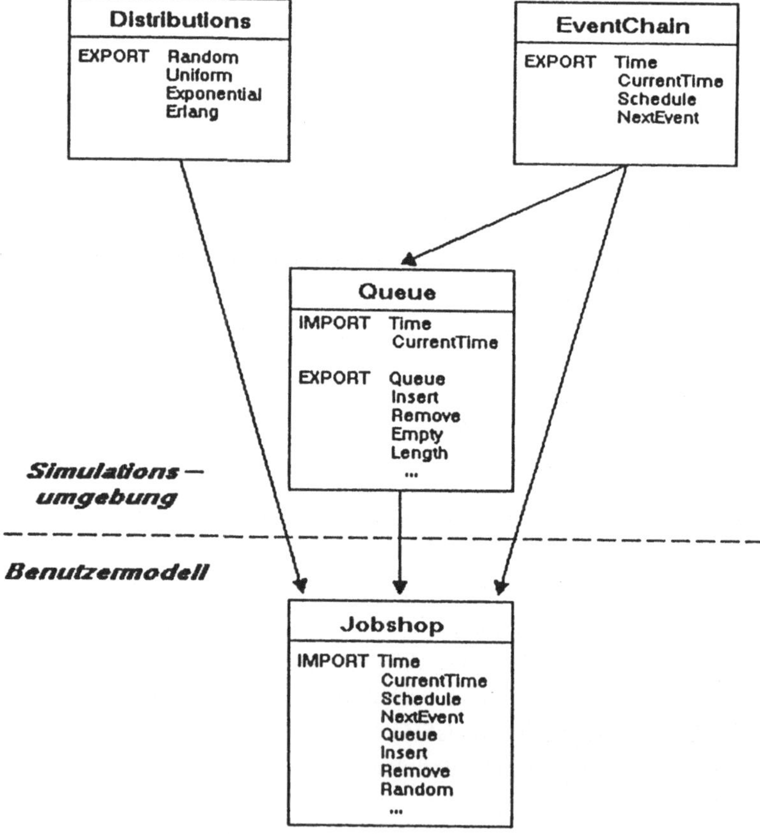

Abb. 4-2: Modularisierung am Beispiel von Modula-2

4.2.1 Ereignislistenverwaltung (*EventChain*)

EventChain stellt Routinen zum Eintrag und Entfernen einer sogenannten *Ereignisnotiz* sowie zur Ermittlung und impliziter Fortschreibung der Simulationszeit zur Verfügung. Dabei ist diese Ereignisnotiz ein Objekt, dessen Struktur für den Anwender nicht wichtig ist. Diese Notizen werden von *EventChain* in *Ereignislisten* verwaltet.

Als modellspezifische Parameter sind zum einen der Aufzählungstyp der möglichen Simulationsereignisse (*EventType* bzw. *EVENT*[1]) und zum anderen (wie im Warteschlangenmodul) ein Verweis auf die benutzerdefinierte Objekte (vom Typ *RefEntity* bzw. *ENTITY*) anzukoppeln.

In Ada geschieht dies durch Inkarnation des Paketes (*EventChain*) mittels

```
PACKAGE <Paketname> is NEW EventChain
    (<Typ Simulationsereignisse>, <Typ Objektverweis>);
```

In Modula und "C" sind durch Typdefinitionen die genannten modellspezifischen Typen zu bestimmen.

Für den Anwender ist die Schnittstelle des Simulationsmoduls *EventChain* nur durch die Prozeduren *Schedule* und *NextEvent* sowie durch die Funktion *CurrentTime* gegeben.

— *CurrentTime* ist eine Funktion zur Ermittlung der aktuellen Simulationszeit.

— *Schedule* ist mit dem Simulationsereignis (*Event*), einem Objektverweis (*Entity*) und dem Zeitpunkt des Ereignisses (*t*) parametrisiert. Es wird eine neue Ereignisnotiz bereitgestellt, worin die Parameter eingetragen werden, und entsprechend ihres Zeiteintrags in die (bereits zeitlich geordnete) Ereignisliste eingefügt. Bei Zeitgleichheit entscheidet die Ordnung des Simulationsereignisses *Event* im Aufzählungstyp *EventType*. (Höhere Ordnung in der Aufzählung bedeutet niedrigere Priorisierung in der Ereignisliste.)

— *NextEvent* enthält als Ausgabeparameter die Art des nächsten Ereignisses (*Event*) und einen Verweis auf das zugehörige Objekt *(Entity)*. Die Prozedur entfernt entsprechend die aktuelle Ereignisnotiz aus der Ereignisliste. Die Simulationszeit wird fortgeschrieben. Falls die Ereignisliste als Folge eines Fehlers im Anwenderprogramm leer ist, wird eine Fehlermeldung ausgegeben und in Ada zusätzlich eine Ausnahme ausgelöst. In "C" und Modula kommt es dann durch expliziten Ausstieg bzw. Hervorrufen eines Laufzeitfehlers zum Abbruch des Programms.

---

1 In "C" ist der Aufzählungstyp als *EVENT* bezeichnet worden; er ist von der Verbundkomponente *Event* verschieden, weil "C" zwischen Groß- und Kleinschreibung unterscheidet.

Die sogenannte *Ereignisnotiz* (*EventNotice*) ist für den Anwender strukturell nicht zugreifbar; sie ist ein Verbund, der aus vier Komponenten besteht:

— *SchedTime* enthält den Zeitpunkt des Ereignisses vom (globalen) Typ Time.

— *Kind* (bzw. *Event*) gibt das Simulationsereignis an, welches ein Objekt vom benutzerdefinierten Aufzählungstyp *EventType* ist.

— *Entity* (bzw. *EntConcerned*) ist ein Verweis auf das Objekt, dessen Basistyp *RefEntity* ebenfalls vom Modell beschrieben ist.

— Schließlich gibt *Next* den Verweis zur nächsten Ereignisnotiz.

In diesem Modul befindet sich eine interne Freispeicherliste (*FreeNotice*), die Speicherplatz für nicht mehr benötigte Ereignisnotizen aufnimmt; sie wird von den aufzurufenden Prozeduren automatisch verwaltet. *NextEvent* überträgt die aktuelle Ereignisnotiz von der Ereignisliste in die Freispeicherliste.

CurrentTime greift auf die geschützte – weil im Implementationsteil befindliche – Variable *SystemTime* zu, um die aktuelle Simulationszeit zu ermitteln.

4.2.2 Warteschlangenverwaltung (*Queue*)

Das Modul *Queue* verwaltet Warteschlangen und bietet Funktionen zur Zustandsabfrage und Prozeduren zu deren Manipulation an. Im Modul *Queue* sind nur die Prozeduren zur Initialisierung, Einfügen und Entfernen sowie Funktionen zur Abfrage der Länge, zum Test auf leere Warteschlange und zur statistischen Auswertung für den Anwender vorhanden. Zur Warteschlangenverwaltung (im Modul *Queue*) muß der Objekttyp[1], auf dem gearbeitet wird, vom Anwender übergeben werden. Außerdem ist als Parameter für die Warteschlange der Zugriff auf die Simulationsuhr für die spätere Statistik erforderlich.

Auch hier muß wie in *EventChain* in der Ada-Implementation des Benutzermodells eine Inkarnation des Pakets (*Queue*) kreiert werden. Da der Zugriff auf die Simulationsuhr in *EventChain* definiert wurde, ist sie *nach* der Inkarnation des Pakets *EventChain* durch

```
PACKAGE <Paketname> IS NEW Queue
    (<Typ Objektverweis>, <Modell-EventChain>.CurrentTime);
```

zu formulieren, da *CurrentTime* ein Unterprogrammparameter ist.

In Modula wird die Zugriffsfunktion auf die Simulationszeit intern vom Modul *EventChain* importiert; der Benutzer kann sie dann ohne weiteres verwenden.

---

[1] Bzw. der Zeiger darauf, der in den Programmen *RefEntity* genannt wird.

Zu den Namen der folgenden Prozeduren und Funktionen ist zu beachten, daß in "C" gegebenenfalls "q_" voranzustellen ist. Dies ist notwendig, weil in "C" im Gegensatz zu Modula und Ada nicht die Möglichkeit besteht, Namenskonflikte durch Voranstellen des Modulnamens in Punktnotation aufzulösen:

— *QueueInit*[1] gewährleistet die erforderlichen Voreinstellungen auf einer Warteschlange.

— *Insert* fügt das Objekt (*Entity*) gemäß der *FIFO*-Strategie an das Ende der Warteschlange (*Q*) an. Die Statistik wird fortgeschrieben, d. h. die zeitgewichtete Summe der Warteschlangenlänge modifiziert sowie die aktuelle Simulationszeit eingetragen.

— *Remove* entfernt das erste Element (*Entity*) aus der Warteschlange (*Q*). Da der Verweis auf das Objekt auch ein Ausgabeparameter ist, kann der Benutzer es entsprechend weiterverwenden. Die Statistik wird durch Einträge in den *Warteschlangenkopf* analog zu *Insert* fortgeschrieben, wobei zusätzlich die Anzahl der Durchläufe hochgezählt und die Summe der Wartezeiten aktualisiert wird. Bei leerer Queue wird eine Fehlermeldung ausgegeben und in *Ada* zusätzlich eine *Ausnahme* (*Empty_Queue*) ausgelöst.

Als Funktionen werden von *Queue* bereitgestellt:

— *Empty* ist eine boolesche Funktion zum Test auf leere Warteschlange,

— *Length* bezieht sich auf die aktuelle Warteschlangenlänge,

— *MaxLength* gibt die maximale Warteschlangenlänge und

— *EntityCount* die Gesamtzahl der die Warteschlange jemals passierten Objekte wieder.

— *AvgQueueLength*[2] berechnet die (zeitlich) gewichtete mittlere Warteschlangenlänge in der Schlange und

— *AvgWaitingTime* die mittlere Wartezeit. Falls hierbei undefinierte Werte auftreten sollten, wird eine Fehlermarke (*Undefined* = −1) übergeben bzw. eine (gleichnamige) Ausnahme ausgelöst.

Der Typ *Queue* ist die Implementation eines Warteschlangenkopfs und für den Anwender nicht zugreifbar. Im Ada-Programm wird er durch Deklaration als *limited private* geschützt. Modula stellt den Typ *Queue* im Definitionsmodul als "nicht durchsichtigen" (*opaque*) Typ zur Verfügung. Die Struktur dieses Warteschlangenkopfes ist im Implementationsteil definiert.

---

[1] In "C" heißt die Funktion *q_Init* und in Ada (durch *Overloading*) schlicht *Init*.
[2] In Ada mußte sie stattdessen als *Prozedur* namens *GetAvgQueueLenghth* formuliert werden – s. Abschn. 4.2.4.3.

Der Warteschlangenkopf besteht aus

- durch Funktionen abfragbaren Zählern (s. u.)
- der gewichteten Warteschlangenlänge (*WSumOfLength*),
- der Summe aller Wartezeiten (*SumOfWaitingTime*),
- dem letzten Zugriffszeitpunkt (vom Typ *Time*) und
- Verweisen auf das erste bzw. letzte *Element*.

Die Warteschlange ist als eine Liste von *Element*en realisiert, welche den Zeitpunkt des Eintrags sowie je einen Verweis auf das bearbeitete Objekt und auf das nächste *Element* enthält.

Wie auch in *EventChain* befindet sich in diesem Modul eine eigene Freispeicherverwaltung, die freigestellte Elemente der Warteschlange in eine Liste umträgt. *Insert* generiert bei leerer Freispeicherliste ein neues *Element*, anderenfalls wird ein Record jener Liste entnommen. Das neue Element erhält als Eintrag die aktuelle Simulationszeit und einen Verweis auf das modellspezifische Objekt (vom Typ *RefEntity*).

Die Funktionen *Length*, *MaxLength* und *EntityCount* dienen zum Zugriff auf die gleichnamigen Komponenten des Warteschlangenkopfes[1].

In *QueueInit*[2] werden, falls die Warteschlange bei der Initialisierung belegt ist, sämtliche in ihr enthaltenen Elemente in die Freispeicherliste eingehängt. Außerdem werden die Einträge in den Warteschlangenkopf entsprechend zurückgesetzt.

4.2.3 Verteilungsfunktionen (*Distributions*)

Das Modul *Distributions* ist nach außen durch einen Zufallszahlengenerator und Verteilungsfunktionen spezifiziert, welche sowohl für die ereignisorientierte als auch für die prozeßorientierte Implementation benötigt werden.

Der Generator (*Random*) arbeitet auf einem sehr großen Zahlenbereich. In der zugrunde liegenden Version in FORTRAN bzw. in Ada arbeitet jener nur auf einem Zufallszahlenstrom. Es ist jedoch sinnvoll, dem Benutzer die Deklaration mehrerer stochastisch unabhängiger Ströme zu ermöglichen. Zufallszahlenströme für unterschiedliche Simulationsvariable wie z. B. Bedienzeiten, Ankunftszeiten, Auftragsarten können so ohne stochastische Abhängigkeiten realisiert werden. Deswegen stellen wir als Erweiterung den abstrakten Datentyp *Zufallszahlenstrom* zur Verfügung, der im folgenden mit *s* bezeichnet wird.

---

[1] Der direkte Zugriff ist für den Benutzer ja verwehrt.
[2] In "C" *q_Init* und in Ada *Init*.

— *StreamInit*[1] (s, *Seed*) generiert dynamisch ein Objekt vom Typ Integer und initialisiert es mit einem Startwert *(Seed)*. Falls null übergeben wurde, wird der Startwert mit einer einheitlichen Voreinstellung belegt. Die Initialisierung des Zufallszahlenstroms ist zwingend erforderlich. Übergibt man bei Aufruf des Generators *Random* oder einer von ihm abhängiger Verteilungsfunktion einen uninitialisierten Zufallszahlenstrom, wird in Ada eine Ausnahme (*Uninitialized_Stream*) ausgelöst, die an die aufrufende Prozedur oder Funktion weitergegeben wird, bzw. in den anderen Sprachen eine Fehlermeldung ausgegeben.

— *Random* (*s*) ist ein Pseudozufallszahlengenerator, welcher bezüglich eines Zufallszahlenstroms gleichverteilte reelle Zahlen im Intervall]0,1[erzeugt.

— *Uniform* (*Low*, *High*, s) ist eine Verteilungsfunktion, deren Werte gleichverteilt im Intervall]*Low*,*High*[liegen.

— *Exponential* (*Mean,s*) realisiert eine negativ-exponentielle Verteilung um einen Mittelwert (*Mean*).

— *Erlang* (*Mean*, *k*, *s*) errechnet den Wert einer *k*-Erlang-Verteilung, welche als Mittelwert von *k* exponential-verteilten Zufallszahlen definiert ist.

In der Ursprungsversion von Maise und Roberts ([Mai83]) in FORTRAN wurde von der FORTRAN-Eigenart Gebrauch gemacht, daß bei einer Überschreitung des Zahlenbereichs der Überlauf ignoriert wird, was als implizite Modulo-Operation aufgefaßt werden kann. In den von uns untersuchten Sprachen würde ein Überlauf natürlich einen Laufzeitfehler hervorrufen. In der darauf aufbauenden Ada-Version von Sheppard und Friel ([Fri85]) ist der Generator (*Random*) deswegen so umformuliert worden, daß er portabel wird. Dadurch kann er auch in Modula und "C" ähnlich implementiert werden.

Berechnet wird der Wert unter Verwendung zweier verschiedener Multiplikatoren, indem eine Schleife zweimal mit jenen Werten durchlaufen wird. Dadurch werden Periodizitäten vermindert und der Zahlenbereich gestreckt.

Der Generator spaltet von dem Objekt des Zufallszahlenstroms – maschinennah gesehen – die letzten 16 Bits ab und multipliziert sie mit dem erwähnten Wert. Die ersten 15 Bits werden getrennt ebenfalls dieser Operation unterzogen, wobei ein Anteil aus der ersten Berechnung addiert wird. Durch geeignete Berechnungsreihenfolge (damit kein Überlauf erfolgt) werden nun Teile ("low bytes" bzw. "high bytes") dieser Werte, die durch Modulo-Operationen bestimmt wurden, addiert. Das Objekt des Zufallszahlenstroms liegt dann innerhalb des gesamten nichtnegativen Ganzzahlbereiches, sofern für die Konstante *modulus* die größte darstellbare Ganzzahl gewählt ist. Durch zweimalige Division des Zahlenstromobjektes wird gewährleistet, daß der

---

1 In "C" heißt die Funktion *r_Init* und in Ada wieder nur *Init*.

Wertebereich des Generators *Random* das Intervall]0,1[ist. Hierbei ist zu bemerken, daß ein Zahlenstrom (*vom Typ RandomNumberStream*) als Zeiger auf eine ganze Zahl implementiert[1] wird. Dadurch wird die eigentliche Generierung des Zahlenstromobjekts *Distributions* überlassen und ist vom Benutzer nicht beeinflußbar.

Die oben beschriebenen weiteren Verteilungsfunktionen *Uniform*, *Exponential* und *Erlang* arbeiten mit Hilfe des Generators Random.

4.2.4 Anmerkungen zu den Implementationen

4.2.4.1 Modula

In Modula ist die Übergabe der modellspezifischen Typen nach *EventChain* durch Verwendung objektunabhängiger Typen[2] realisiert. Notwendig wird diese Konstruktion, weil bei der Übersetzung der Simulationsumgebung diese Modelltypen noch nicht bekannt sind. (In Ada werden die Modelltypen als generische Parameter übergeben.) Hierbei wird der Ereignistyp mit *BYTE* gleichgesetzt, was dem Benutzer erlaubt, seinen Aufzählungstyp (mit max. 256 Elementen) zu definieren. Der Typ *BYTE* stellt eine Erweiterung gegenüber des von Wirth definierten Standards dar; es ist den Implementationen freigestellt, systemabhängige Konstrukte in Modulen (als "low level facilities") bereitzustellen. Die Verwendung des Typs *WORD* brachte uns bei der Modula-Implementation auf der VAX Schwierigkeiten mit der Parameterübergabe: Da Objekte von Aufzählungstypen genau ein Byte belegen, läßt der Übersetzer die Übergabe solcher Variablen als Referenzparameter an den Typ *WORD* nicht zu. Der Objektverweis ist mit Hilfe des allgemeinen Zeigertyps *ADDRESS* realisiert, der wie *BYTE* aus dem Modul *SYSTEM* importiert wird.[3]

Die Zeitbasis des Simulationssystems (Typ *Time*) ist im Modul *EventChain* definiert. Sie wird zusammen mit der Funktion *CurrentTime* nach *Queue* importiert.

Queue ist im Warteschlangenmodul nicht selbst als Verbund, sondern als Verweis auf einen Warteschlangenkopf definiert. Hierbei sollte *Queue* als "undurchsichtiger" (*opaque*) Typ implementiert werden, so daß die Struktur nicht zugreifbar ist. Eine direkte Realisierung als Verbund ist nicht möglich, weil ein *opaque*-Typ nicht strukturiert sein darf. *RefEntity* bekommt auch hier über den Typ *ADDRESS* seinen Objektverweis aus dem Hauptprogramm.

Ein- und Ausgabeprozeduren werden grundsätzlich aus dem Bibliotheksmodul *InOut* importiert. Dieses enthält zwar auch Ausgabeanweisungen für *REAL*-Zahlen, aber der

---

[1] In "C" ist *RNSTREAM* als allgemeiner Zeiger implementiert.
[2] Das sind hier die Typen *BYTE* für Aufzählungstypen und *ADDRESS* für Zeigertypen.
[3] S. auch Abschn. 3.1.2.3.

Benutzer kann nur die gesamte Anzahl der Stellen spezifizieren. Für eine tabellarische Aufstellung statistischer Werte ist jedoch eine Ausgabe angebracht, die den Dezimalpunkt an eine feste Position stellt. In Modula stellen wir daher zur formatierten Ausgabe von *REAL*-Zahlen das Modul *FloatInOut* zur Verfügung, wobei seine Implementation relativ aufwendig ist. Gerechnet wird auf einem *VAX*-Datentyp (*H_Floating*), der eine hinreichend große Genauigkeit besitzt, um Rundungsfehler zu begrenzen. Aus einem Bibliotheksmodul (*Conversions*) werden Konvertierungsfunktionen importiert, die die Typanpassungen von Ganzzahl-, gewöhnlichen *REAL*-Zahlen und Zeichenketten numerischen Inhalts in Objekte jenes speziellen Typs vornehmen. Die einzige Prozedur *WriteREAL* enthält als Parameter die auszugebene Zahl (vom Typ *REAL*) und die Anzahl der Vor- und Nachkommastellen, wonach der übergebene Wert entspechend abgerundet wird. Die Vorkommastellen werden mit einer Prozedur aus dem Modul *InOut* als Ganzzahl ausgegeben, während die Nachkommastellen einzeln (durch sukzessive Multiplikation) errechnet werden. Das Exponentialformat ist in *WriteREAL* nicht implementiert; die Ausgabe erfolgt in Festkommadarstellung. Sofern auch die Ausgabe im Exponentialformat benötigt wird, ist es notwendig, sich die Prozedur *WriteReal* (man beachte die andere Schreibweise) aus dem Modul *InOut* zu importieren. Hierbei wäre es zwar prinzipiell möglich, der Prozedur den gleichen Namen zu geben. Der Anwender müßte aber dann den Modulnamen durch Punktnotation voranstellen (*InOut.WriteReal* bzw. *FloatInout.WriteReal*), um Bezeichnerkonflikte aufzulösen. Zu bemerken ist, daß der Wert nur dann vollständig ausgegeben wird, wenn er betragsmäßig nicht die größte darstellbare Ganzzahl (hier *MaxInt* genannt) übersteigt; anderenfalls werden gemäß der vorgegebenen Stellenanzahl Sterne ("*") ausgegeben.

4.2.4.2 "C"

Sprachbedingt ist in "C" keine Schnittstellenbeschreibung möglich, wie sie in Ada (Spezifikationspakete) oder Modula (Definitionsmodule) bekannt sind. In der "C"-Implementation existiert eine modulübergreifende *header*-Datei, die die Schnittstellenspezifikationen aufnimmt. Sie enthält sämtliche Datentypen und Funktionen (von *Eventchain*, *Distributions* und *Queue*), auf die das Benutzerprogramm zugreifen kann. Diese Schnittstellendeklarationen sind mit der *#include*-Direktive textuell in das Modul einzufügen, damit die Umgebung sichtbar wird. Dieses Präprozessorkommando ist auch zu verwenden, um die standardmäßigen Ein- und Ausgabefunktionen (*stdio*) anzukoppeln; die Ausgabe ist dann durch die *printf*-Anweisung möglich.

Auf eine Kodierung als Funktion konnte manchmal verzichtet werden, indem vom weiteren Präprozessorkommando *#define* Gebrauch gemacht wird. Man findet z. B. in der Warteschlangenverwaltung die Definition

```
#define q_empty(q) ((q)->Length == 0)  .
```

Dies weist den Compiler an, wo immer *q_Empty* verwendet wird, es textuell durch den rechts stehenden Ausdruck zu ersetzen. Der Benutzer kann so *q_Empty* wie eine Funktion benutzen.

Zur Schnittstelle im Warteschangenmodul ist zu sagen, daß der Typ *QUEUE*, auf dem operiert wird, als allgemeiner Zeiger in der Definitionsdatei (*simdef.h*) bereitgestellt wird. Der Verweis *ENTITY* ist vom Benutzerprogramm zu definieren.

Nötig sind manchmal *extern*-Deklarationen. So verweist

```
extern TIME CurrentTime ();
```

als Vorwärtsreferenz auf die Simulationsuhr, deren Implementation erst in *EventChain* enthalten ist.

Eine weiteres "C"-spezifisches Konstrukt ist die Möglichkeit, Speicherklassen zu bestimmen; zur Anwendung kommt dies z. B. bei der Freispeicherliste; dadurch, daß sie von der Speicherklasse *static* ist, ist sie außerhalb des Moduls nicht zugreifbar.

4.2.4.3 Ada

Als Besonderheit gegenüber den anderen Implementationen ist in *Ada* ein Paket zusätzlich *(Global)* geschrieben worden. Der Aufwand, wegen eines Typs (*Time*) ein eigenes Paket zu implementieren, mag übertrieben erscheinen. Dieser Typ wird sowohl von *EventChain* als auch von *Queue* benötigt. Unsere ersten Ansätze gingen dahin, dem Benutzer die Wahl des Zeittyps im Modellprogramm vornehmen zu lassen. Dabei wurde der Zeittyp zusammen mit einer Variablen, die die aktuelle Simulationszeit enthält, als generischer Parameter an die Warteschlangen- und Ereignislistenverwaltung übergeben. Da jedoch von der Umgebung auf die Zeit lesend *und* schreibend zugegriffen wird, müßte die aktuelle Simulationszeit in diesem Fall als *IN OUT*-Parameter übergeben werden. Ein Schutz dieser Variablen wäre dadurch nicht mehr gewährleistet. Ein anderer Versuch, die Zeit in dem Paket der Ereignislistenverwaltung zu übergeben, brachte ebenfalls Probleme. Einerseits muß in *Queue* die Zeit abfragbar sein (*Current-Time*), und es werden Objekte vom Typ *Time* in den Warteschlangenkopf eingetragen. Andererseits werden in *EventChain* der Zugriff auf die Simulationsuhr zur Verfügung gestellt und Verbunde übergeben, die eine Komponente vom Typ *Time* enthalten. Dieses erzwingt eine Definition des Zeittyps außerhalb jenes Moduls. Die Festlegung des Zeittyps vom Benutzer erschwert hauptsächlich die Implementation der Simulationsumgebung, weil die Aktualisierung von Objekten des Zeittyps wegen Unkenntnis der Struktur nicht möglich ist. Deswegen zogen wir jenen Typ heraus und wiesen ihn einem eigenen Modul zu.

Global ist dann (mit der *WITH*-Klausel) an *EventChain* und *Queue* angekoppelt und ist auch vom Benutzerprogramm zu importieren. Außerdem besitzt *Global* eine Ausnahme namens *Undefined*, die bei undefinierten statistischen Werten ausgelöst wird. Von dem Konstrukt der Ausnahme wird auch in den anderen Paketen der Simulationsumgebung Gebrauch gemacht. So enthält

— *Distributions* die Ausnahme *Uninitialized_Stream*, die bei Verwendung eines nicht initialisierten Zufallszahlenstromes ausgelöst wird,

— *Queue* die Ausnahme *Empty_Queue* (der Versuch, bei leerer Warteschlange Elemente zu entfernen, wird mit ihrer Auslösung geahndet) und

— *EventChain* die Ausnahme *No_More_Events*, die beim Versuch ausgelöst wird, eine Ereignisnotiz von einer leeren Ereignisliste zu entfernen.

Auch die Möglichkeit, Funktionen als generische Parameter an Pakete zu übergeben, wurde genutzt: Im Paket *Queue* findet man *CurrentTime* als generischen Funktionsparameter, wodurch der Zugriff auf die Simulationsuhr ermöglicht wird.

Zur Ausgabe von ganzen oder reellen Zahlen sowie einigen anderen Objekten müssen Inkarnationen von generischen Paketen (die lokal zum Bibliothekspaket *Text_IO* sind) geschaffen werden. Die wichtigsten Pakete haben die Bezeichnungen

— *Float_IO* für die Ein- und Ausgabe von reellen Zahlen,
— *Integer_IO* für ganze Zahlen oder Unterbereiche davon und
— *Enumeration_IO* zur Ein- und Ausgabe von Objekten eines Aufzählungstyps.

Eine Feinheit liegt in der Berechnung der durchschnittlichen Warteschlangenlänge: in Ada konnte *AvgQueueLength* nicht als Funktion implementiert werden. Um den aktuellen Zeitpunkt zu berücksichtigen, müssen vor der Berechnung die gewichtete Warteschlangenlänge sowie das Datum des letzten Zugriffs aktualisiert werden, d. h. es werden Schreiboperationen auf der Warteschlange getätigt. In Ada ist die Verwendung von *Transienten*[1] in Funktionen jedoch *nicht* zulässig. Deswegen ist *GetAvgQueueLength* als Prozedur mit den Warteschlangendaten und dem eigentlichen Ergebniswert als Ausgabeparameter implementiert. Eine weitere Konsequenz des Parameterkonzeptes in Ada ist die Einschränkung, daß *IN*-Parametern keine Werte zugewiesen werden dürfen; deswegen mußte in der Initialisierungsprozedur von *Distributions* eine Hilfsgröße (*Seed1*) deklariert werden, die gegebenfalls bei Übergabe von 0 als Startwert diesen mit einem festen Voreinstellungswert belegt.

---

[1] S. auch Abschn. 3.3.3.1.

4.3 Prozeßorientierte Implementation

Neben dem ereignisorientierten Ansatz wird im Rahmen dieser Arbeit auch noch der prozeßorientierte Ansatz für die Simulation behandelt. Aus Aufwandsgründen haben wir uns dabei auf Ada beschränkt. Als Grundlage für eine Simulationsumgebung werden hier die Pakete *Adaset* und *Simulation* von E. Tiden verwendet (s. [Ung84]). Es handelt sich dabei um Nachbildungen der Klassen *Simset* und *Simulation* der Sprache Simula. In den beiden folgenden Abschnitten sollen diese Pakete vorgestellt werden. Dabei ist noch zu erwähnen, daß diese in einer Reihe von Einzelheiten nicht mit den Originalversionen von Tiden übereinstimmen. Die Gründe dafür sind zum einen konzeptioneller Natur, wie z. B. Erweiterungen, und zum anderen mußten schlichtweg Fehler ausgemerzt werden. Die Ursache für den zweiten Punkt ist, daß Tiden zum Zeitpunkt der Erstellung der Pakete noch keinen gültigen Ada-Compiler zur Verfügung hatte. Die Pakete sind in ihrer bei uns verwendeten Form vollständig im Anhang B wiedergegeben.

4.3.1 Das Paket *Adaset*

Bei diesem Paket handelt es sich um die Implementation doppelt verketteter Ringlisten mit den zugehörigen Operationen. Es wird an dieser Stelle eingeführt, weil es ursprünglich für die Simulation entwickelt wurde und seine Hauptanwendung bei der prozeßorientierten Simulation liegt. Seine Allgemeingültigkeit ist jedoch in keiner Weise eingeschränkt, und auch in dieser Arbeit wird es aus Einfachheitsgründen anderweitig verwendet (Modul *Jobshop* der ereignisorientierten Simulation, s. Abschn. 5.2). Es eignet sich insbesondere für Warteschlangen, Freispeicherverwaltungen und im Zusammenhang mit Simulation für Ereignislisten.

Die hier betrachteten Listen bestehen aus einem Kopfelement und im Prinzip beliebig vielen Kettenelementen, die alle sowohl vorwärts als auch rückwärts miteinander verbunden sind (s. Abb. 4-3). Die Typ-Deklarationen, die diese Struktur auf Ada abbilden, sind im Anhang B ersichtlich: Es gibt einen begrenzt privaten Typ *Linkage*, der als varianter Record sowohl für Kopf- als auch für Kettenelemente verwendet wird. In beiden Fällen enthält er einen Vorwärts- und einen Rückwärtsverweis. Für Kopfelemente (*Ref_Head*) enthält er zusätzlich eine Zählvariable für die Anzahl der in der Liste gespeicherten Elemente, während er für Kettenelemente (*Ref_Link*) den zu speichernden Inhalt und einen Verweis auf den jeweils zugehörigen Kopf (für schnelle Zugriffe auf die Zählvariable) enthält.

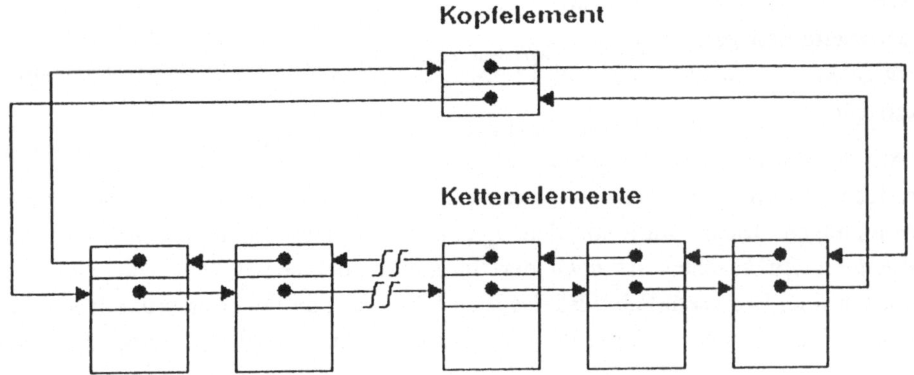

Abb. 4-3: Ringlistenstruktur

Man beachte, daß das Paket *Adaset* generisch ist, und daß der Typ des in der Liste zu speichernden Inhalts der generische Parameter ist. Dieser Umstand ist ein wesentlicher Beitrag für die oben bereits erwähnte universelle Verwendbarkeit.

Die nach außen zur Verfügung gestellten Unterprogramme für Listenoperationen lassen sich in drei Kategorien aufteilen:

— Unterprogramme für die Schaffung und Auflösung von Elementen:
New_Head, New_Link, Release, Clear

— Strukturverändernde Prozeduren:
Into, Follow, Precede, OutL

— Anfragefunktionen:
Suc, Pred, Prev, Content, Member, First, Last, Empty, Cardinal

Für die Namen der Unterprogramme sind weitgehend selbstdokumentierende Namen gewählt worden. Einige Bemerkungen zu diesen und zu Implementierungsdetails sind aber dennoch angebracht:

Bei Unterprogrammen mit Parametern vom Typ *Ref_Linkage* ist es dem Anwender freigestellt, ob er Kopf- oder Kettenelemente beim Aufruf verwendet. So unterscheiden sich z. B. *Pred* und *Prev* (für *previous*) nur dadurch, daß *Prev* bei Anwendung auf das erste Element einer Liste den Kopf zurückliefert, während *Pred* das nicht kann und stattdessen *NULL* liefern würde.

Die Prozedur *OutL* (für "out of list") koppelt ein Element aus seiner Liste ab, ohne jedoch dessen Speicherplatz freizugeben. Es läßt sich also zu einem späteren Zeitpunkt auch wieder in seine ursprüngliche oder eine andere Liste einfügen. Soll auch der

Speicherplatz für ein Element freigegeben werden, so gibt es dafür die Prozedur *Release*, die einen Verweis auf diesen in die durch den Listenkopf *FreeLinks* spezifizierte Freispeicherliste einträgt. Bei späterer Erzeugung neuer Elemente (durch *New_Link*) wird dann immer mit Priorität auf einen solchen Speicherplatz zurückgegriffen[1].

Mit der Prozedur *Precede* lassen sich nicht nur *ungebundene* Elemente in eine Liste einfügen, sondern auch solche aus anderen Listen oder aus derselben von anderer Stelle her umtragen. Daher wird vor den eigentlichen Ankoppelaktionen zunächst *OutL* aufgerufen. Zu beachten ist noch der Spezialfall, bei dem Quell- und Zieladresse identisch sind. In diesem Fall wird das Element einfach an seiner ursprünglichen Stelle belassen. Für *Into* und *Follow* gelten die Ausführungen weitgehend analog, da diese in der Implementation auf *Precede* zurückgeführt werden.

Neben den genannten Unterprogrammen wird noch die Ausnahme *Null_Parameter* nach außen zur Verfügung gestellt. Dabei handelt es sich um eine Ausnahme, die (in den meisten Fällen) mit Hilfe der versteckten Prozedur *CheckNull* bei Übergabe eines Zeigers mit dem Wert NULL an die Funktionen ausgelöst wird. Solche Ausnahmen werden innerhalb *Adaset*'s also nicht behandelt, sondern entsprechende "Ausnahmezustände" werden nach außen übertragen. Erreicht wird dadurch eine Abgrenzung zu der sonst in diesem Fall (beim Versuch der Dereferenzierung) ausgelösten vordefinierten Ausnahme *Constraint_Error*. Denn letztere könnte aus Anwendersicht auch aus anderen Gründen, wie allgemein bei Wertebereichsüberschreitungen, vorliegen.

Es soll noch kurz auf das prinzipielle Vorgehen eines Anwenders von *Adaset* zum Aufbau einer Liste eingegangen werden:

Mittels *New_Head* wird ein durch den Typ *Ref_Head* vereinbarter Listenkopf bereitgestellt. Durch *New_Link* werden als *Ref_Link* vereinbarte Kettenelemente mit den vom Anwender festgelegten Inhalten generiert. Diese werden dann mit Hilfe von *Into* der Reihe nach in die Liste eingetragen. Durch diese und die anderen Einfügeprozeduren lassen sich schließlich Elemente auch an beliebigen Stellen der Liste eintragen.

4.3.2 Das Paket *Simulation*

Dieses Paket ist der eigentliche Repräsentant der gewünschten Simulationsumgebung. Es ist (in der hier vorliegenden Fassung) generisch mit dem Typ *ProcessParameters* als Parameter. Dadurch erhält der Anwender die Möglichkeit, den von ihm erzeugten individuellen Prozessen Parameter mitzugeben. Dabei dürfte es sich bzgl. ihrer Auswirkung auf den praktischen Umgang mit *Simulation* um die wohl wichtigste

---

[1] Zur Freispeicherverwaltung s. auch die Ausführungen in Abschn. 4.1.3.

Erweiterung handeln. Das im vorherigen Abschnitt (4.3.1) beschriebene Paket *Adaset* kommt hier deshalb zur Anwendung, weil Warteschlangen für Prozesse und eine Ereignisliste benötigt werden.

4.3.2.1 Die Anwendersicht

Für eine individuelle prozeßorientierte Simulation werden dem Anwender in der Schnittstelle des Paketes *Simulation* eine Reihe von Ressourcen zur Verfügung gestellt:

Für die Erzeugung und Verwaltung von Warteschlangen für Prozesse gibt es das Paket *Process_Queues*, das nichts anderes als eine Inkarnation des Paketes *Adaset* ist. ·Damit werden als erste Kategorie der möglichen Operationen für Prozesse zunächst einmal die von diesem Paket gelieferten zur Verfügung gestellt. (Dabei stehen die Typen *Hidden_Process* und *Ref_Hidden_Process* nur aus übersetzungstechnischen Gründen mit in der Spezifikation von *Simulation*.)

Bei der Abbildung von Prozessen auf Ada-Prozesse (s. Abschn. 3.3.6) gibt es insofern Probleme, als Ada-Prozessen mit unterschiedlichen Aktionen verschiedene Typen zugeordnet sein müssen. Daher ist die in der Simulation notwendige Verwaltung von Prozessen in Listen direkt nicht möglich. Das generische Paket *Process* schafft hier Abhilfe, indem es einen Konvertierungsmechanismus für verschiedene Prozeßtypen in einen einheitlichen Verweistyp anbietet:

```
GENERIC
   WITH PROCEDURE Process_Definition;
PACKAGE Process IS
   FUNCTION New_Process RETURN Ref_Process;
END Process;
```

Die Prozeßaktionen werden diesem Paket bei der späteren Erzeugung von Inkarnationen mit Hilfe einer (parameterlosen) Prozedur als generischem Parameter übergeben, und die individuellen Prozesse der jeweiligen Prozeßtypen lassen sich später durch die Funktion *New_Process* erzeugen, wobei ein entsprechender Verweis geliefert wird. Die Anzahl der Paketinkarnationen entspricht somit der Anzahl der gewünschten Prozeßtypen (diese sind also mit einem nicht unerheblichen Aufwand behaftet; vgl. Abschn. 3.3.7.2).

Zur Besprechung der eigentlichen von *Simulation* gelieferten Prozeßoperationen ist eine gewisse Terminologie als Grundlage notwendig: Als Vorgriff zum nächsten Abschnitt (4.3.2.2) muß erwähnt werden, daß für Prozesse zur Steuerung und Koordination ihrer zeitlichen Abläufe gleichermaßen wie bei der ereignisorientierten Simulation zur Markierung entlang einer hypothetischen Zeitachse eine *Ereignisliste* existiert. Prozesse befinden sich immer in einem von vier Zuständen: *passiv, vorgemerkt, aktiv, terminiert*. Ein Prozeß ist passiv, wenn seine Ausführung noch nicht begonnen oder unterbrochen wurde. Wenn er in der Ereignisliste eingetragen ist, so ist er vorgemerkt, falls er nicht ausgeführt wird und aktiv, falls er sich gerade in Ausführung befindet. Als terminiert wird ein Prozeß bezeichnet, wenn seine Ausführung beendet ist. Nach ihrer Generierung sind Prozesse immer zunächst passiv.

Als Prozeßoperationen werden nun zwei weitere Kategorien zur Verfügung gestellt: Funktionen für Anfragen und Prozeduren für die Ablaufsteuerung. Die Anfragefunktionen sind *Current, Main, Idle, Terminated, EvTime, NextEv* und *Parameters*. Einige Bemerkungen dazu: *Current* teilt den zum Zeitpunkt der Anfrage aktiven Prozeß mit. Dieser enthält also auch die Anfrage selbst (die Ausführung des Hauptprogramms wird in diesem Zusammenhang auch als Prozeß, nämlich als *Hauptprozeß* aufgefaßt). *Idle* gibt Auskunft darüber, ob der jeweilige Prozeß weder aktiv noch vorgemerkt ist. Die Funktion *EvTime* (für "event time") liefert den nächsten Ausführungszeitpunkt eines Prozesses. Sie ist dementsprechend nur für gerade aktive oder vorgemerkte Prozesse definiert. *NextEv* übermittelt den Nachfolger des angegebenen Prozesses in der Ereignisliste, sofern er existiert und sowohl er als auch ein Nachfolger in der Liste eingetragen sind, ansonsten *NULL*.

Die Prozeduren, die der Anwender für die Ablaufsteuerung erhält, werden im folgenden beschrieben:

– *Activate:* Diese Prozedur ist für die Aktivierung oder Vormerkung ausschließlich passiver Prozesse vorgesehen (Ausnahme: *Reactivate*; s. u.). Auf andere Prozesse hat sie keine Wirkung. Ob es sich dabei um einen Neustart oder um die Wiederaufnahme eines unterbrochenen Prozeßlaufes handelt, spielt keine Rolle. Außer dem Parameter für den jeweiligen Prozeß sind die anderen Parameter beim Aufruf optional, es werden dann ihre Vorbesetzungswerte angenommen. Durch die Parameter wird die Positionierung innerhalb der Ereignisliste festgelegt: Hat *Code* den Wert *Direct*, so wird der Prozeß sofort aktiviert. Bei *At_Time* bzw. *Delay_Time* wird er (dem Parameter *Time* entsprechend) *zeitlich absolut* bzw. *zeitlich relativ* eingetragen. Es handelt sich dann also entweder um den angegebenen oder um den um die angegebene Zeitspanne verzögerten Zeitpunkt. (Liegt bei zeitlich absoluter Eintragung der Zeitpunkt vor der gerade aktuellen Simulationszeit, so wird jene angenommen.) Dabei ist bei Zeitgleichheiten mit bereits eingetragenen Ereignissen der Parameter *Prior* maßgebend für die Reihenfolge der Eintragung (davor oder dahinter). Für die Fälle *Before* und *After* entscheidet der "Zielprozeß" (*Proc*) über den Ort der (zeitgleichen) Eintragung (sollte dieser gleich dem eingetragenen Prozeß sein, erfolgt keine Eintragung).

– *Reactivate:* Hier handelt es sich um eine Synonym-Prozedur zu *Activate*, die sich von jener nur dadurch unterscheidet, daß sie auch für bereits vorgemerkte oder aktive

Prozesse zulässig (bzw. gedacht) ist. Dabei muß es sich nicht unbedingt um eine Reaktivierung im Sinne von "Wiederholung" handeln.

– *Passivate:* Diese Prozedur bezieht sich auf den gerade aktiven Prozeß. Dieser wird passiviert, also aus der Ereignisliste entfernt, und der nächstfolgende Prozeß wird aktiviert bzw. reaktiviert. Eine spätere Reaktivierung kann dann nur von außen (durch den Aktivierungsbefehl) erfolgen.

– *Wait:* Diese Anweisung trägt den zum Zeitpunkt des Aufrufes aktiven, also den aufrufenden Prozeß in die spezifizierte Warteschlange ein und passiviert ihn.

– *Hold:* *Hold (t)* ist eine Kurzform für *Reactivate (Current, Delay_Time, t)* und bewirkt somit eine (Simulationszeit-)Verzögerung des aktuellen Prozesses um die angegebene Zeit. Es handelt sich also um eine Überführung vom Zustand "aktiv" in den Zustand "vorgemerkt".

– *Cancel:* Diese Anweisung bewirkt die Passivierung von in der Ereignisliste eingetragenen Prozessen (unabhängig davon, ob sie aktiv oder lediglich vorgemerkt sind).

Eine Veranschaulichung der Steuerungsprozeduren liefert *Lamprecht* ([Lam76]) in Form eines Übergangsgraphens für die möglichen Zustände in Simula. Dieser ist (mit gewissen Anpassungen) in Abb. 4-4 wiedergegeben.

Eine weitere Prozedur, die der Anwender benötigt, ist *Reset_Simulation* (mit ihrer Synonym-Prozedur *Stop_Simulation*). Diese muß zur Durchführung gewisser Restaurierungsaktionen zwischen verschiedenen Simulationsläufen in einem Programmlauf bzw. ganz am Ende (als *Stop_Simulation*) aufgerufen werden.

Schließlich werden noch zwei Ausnahmen bereitgestellt: während *Null_Parameter* nur ein Synonym für die gleichnamige Ausnahme von *Adaset* ist (s. Abschn. 4.3.1), wird *Scheduling_Error* im Zusammenhang mit fehlenden Prozessen in der Ereignisliste ausgelöst.

Diesbezüglich sind prinzipiell drei Fälle zu unterscheiden:

– *EvTime* wird mit einem nicht eingetragenen Prozeß aufgerufen (vgl. oben).

– Die Liste ist während des Programmlaufes, also während der Abarbeitung der diversen Prozesse irgendwann leer, so daß kein Nachfolgeprozeß mehr existiert. Dieser Fall ist eigentlich nur bei *Passivate* (neben einer ganz speziellen Situation bei *Activate*[1]) von Bedeutung.

– *Reset_Simulation* wird nicht vom Hauptprozeß aus aufgerufen.

---

[1] Bei der gewünschten Eintragung vor oder hinter einem Zielprozeß existiert dieser gar nicht oder ist nicht in der Ereignisliste eingetragen.

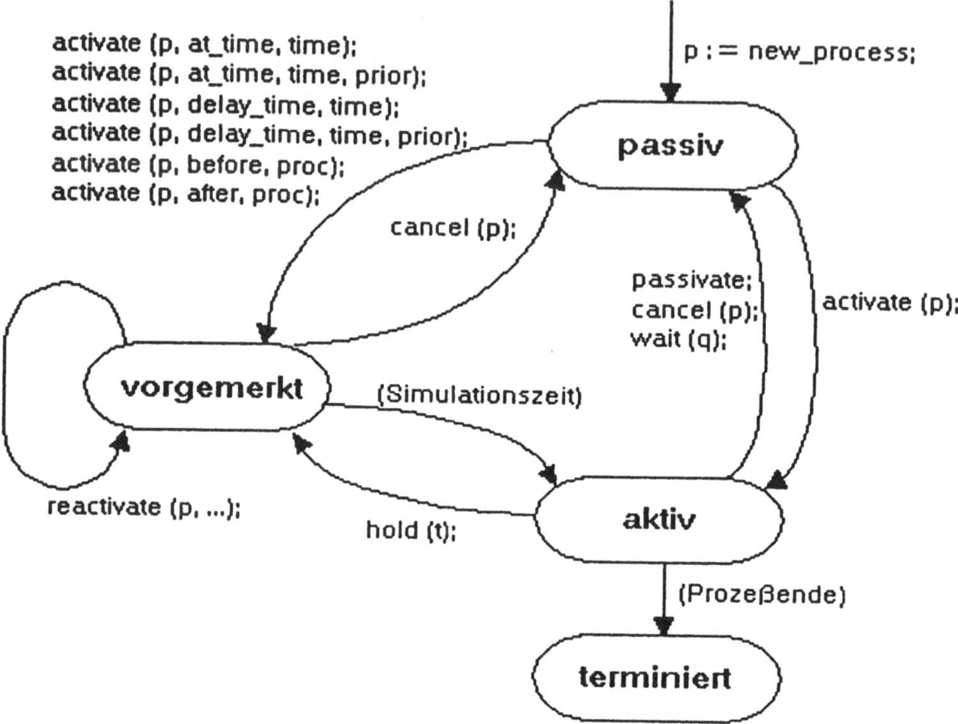

Abb. 4-4: Übergangsgraph für Prozeßzustände

4.3.2.2 Datenstrukturen

Im vorangegangenen Abschnitt (4.3.2.1) wurde bereits die sowohl in der prozeßorientierten als auch in der ereignisorientierten Simulation grundlegend wichtige Ereignisliste erwähnt. Sie ist als Inkarnation des generischen Paketes *Adaset* (s. Abschn. 4.3.1) implementiert. Im folgenden sollen die wichtigsten Datenstrukturen, die mit ihr und den damit verbundenen Prozessen im Zusammenhang stehen, skizziert werden. Hier bedeutsame, jeweils entstehende Referenzen werden dabei sukzessive aufgelöst:

```
PACKAGE Event_Set IS NEW Adaset (Ref_Event_Notice_Record);

TYPE Ref_Event_Notice_Record IS ACCESS Event_Notice_Record;

TYPE Event_Notice_Record IS
     RECORD
         EvTime : SimTime;
         Proc   : Ref_Process;
     END RECORD;

SUBTYPE Ref_Process IS Process_Queues.Ref_Link;

PACKAGE Process_Queues IS NEW Adaset (Ref_Hidden_Process);

TYPE Ref_Hidden_Process IS ACCESS Hidden_Process;

TYPE Hidden_Process IS
     RECORD
         Event       : Ref_Event_Notice;
         Terminated : Boolean;
         Scheduler  : Ref_Scheduling_Task;
         Parameters : RefProcessParameters;
     END RECORD;

SUBTYPE Ref_Event_Notice IS Event_Set.Ref_Link;

TYPE Ref_Scheduling_Task IS ACCESS Scheduling_Task;

TYPE RefProcessParameters IS ACCESS ProcessParameters;
```

Dabei ist *Scheduling_Task* ein Prozeßtyp, auf den noch genauer eingegangen wird, und *ProcessParameters* ist der oben bereits erwähnte generische Parameter von *Simulation*. Die Einführung der Verweistypen *Ref_Event_Notice_Record*, *Ref_Hidden_Process*, *Ref_Scheduling_Task* und *RefProcessParameters* wird in Abschn. 4.3.2.6 begründet. In Abb. 4-5 sind diese Zusammenhänge graphisch veranschaulicht.

4.3.2.3 Die Ereignislistenverwaltung

Für die Ereignislistenverwaltung ist ein eigenständiges Modul eingeführt worden. Es handelt sich dabei um das innerhalb von *Simulation* lokale Paket *Event_Notices*. Dieses exportiert in seiner Schnittstelle zur externen Verwendung die Ereignislisten *Sqs* (für "sequencing set") und *PP* (für "passive processes"), die zugrundeliegende Inkarnation *Event_Set* des Paketes *Adaset* zusammen mit einer Reihe in Kurzformen umbenannter Objekte daraus sowie die Prozeduren *Rank* und *Reinitialize_Sqs*.

Neben der eigentlichen Ereignisliste für die zeitliche Verwaltung von Prozessen *Sqs* erwies sich die weitere Ereignisliste *PP* als notwendig. In diese werden aus später dargelegten Gründen (s. Abschn. 4.3.2.6) stets die während des Simulationslaufes im Zustand "passiv" befindlichen Prozesse eingetragen.

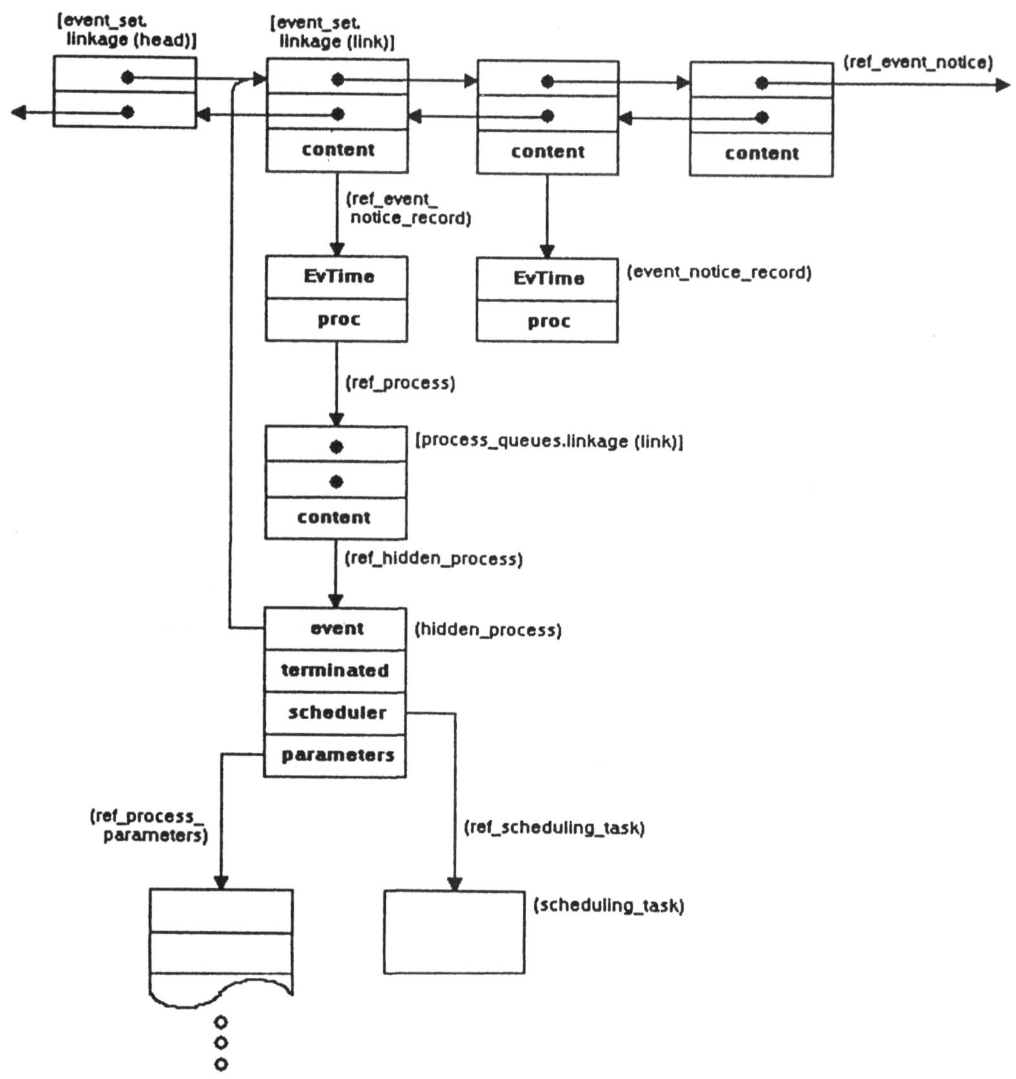

Abb. 4-5: Ereignisliste und Prozeßrepräsentation

Die Prozedur *Reinitialize_Sqs* trägt einen Verweis auf den Hauptprozeß mit dem Zeitpunkt Null in die zuvor leere Ereignisliste ein. Sie wird innerhalb eines Programmlaufes implizit zu Beginn des ersten und explizit zu Beginn jedes weiteren Simulationslaufes aufgerufen (durch *Reset_Simulation*).

Die Prozedur *Rank* trägt ein Ereignis gemäß seines Ausführungszeitpunktes in die Ereignisliste. Dabei spezifiziert der Parameter *Before*, ob bei Zeitgleichheiten mit bereits eingetragenen Ereignissen priorisiert eingetragen wird oder nicht.

4.3.2.4 Die Ablaufsteuerung von Prozessen

Wie oben bereits erwähnt, handelt es sich bei dem Paket *Simulation* um eine Nachbildung der gleichnamigen Simula-Klasse. Das impliziert eine Beschränkung der Ada-Prozesse bzgl. ihrer Parallelität auf die Operation als *Koroutinen*. Bei einer Einprozessormaschine, wie sie bei der vorliegenden Implementation verwendet wurde, hat das im Prinzip bzgl. Laufzeiteffizienz keine Nachteile. Ein entscheidender Vorteil ist jedoch, daß man sich von dem sonst im Zusammenhang mit Ada-Prozessen ins Spiel kommenden Nicht-Determinismus (s. Abschn. 3.3.6.4) freimacht. Damit ist die Möglichkeit der Reproduzierbarkeit von Simulationsläufen und der Ergebnisse zu Testzwecken und evtl. zur Fehlerbeseitigung gewährleistet.

Zur Realisierung des Koroutinenablaufes erhält jeder Prozeß einen eigenen "Scheduler"-Prozeß (die Komponente *Scheduler* in *hidden_process* ist ein Verweis darauf; s. Abschn. 4.3.2.2). Der dazu eingerichtete Prozeßtyp *Scheduling_Task* exportiert die beiden Eingänge *Stop* und *Go*, und sein Rumpf sieht (vereinfacht) folgendermaßen aus:

```
          TASK BODY Scheduling_Task IS
          BEGIN
              LOOP
   *              ACCEPT Go DO
                      ACCEPT Stop;
                  END Go;
              END LOOP;
          END Scheduling_Task;
```

Ein Prozeß wird nun immer dadurch unterbrochen, daß er den Eingang *Stop* seines eigenen Schedulers aufruft. Denn dieser kann erst dann bearbeitet werden, wenn – von einem anderen Prozeß aus – der Eingang *Go* aufgerufen wurde. Damit auch immer genau ein Prozeß zur Zeit abläuft, muß allerdings unmittelbar vorher von dem zu stoppenden Prozeß dessen Nachfolger angestossen, also dessen Scheduler-Eingang *Go* aufgerufen werden. Die Anweisungsfolge besitzt daher die folgende Form:

```
          <Scheduler/neuer Prozeß>.Go;
        * <Scheduler/alter Prozeß>.Stop;
```

Sie ist in den Prozeduren *Activate* und *Passivate* wiederzufinden, auf die letztlich auch die anderen Ablaufsteuerungsprozeduren (s. Abschn. 4.3.2.1) zurückgeführt werden.

Die passiven (oder vorgemerkten) Phasen von Prozessen sind immer dadurch gekennzeichnet, daß sie auf die Bearbeitung ihres *Stop*-Aufrufes von ihrem Scheduler warten, während ihr Scheduler auf einen *Go*-Aufruf wartet (s. Kennzeichnung durch "*"). Mit einem *Stop*-Aufruf werden die Prozesse daher auch initialisiert, wenn sie ins Leben gerufen werden. Es ist somit sichergestellt, daß bei Eintreffen des entsprechenden *Go*-Aufrufes der jeweilige Prozeß weiterarbeiten kann, da dann sofort beide Aufrufe bearbeitet werden können. Wegen der Schleifenkonstruktion nimmt der Scheduler daraufhin gleich wieder seinen alten Zustand ein, indem er wieder auf *Go* wartet. Je nachdem wie oft der Prozeß vor Erreichen seines Endes noch durch *Stop* unterbrochen wird, wiederholt sich dieser Ablauf.

Da die Ablaufsteuerung das zentrale Anliegen der prozeßorientierten Simulationsumgebung ist, sollen zum besseren Verständnis nachfolgend noch zwei Modifikationsmöglichkeiten angesprochen werden: Man beachte die ineinandergeschachtelte Formulierung der beiden *ACCEPT*-Anweisungen. Diese betont die Synchronisationsfunktion des Schedulers zwischen seinem und dem fremden Prozeß: Sowohl der eigene als auch der fremde Prozeß können erst dann weiterlaufen, wenn beide den entsprechenden Eingang aufgerufen haben; sie warten also aufeinander. Denn falls *Go* zuerst eintrifft, wird die Bearbeitung zwar begonnen, aber vor Eintreffen von *Stop* nicht beendet, und falls *Stop* eher ankommt, wird er vor Eintreffen von *Go* noch überhaupt nicht bearbeitet. Hier ist also eine Symmetrie erkennbar. Wegen des Koroutinenablaufes ist ein gegenseitiges Warten eigentlich aber gar nicht nötig, weil der fremde Prozeß nach dem *Go*-Aufruf sowieso anhält. Die ungeschachtelte Schreibweise

```
ACCEPT Go;
ACCEPT Stop;
```

wäre also ebenso möglich.

Bei der zweiten Modifikationsmöglichkeit bleibt die Schachtelung erhalten. Es werden einfach die Eingänge vertauscht, was wegen der erwähnten Symmetrie der Eingänge möglich ist:

```
ACCEPT Stop DO
   ACCEPT Go;
END Stop;
```

Diese Schreibweise ist etwas sinnfälliger und damit auch spontan leichter verständlich, da so besser zum Ausdruck kommt, daß Prozesse sich gewöhnlich erst durch *Stop* blockieren, bevor sie durch *Go* wieder freigegeben werden. Da die Originalversion von *Tiden* jedoch funktionell gleichwertig ist, haben wir sie im Programm belassen.

4.3.2.5 Prozeßalgorithmen

Neben dem Scheduler und den Verwaltungsdaten in *Hidden_Process* ist der dritte
dieser wesentlichen Bestandteile eines Anwender-Prozesses der eigentliche, den Prozeß
repräsentierende Ada-Prozeß. Für diesen gibt es den Prozeßtyp *Process_Task*, der
zusammen mit seinem Rumpf und der Funktion *New_Process* (s. Abschn. 4.3.2.1)
durch das (generische) Paket *Process* nach außen abgegrenzt ist. Dabei ist auf
Process_Task von außen keinerlei Zugriff möglich; es handelt sich also um eine
vollkommene Verkapselung. Dennoch besitzt er aber eine nicht-leere Schnittstelle, die
den Eingang *Initialize* exportiert. Dieser ist notwendig, weil dem Prozeß ein Verweis
sowohl auf sich selbst als auch auf seine Verwaltungsdaten ordnungsgemäß übergeben
werden muß (hauptsächlich für die spätere Freispeicherverwaltung). "Ordnungsgemäß"
bedeutet, daß der Prozeß solange mit der Ausführung warten soll, bis diese beiden
Daten für den durch *New_Process* ins Leben gerufenen Prozeß auch bestimmt sind.
Gleich anschließend an diese Übergabe erfolgt durch die Anweisung

```
Process_Queues.Content (My_Ref_Process).Scheduler.Stop;
```

für den Prozeß der "Initialisierungs-Stop", von dem im vorherigen Abschnitt (4.3.2.4)
die Rede war. Damit wird der Prozeß also vor der Ausführung seiner eigentlichen, vom
Anwender gewünschten Aktionen passiviert. Wenn er später durch den (parallel)
weiterlaufenden Hauptprozeß oder einen anderen Prozeß aktiviert wird, werden als
nächstes durch Aufruf der Prozedur *Process_Definition* diese Aktionen aufgeführt. Auf
die Einbettung dieses Aufrufes in eine weitere Prozedur *Exec_Process_Definition* wird
im nächsten Abschnitt (4.3.2.6) eingegangen. Je nach Anwenderwunsch sind natürlich
zwischendurch auch wieder (beliebig viele) Unterbrechungen möglich. Als Abschluß
wird für Prozesse deren lokale Prozedur *Terminate_Process* aufgerufen. Diese enthält
Anweisungen zur Freispeicherverwaltung, bewirkt den Übergang zum nächsten
Ereignis auf der Ereignisliste und aktiviert den damit verbundenen Folgeprozeß.

Eine Randbemerkung zur Einbettung von *Process_Task* in

```
LOOP
     SELECT
         ...
     OR
          TERMINATE;
     END SELECT;
END LOOP;
```

soll hier noch gemacht werden: diese dient zur Ermöglichung einer Freispeicherverwaltung bzgl. der Prozesse. Nachfolgende Prozesse können so den Speicherplatz für
abgelaufene aufgreifen und wieder an deren Anfang beginnen bzw. am Simulationende

ordnungsgemäß beendet werden (näheres zur Freispeicherverwaltung s. im nächsten Abschnitt, 4.3.2.6).

4.3.2.6 Bewältigung technischer Randprobleme

Eines der schwierigsten Probleme bei der Implementierung der beschriebenen prozeß-orientierten Simulationsumgebung bzw. der Umsetzung des Paketes *Simulation* von *Tiden* in ein ablauffähiges Programm war die Gewährleistung einer normalen Beendigung für erzeugte Ada-Prozesse (s. dazu Abschn. 3.3.6.6). Die Anweisungen aller Ada-Prozesse sind nach dem im vorangegangenen Abschnitt (4.3.2.5) gezeigten Schema in *SELECT*-Anweisungen mit *TERMINATE*-Alternativen eingebettet. Sie befinden sich daher (spätestens) am Ende eines Simulationslaufes, aber vor Aufruf der Prozedur *Reset_Simulation* (bzw. *Stop_Simulation*) in einem von folgenden zwei Wartezuständen: entweder sie warten auf Ausführung ihrer *TERMINATE*-Alternative, oder sie warten auf Bearbeitung ihres *Stop*-Aufrufes durch ihren Scheduler. Der zweite Fall betrifft also nur *Process_Task*'s, also die jeweiligen Prozesse, die die Anwender-Prozesse repräsentieren. Und zwar geht es dabei natürlich auch nur um solche, die der Anwender im Zustand *passiv* oder *vorgemerkt* belassen hat. Für die Prozesse, die sich in dem anderen Wartezustand befinden, muß nur noch auf Beendigung einer dieser Prozesse gewartet werden. Dabei soll an dieser Stelle anläßlich eines diesbezüg-lichen Irrtums von *Tiden* (s. [Ung84], S. 263) darauf hingewiesen werden, daß die *TERMINATE*-Alternative dazu mit keiner das Simulationsende kennzeichnenden Sicherheitsbedingung versehen werden muß und auch nicht darf ! Denn

1. würde der Effekt, die Terminierung beim Eintreten dieser Bedingung zu veran-lassen, nicht erreicht, weil die "offenen" Alternativen nur einmal, und zwar zu Beginn der Abarbeitung der *SELECT*-Anweisung ermittelt werden. Ein "nachträg-liches Öffnen" ist also nicht möglich (s. dazu Abschn. 3.3.6.4).

2. wird die *TERMINATE*-Alternative gemäß der in Abschn. 3.3.6.6 beschriebenen Konvention sowieso erst ausgewählt, wenn nicht nur keine Eingangsaufrufe mehr vorliegen, sondern darüberhinaus alle anderen Prozesse beendet sind.

Die zu diesen beiden Punkten in der Literatur gemachten Aussagen sind oft unge-nau, wenn nicht gar falsch (z. B. in [Hor84] zu (1) und in [Nag83] zu (2)). Sogar das *Reference-Manual* ([Goo83]) liefert zu (1) eine Beschreibung, bei der eine mißverständ-liche Deutung nicht ganz ausgeschlossen ist.

Im folgenden soll beschrieben werden, wie die Beendigung der passiven und vorgemerkten Prozesse erreicht wird:

In der Prozedur *Reset_Simulation* wird zunächst eine *Boolean*-Variable *Simulation_-Ended* auf *True* gesetzt. Eine lokale Prozedur *Kill* durchläuft daraufhin die beiden Ereignislisten *Sqs* und *PP*. Da in *PP* alle zu diesem Zeitpunkt passiven Prozesse eingetragen sind, ist sichergestellt, daß alle in Frage kommenden Prozesse so erreicht werden. Die Aufgabe dabei ist, für jeden Prozeß (außer dem Hauptprozeß) den *Go*-Aufruf seines Schedulers aufzurufen, um die Bearbeitung des ihn aus seiner Blockade erlösenden *Stop*-Eingangs zu ermöglichen. Es muß nun dafür gesorgt werden, daß die Prozesse sobald wie möglich, und zwar vor einer erneuten Selbst-Blockade bei der Ausführung der Anwenderaktionen, unterbrochen werden. Die nächste Möglichkeit, die diesbezüglich in der Simulationsumgebung besteht, ist bei Betreten einer der Ablaufsteuerungsprozeduren gegeben. Daher wird in diesen zu Beginn für den Fall eine Ausnahme *Time_Expired* ausgelöst, daß *Simulation_Ended* "wahr" ist. Der damit erzeugte "Ausnahmezustand" wird daraufhin (zweimal) dynamisch übertragen, bis er in der eigens dafür eingerichteten Prozedur *Exec_Process_Definition* bearbeitet wird. Dabei ist die Wirkung der Bearbeitung ein reines "Abfangen". Die Prozesse können nun (ohne weitere Ausführung ihrer eigentlichen Aktionen) zuendelaufen und auf Terminierung warten.

Damit das vorstehend beschriebene Verfahren zur Prozeß-Terminierung auch in den Fällen immer gelingt, in denen in einem Programmlauf mehrere Simulationsläufe gestartet werden, erwies sich der zusätzliche "Überwachungsprozeß" *Termination_-Supervisor* mit seinen zwei Eingängen *Start* und *Last_Wish* als notwendig. Es wird in diesen Fällen nämlich jeweils am Ende von *Reset_Simulation* die Variable *Simulation_-Ended* wieder auf *False* gesetzt, so daß die parallel ablaufende Beendigung von Prozessen nicht mehr garantiert ist. Vor Umsetzung dieser Variablen wird deswegen der Eingang *Start* von *Termination_Supervisor* mit der als Parameter übergebenen, vorher mitgezählten Anzahl zu beendender Prozesse aufgerufen. Die Überwachung erfolgt in der Weise, daß jeder dieser Prozesse vor Beendigung den Eingang *Last_Wish* aufruft, und *Reset_Simulation* erst dann fortfährt, wenn alle Prozesse soweit sind.

Angesichts der Aussagen über Prozeßtypen in Abschn. 3.3.6.1 dürfte es verwunderlich erscheinen, daß für den Überwachungsprozeß ein solcher Prozeß*typ* verwendet wird. Der Grund dafür ist darin zu sehen, daß der vom System für Ada-Prozesse reservierte Speicherplatz im Verhältnis zum tatsächlich benötigten viel zu hoch ist. Zur Vermeidung eines Speicherüberlaufs zur Laufzeit muß dieser Speicherbedarf explizit reduziert werden. Das geschieht mittels eines *Pragmas Task_Storage*, das nur auf Prozeßtypen anwendbar ist.

Ein weiterer wichtiger Gesichtspunkt ist der der Freispeicherverwaltung[1]. Diese ist besonders im Zusammenhang mit dynamisch erzeugten Prozessen wichtig, weil mit

---

1 S. dazu auch Abschn. 4.1.3 .

diesen ein sehr hoher Speicherbedarf verbunden ist. Dafür eignet sich natürlich wieder das Paket *Adaset*: Es gibt für die vom Anwender erzeugten Prozesse und deren Scheduler je eine Liste mit den Köpfen *TaskPool* bzw. *SchedTaskPool* bzgl. der *Adaset*-Inkarnation *TaskSet* bzw. *SchedTaskSet*. Bei der Erzeugung von Prozessen wird mit Vorrang auf solchen Speicherplatz Rückgriff genommen (s. Funktionen *New_Process* und *New_Hidden_Process*), während bei Ablauf der Prozesse ihr Speicherplatz in entsprechende Listen eingetragen wird (s. Prozedur *Terminate_Process*).

Von der expliziten Freispeicherverwaltung *mittels Adaset's* ist die aus Sicht des Anwenders implizite Freispeicherverwaltung *innerhalb* von *Adaset* zu unterscheiden (s. Abschn. 4.3.1). Dabei kann es sich also z. B. um Speicherplatz handeln, der selbst nur für Freispeicherverwaltung verwendet wird. Hier ist deswegen zwischen zwei Betrachtungsebenen zu differenzieren, weil häufig ausschließlich oder zumindest teilweise *Verweise* auf Speicherplätze, die wiederverwendet werden sollen, verwaltet werden. Dafür sind zum einen ökonomische Gründe maßgebend: man benötigt keine Duplikate der Listenelemente, die notwendig wären, wenn man nicht für jeden Zugriff Listenoperationen verwenden will. Außerdem wäre ein Schreibzugriff sowieso nicht direkt möglich, da Listeninhalte nur über den Ergebnisparameter der Funktion *Content* erreichbar sind. Zum anderen sind weder – vom sichtbaren Teil der Spezifikation ihres Paketes aus – private Typen (z. B. *Hidden_Process*) noch Prozeßtypen direkt als aktuelle generische Parameter bei der Erzeugung von *Adaset*-Inkarnationen zulässig (s. Abschn. 3.3.7.3). Davon abgesehen ist für Prozeßvariablen die für eine Listeneintragung notwendige Zuweisung unzulässig (vgl. Abschn. 3.3.6.1 bzw. 3.3.4.4). Die Begründung für die Einführung des Verweistyps *RefProcessParameters* ist übrigens zu der für Daten, die mit *Adaset* verwaltet werden, analog: Der Anwender (von *Simulation*) soll mit Hilfe der Funktion *Parameters* Lese- und Schreibzugriff auf seine Prozeßparameter erhalten.

5 Realisierung eines Beispielmodells

Dieses Kapitel beschäftigt sich mit der Implementation eines einfachen Simulationsmodells (Jobshop-Modell) unter Verwendung der in Kap. 4 dargestellten Basiskomponenten eines Simulators – von uns Simulationsumgebung genannt – in den untersuchten Sprachen. Neben drei ereignisorientierten Versionen wurde auch eine prozeßorientierte Fassung in Ada entwickelt.

5.1 Modell einer Fertigungsanlage (Jobshop-Modell)

5.1.1 Zur Wahl des Modells

Das Simulationsmodell einer Fertigungsanlage wurde für die beispielhafte Implementierung in den verschiedenen Programmiersprachen ausgewählt. Es besitzt einen relativ kleinen Umfang, ist überschaubar und einfach zu verstehen, erweist sich aber dennoch als hinreichend komplex, um alle wesentlichen Aspekte der diskreten Simulation und der Anforderungen an eine Simulationsumgebung herauszuarbeiten.

Die Modellstruktur läßt sich ohne größere Schwierigkeiten auf den ereignis- und den prozeßorientierten Ansatz abbilden. Da außerdem der Schwerpunkt unserer Untersuchungen im Bereich der Realisierung einer Simulationsumgebung in verschiedenen Sprachen und nicht in der Implementierung eines komplexen Modells zu sehen ist, genügt das Jobshop-Modell voll unseren Anforderungen.

Unsere Modellspezifikation beruht auf einem FORTRAN-Beispiel, beschrieben von Law und Kelton in [Law82].

5.1.2 Modellspezifikation

Unser Modell stellt eine Ausprägung eines Netzwerkes von Mehrbedienstationen (*multiserver queues*) dar:

Eine Fertigungsanlage setzt sich zusammen aus mehreren Maschinengruppen mit einer unterschiedlichen Anzahl jeweils identischer Maschinen pro Gruppe. In diesen Maschinengruppen werden diverse Produktarten bearbeitet, wobei jede Produktart eine andere Bearbeitungsreihenfolge durchläuft. Für jede Maschinengruppe existiert eine FIFO-Warteschlange, in welche die Teilaufträge eingetragen werden, falls bereits alle Maschinen einer Gruppe belegt sind.

Das Modell dient der Engpaßanalyse des Produktionssytems.

Im einzelnen verwenden wir folgende Daten für die Simulation:

Die Produktionsanlage umfaßt 5 Maschinengruppen, bestehend aus 3, 2, 4, 3 und 1 jeweils identischer Maschinen. Die Produktionsaufträge (*Jobs*) erreichen das System negativ-exponentiell verteilt mit einer mittleren Zwischenankunftszeit von 0,25 h. Dabei werden 3 Auftragsarten (*Jobtypen*) unterschieden, die mit Wahrscheinlichkeiten von 30%, 50% bzw. 20% auftreten und aus 4, 3 bzw. 5 Teilaufträgen (*Tasks*) bestehen. Die Bearbeitungsreihenfolge (*Routing*) ist festgelegt und stets einzuhalten. So durchläuft Auftragsart 1 die Maschinengruppen 3, 1, 2 und 5, wie beispielhaft in Abb. 5-1 (nach [Law82]) dargestellt.

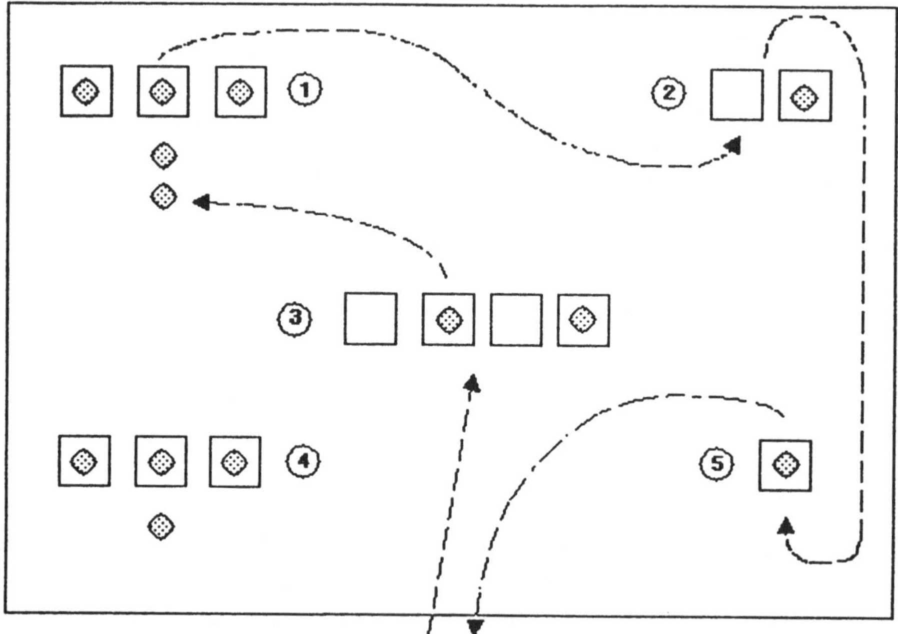

Abb. 5-1:   Bearbeitungsreihenfolge für Auftragsart 1

Die Aufträge kommen dabei ohne Zeitverzug bei der nächsten Maschinengruppe an und werden, sofern alle Maschinen der betreffenden Gruppe besetzt sind, in die Warteschlange der Gruppe eingereiht. Die Bearbeitungszeit eines Teilauftrages ist k-Erlang-verteilt (k = 2), abhängig von der Auftragsart und der Maschinengruppe. Die Auftrittswahrscheinlichkeiten, Bearbeitungsfolgen und mittleren Bedienzeiten sind in Abb. 5-2 aufgeführt.

Ein Simulationslauf erstreckt sich über 365 Achtstundentage, wobei wir davon ausgehen, daß die Unterbrechungen des Produktionsprozesses zwischen zwei aufeinanderfolgenden Tagen vernachlässigbar sind.

Auftrags-art	Wahrschein-lichkeit	Maschinen-folge	mittlere Bedienzeit in Folge / Std.
1	0,3	3-1-2-5	0,50 0,60 0,25 0,50
2	0,5	4-1-3	1,10 0,80 0,75
3	0,2	2-5-1-4-3	1,20 0,25 0,70 0,90 1,00

Abb. 5-2: Zusammenstellung der Auftragsdaten

Die geforderten Ergebnisse umfassen zum einen den *"Jobtypen-Report"* mit der mittleren Gesamtwartezeit pro Auftragsart über alle Warteschlangen und der mittleren Gesamtwartezeit aller Jobtypen, zum anderen den *"Maschinengruppen-Report"* mit der mittleren Warteschlangenlänge, der mittleren Auslastung und der durchschnittlichen Wartezeit für jede Maschinengruppe.

Nach Ermittlung der Engpässe wird in mehreren zusätzlichen Simulationsläufen versucht, durch Hinzufügen einer weiteren Maschine in einer Gruppe die mittlere Gesamtwartezeit über alle Auftragsarten zu minimieren.

Die Eingabewerte umfassen die Anzahl der Maschinen in den einzelnen Gruppen, die Länge eines Simulationslaufes und die Startwerte der Zufallszahlengeneratoren.

5.1.3 Erweiterungen für die prozeßorientierte Version

Wie bereits erwähnt, bietet der prozeßorientierte Ansatz neben der Zusammenfassung der Aktionen und Attribute eines Objektes auch die Vorteile der erhöhten Interaktion und gegenseitigen Beeinflussung von quasi-parallel laufenden Modellkomponenten.

In unserem Beispiel lassen sich einzelne Maschinen, Maschinengruppen und Aufträge als kommunizierende Einheiten darstellen. Um die Möglichkeiten zur gegenseitigen Manipulation zu demonstrieren, führen wir als Erweiterung des Jobshop-Modells eine *Verdrängungsstrategie* für Aufträge ein:

Mit einer als Eingabeparameter wählbaren Wahrscheinlichkeit können neu in das System kommende Produktionsaufträge, die bevorzugt als Eilaufträge abgefertigt

werden müssen, mit einer (einstufigen) Priorität versehen werden. Findet ein solcher
Auftrag in einer Maschinengruppe keine freie Maschine vor, so verdrängt er einen
bereits in Bearbeitung befindlichen, nicht priorisierten Job aus seiner Maschine. Der
verdrängte Auftrag wird wieder in die Warteschlange eingereiht, die nun ihrerseits nach
Prioritäten geordnet ist. Kollisionen privilegierter Jobs behandeln wir weiterhin nach
der FIFO-Strategie.

5.2 Ereignisorientierte Version

Um einen möglichst leichten Vergleich der drei Programmversionen zu ermöglichen,
haben wir uns bemüht, generell eine sehr ähnliche Struktur der Daten wie auch der
Anweisungsteile zu erhalten, wobei jedoch gleichzeitig darauf geachtet wurde, typische
Sprachkonstrukte bzw. -eigenschaften sinnvoll einzusetzen.

Gemäß den allgemeinen Prinzipien der strukturierten Programmierung werden
Konstanten und Typdefinitionen, insbesondere auch Aufzählungstypen, sowie
weitgehend selbsterklärende Bezeichner (in Englisch) verwendet. Zusammenfassungen
von Datenstrukturen und Prozeduren sind unter logischen und funktionellen Gesichts-
punkten zu betrachten und nicht unbedingt auf höchste Laufzeiteffizienz ausgelegt.
Soweit sinnvoll, kommen neben statischen auch dynamische Datenstrukturen zur
Anwendung. Außerdem wird weitgehend das Prinzip der Lokalität der Daten und
Prozeduren eingehalten.

5.2.1 Bestimmung der Ereignisarten

Gemäß der Beschreibung in Abschn. 5.1.2 lassen sich die Aktivitäten bzw. Ereignisse
im Jobshop-Modell wie folgt darstellen:

Nach der *Erzeugung* eines Bearbeitungsauftrages durchläuft dieser, abhängig von der
Auftragsart, einen Zyklus weiterer Teilaktivitäten. Zunächst erfolgt die *Ankunft* in der
nächsten Maschinengruppe. Kann der Auftrag sofort bedient werden, wird die
Bearbeitung des Teilauftrages über einen gewissen Zeitraum vorgenommen,
anderenfalls muß er *warten*, bis eine Maschine zur Verfügung steht. Am
Bearbeitungsende wird geprüft, ob weitere Maschinengruppen zu durchlaufen sind. Ist
dies nicht der Fall, *verläßt* der Auftrag den Zyklus und damit das *System* (vgl.
Abb. 5-3).

Als *Zustandsvariablen* des Systems können die Zahl der freien Maschinen pro
Gruppe sowie die Warteschlangenlänge je Gruppe aufgefaßt werden.

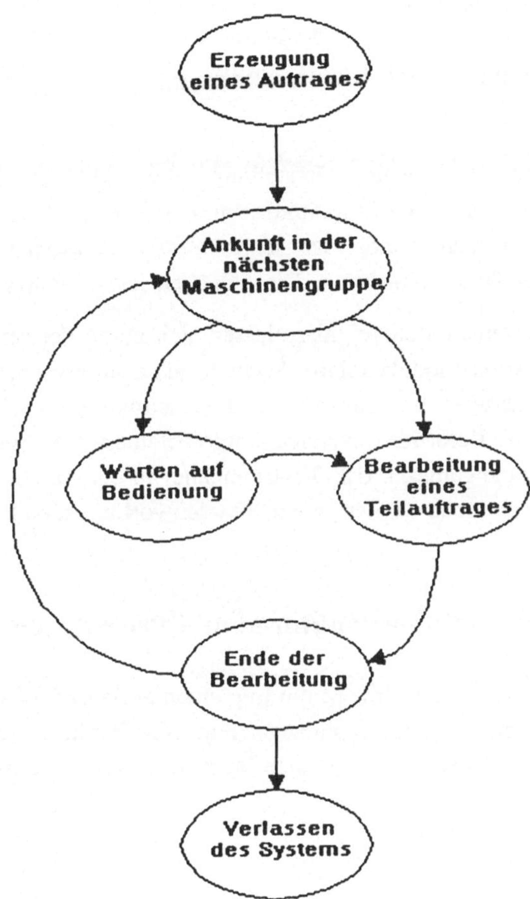

Abb. 5-3:   Aktivitäten bzw. Ereignisse im Jobshop-Modell

Die oben aufgeführten Teilaktivitäten lassen sich sprachunabhängig direkt (z. T. unter Zusammenfassung) auf folgende *Modellereignisse* (*Ereignistypen*) abgebilden:

1. Erzeugung eines neuen Auftrages (*NewJob*):
    Generierung eines Bearbeitungsauftrages, Festlegung seiner Auftragsart, Veranlassen der Bearbeitung und der Erzeugung eines weiteren Auftrages.

2. Ankunft in einer Maschinengruppe (*Arrival*):
    Einreihung in die Warteschlange der Maschinengruppe bzw. Belegung einer Maschine inklusive Festlegung der Bedienzeit und Ansetzen der Beendigung der Bearbeitung.

3. Ende der Bearbeitung (*Departure*):
   Ankunft in der nächsten Maschinengruppe ansetzen oder Verlassen des Systems;
   danach Freigabe der Maschine bzw. Zuweisung eines Teilauftrages aus der Warteschlange (vgl. (2)).

Eine detaillierte, informelle Darstellung der Abläufe in den einzelnen
Ereignisroutinen, welche in den Programmen unter den Bezeichnern *CreateJob*, *Arrive*
und *Depart* zu finden sind, ist den Nassi-Shneiderman-Diagrammen der
Abbildungen 5-4 bis 5-6 zu entnehmen. Diese dürften selbsterklärend sein.

Die oben definierten Modellereignisse lassen sich unter Verwendung der in Kap. 4
dargestellten Simulationsmodule relativ leicht in allen untersuchten Sprachen auf die
entsprechenden Prozeduren und zugehörigen Datenstrukturen abbilden. Zum besseren
Verständnis findet der Leser im folgenden einige Erläuterungen zur Repräsentation der
Modelldetails. Es sei angemerkt, daß Typbezeichner in der Sprache "C" üblicherweise
vollständig groß geschrieben werden, so auch in den vorliegenden Programmen.

5.2.2 Umsetzung in Datenstrukturen und Prozeduren

In den folgenden Abschnitten wird auf die Implementation des Jobshop-Modells in den
untersuchten Programmiersprachen eingegangen. Die Quelltexte der Programmodule
(in allen drei Fällen *JobShop*) befinden sich im Anhang A. Die Beschreibung orientiert
sich an der Modula-Version.

5.2.2.1 Datenstrukturen

Die in den Programmen definierten Datenstrukturen lassen sich grob in drei Klassen
unterteilen:

- Parameter und Attribute von Modellobjekten (Aufträge und Maschinengruppen),
- statistische Variablen und Zähler,
- sonstige Hilfsgrößen, Systemkonstanten und -variablen.

Ein weiterer Gesichtspunkt besteht in der Unterscheidung von dynamischen und
statischen Strukturen. Dieser – von uns verfolgte – Ansatz ist dadurch charakterisiert,
daß Objektattribute und statistische Variablen z. T. kombiniert auftreten.

Bei den *dynamischen* Datenstrukturen findet man folgende:

1. Jeder *Auftrag* wird in den Programmen durch einen über Zeiger (Typ *RefEntity*)
   zugreifbaren Verbund (Typ *JobParams*) repräsentiert, welcher die für das

Durchlaufen des Maschinenparks und die statistische Auswertung notwendigen Eckdaten enthält:

- die Ankunftszeit (*ArrivalTime*) in einer Maschinengruppe (für die Wartezeitberechnung),

- die tatsächliche Bedienzeit (*ServiceTime*) in einer Maschine,

- die Auftragsart (*Kind*),

- einen Verweis auf die nächste Maschinengruppe (*Route*).

Der Zeigertyp *RefEntity* fließt in die Module *EventChain* und *Queue* der Simulationsumgebung ein. Er stellt den an die Ereignisliste bzw. Warteschlangen anzukoppelnden, modellspezifischen Referenztyp dar.

2. Die drei möglichen *Pfade* durch den Maschinenpark (Typ *RouteType*[1]) sind als einfach verkettete Liste von Verbunden implementiert mit

- der Maschinengruppennummer (*Group*),

- einem Verweis auf den Nachfolger (*Next*).

Das Ada-Programm verwendet an seiner Stelle eine Inkarnation des Paketes *Adaset* (s. Abschn. 4.3.1) mit dem aktuellen generischen Parameter *MGroupType* und dem Verweis *Ref_Link*.

Bei den *statischen* Datenstrukturen findet man:

1. Die Daten der Maschinengruppen (*MGroupData*) als Feld von Verbunden. Diese beinhalten

- die Zuordnung einer Warteschlange (*MQueue*),

- die Gesamtmaschinenzahl in der Gruppe (*NumOfMachines*),

- die Anzahl freier Maschinen (*FreeMachines*),

- die Summe der Bedienzeiten in der Maschinengruppe (*SumOfServTimes*).

Diese Struktur umfaßt also zum einen die festen Daten aller Maschinengruppen, zum anderen Zustandsvariablen sowie statistische Zähler (z. T. implizit über das Modul *Queue*).

2. Die Daten aller Aufträge im System (*JobData*), ebenfalls in einem Feld von Verbunden zusammengefaßt mit

- der Verankerung der Pfade durch den Maschinenpark (*Routing*),

---

[1] In "C" *ROUTE*.

- der Anzahl der auszuführenden Teilaufträge (*TasksPerJob*),

- der Summe der Wartezeiten[1] (*SumOfJobDelay*),

- der Anzahl der Bearbeitungsschritte, welche die Aufträge erfahren haben (*JobDelayCount*),

- der Anzahl erzeugter Aufträge (*JobCount*).

Auch hier wurde eine Verknüpfung von festen Eckdaten und statistischen Zählern vorgenommen.

3. Die Deklaration der Zufallszahlenströme (*Streams*) und ihrer Startwerte (*Seed*[2]) für die Auftragsart, die Zwischenankunftszeit und die Bedienzeiten, die Variable zum Einlesen der Gesamtsimulationslaufzeit (*SimTime*), sowie die Tabelle der mittleren Bedienzeiten (*MeanServiceTime*) müssen neben der Definition von Indextypen, Konstanten und den o. g. Punkten ebenfalls *global* zur Verfügung gestellt werden, da im gesamten Programm auf sie zugegriffen wird.

Alle weiteren Deklarationen sind nur *lokal* von Interesse und werden ggf. bei der Beschreibung der einzelnen Prozeduren aufgeführt.

Wie bereits in der Einleitung zum Abschn. 5.2 erwähnt, legen wir Wert auf die Verwendung von Typdeklarationen, speziell – wo dies sinnvoll ist – auch Aufzählungstypen und Unterbereichstypen, um zum einen die Lesbarkeit zu erhöhen, zum anderen aber auch die Fehlererkennung zu erleichtern. Hierzu gehört insbesondere auch die Deklaration von *CARDINAL*-Variablen in Modula-2, *natural*- und *positive*-Variablen in Ada und *unsigned*-Variablen in "C". Der Aufzählungstyp *EventType*[3], welcher die im Modell verwendeten Ereignisse und implizit auch ihre Rangfolge definiert, kommt außerdem im Modul *EventChain* zur Anwendung, dort als Typ *BYTE* interpretiert.

Abschließend sei zur Erinnerung angemerkt, daß einige Datenstrukturen bzw. Typen aus der Simulationsumgebung importiert werden. Dazu gehören der Typ *Queue* aus dem Modul *Queue*, welcher den abstrakten Datentyp "Warteschlange" repräsentiert, der Typ *Time* aus dem Modul *EventChain*[4] als Simulationszeitbasis, sowie der Typ *RandomNumberStream* aus dem Modul *Distributions*, der die Zufallszahlenströme definiert. In Ada kommen noch die von den Simulationspaketen bereitgestellten Ausnahmen (*exceptions*) für die Fehlerbehandlung hinzu.

---

[1] Hier – im Gegensatz zu den Maschinendaten – pro Auftragsart erfaßt.

[2] In Modula und Ada als Felder deklariert, in "C" dagegen als Einzelvariablen.

[3] In "C" *EVENT*.

[4] In Ada ist dieser Typ in dem Paket *Global* deklariert, übergeordnet zu allen anderen Paketen.

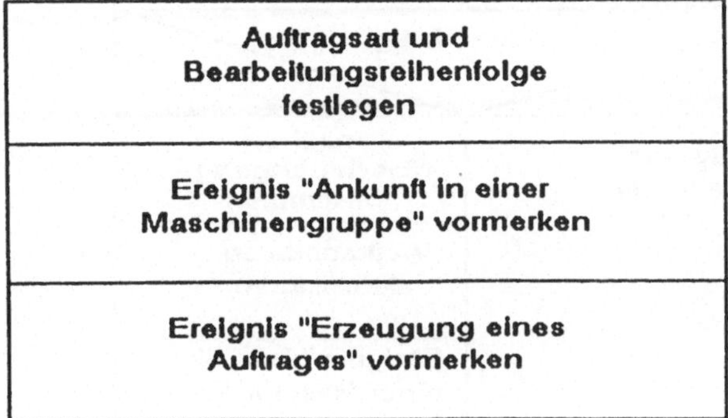

Abb. 5-4: Nassi-Shneiderman-Diagramm des Ereignisses
"Erzeugung eines neuen Auftrages"

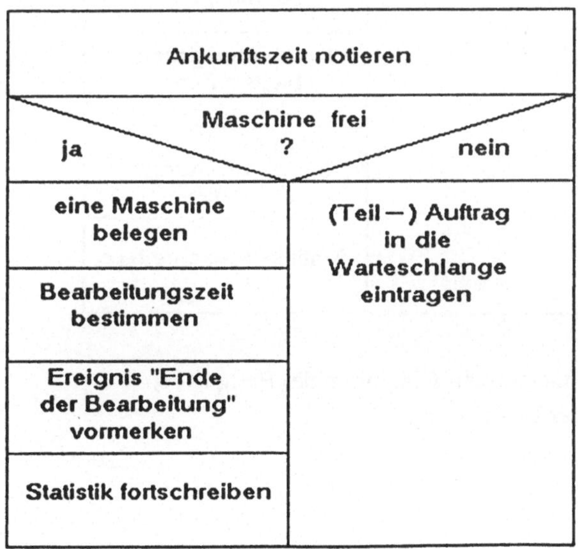

Abb. 5-5: Nassi-Shneiderman-Diagramm des Ereignisses
"Ankunft in einer Maschinengruppe"

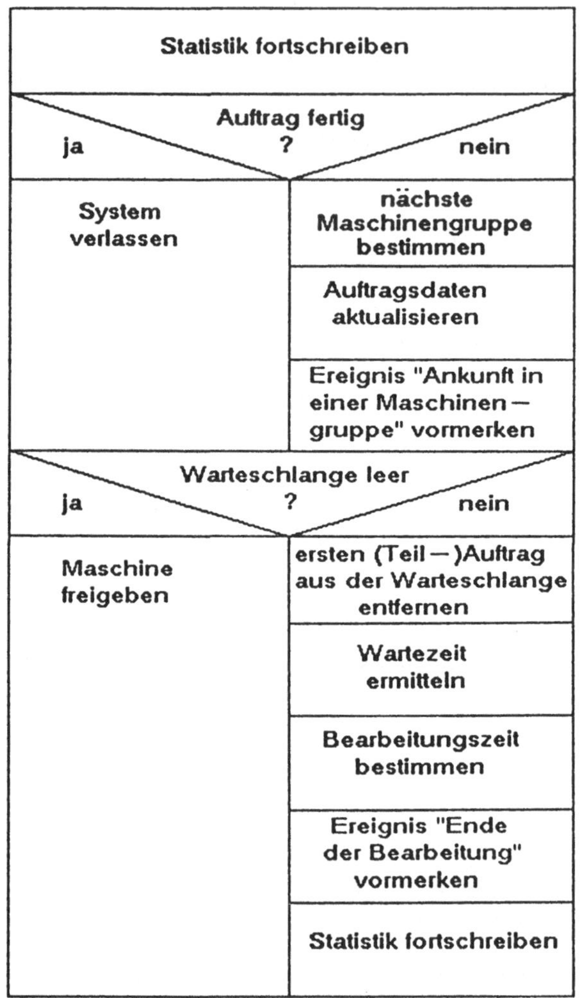

Abb. 5-6: Nassi-Shneiderman-Diagramm des Ereignisses
           "Ende der Bearbeitung"

5.2.2.2 Prozeduren

Analog zu den Betrachtungen der Datenstrukturen kann man auch die in den
Programmen verwendeten Prozeduren und Funktionen klassifizieren nach

– Ereignisroutinen,
– statistischer Auswertung und Protokollen,

– Ablaufsteuerung und Hilfsroutinen.

Zur ersten Klasse gehören die Prozeduren *CreateJob*, *Arrive* und *Depart*, die zweite Gruppe wird durch die Prozedur *Report* repräsentiert, zur letzten Gruppe zählen das Hauptprogramm[1] und die Prozedur *SelectEvent* für die Ablaufsteuerung, *Initialisation*, *SetJobType* sowie weitere – z. T. in den verschiedenen Sprachen unterschiedliche – Hilfsroutinen wie z. B. *Space*. Die Reihenfolge und Verschachtelungen innerhalb der Programme sowie die Namensgebung differieren etwas in den drei Versionen, teils bedingt durch Restriktionen der Sprache[2], teils um verschiedene Möglichkeiten der Strukturierung aufzuzeigen.

Die *Ereignisroutinen* sind im wesentlichen eine direkte, verfeinerte Abbildung der in Abschn. 5.2.1 aufgeführten Nassi-Shneiderman-Diagramme. Ablaufmodifikationen haben praktische Hintergründe. Im folgenden sollen daher nur einige, für das volle Verständnis u. U. erläuterungsbedürftige Details besprochen werden. Die Programmauflistungen befinden sich im Anhang A.

Alle Ereignisroutinen machen beim Ansetzen weiterer Ereignisse Gebrauch von der vom Modul *EventChain* bereitgestellten Prozedur *Schedule*.

Deren aktuelle Parameter setzen sich jeweils zusammen aus einem Element des Aufzählungstyps *EventType* zur Kennzeichnung der Ereignisart, einem Verweis auf den betroffenen Auftrag, sowie dem (absoluten) Ereigniszeitpunkt. Ein Aufruf erfolgt z. B. in der Form

```
Schedule (Arrival, Job, CurrentTime () + delta_t);
```

Der in *Schedule* eingetragene Verweis auf den betroffenen Auftrag wird später beim Aufruf der entsprechenden Ereignisroutine als aktueller Parameter übergeben. *Arrive* und *Depart* erhalten so über ihren Prozedurparameter (vom Typ *RefEntity*) den Zugriff auf die Attribute des aktuell zu bearbeitenden Teilauftrages[3]. Im Falle von *CreateJob* ist ein solcher Verweis irrelevant, da die dynamische Erzeugung des entsprechenden Objektes – als lokale Variable *Job* – erst innerhalb der Prozedur erfolgt. Er wird daher beim Aufruf von *Schedule* mit dem Null-Zeiger (*NIL* bzw. *NULL*) belegt; ein Prozedurparameter ist überflüssig.

Aktionen, die zeitverzugslos gestartet werden sollen, erhalten *CurrentTime* als aktuellen Zeitparameter. Die Planung eines weiteren, neuen Auftrages in *CreateJob* verwendet für die Ermittlung der Differenzzeit die aus dem Modul *Distributions* importierte Verteilungsfunktion *Exponential* mit Mittelwert *MeanArrivalTime* und

---

[1] In "C" die Funktion *main*.

[2] So läßt z. B. "C" keine Prozedurverschachtelungen zu.

[3] *ArrivalTime*, *ServiceTime* und *Route* werden gelesen und fortgeschrieben, die Auftragsart (*Kind*) ist natürlich eine Konstante und wird lediglich als Index in die Auftragsdatentabelle benutzt.

Zufallsstrom *Streams [ArriveTime]*. Schließlich benutzen *Arrive* und *Depart* zur Berechnung der Bedienzeit auch die Funktion *Erlang*, ebenfalls aus *Distributions*.

Die wohl augenfälligste Abweichung von der in den Abbildungen 5-4, 5-5 und 5-6 aufgeführten Ausführungsreihenfolge resultiert aus der Ausnutzung der vom Modul *Queue* angebotenen automatischen Statistikfortschreibung bei Aufruf der Prozeduren *Insert* und *Remove*[1]. In der Prozedur *Arrive* erfolgt ein unbedingtes Einfügen aller in einer Maschinengruppe ankommenden Teilaufträge in die entsprechende Warteschlange. Ist eine sofortige Bedienung möglich, wird ein Auftrag anschließend zeitverzugslos wieder entfernt. Die Garantie für die Erfassung des selben Auftrages ist in diesem Falle dadurch gegeben, daß bei freien Maschinenkapazitäten auch die Warteschlange keine Einträge enthalten kann. Denn bei Freigabe einer Maschine veranlaßt die Prozedur *Depart* ihre sofortige Wiederbeschäftigung, solange noch Aufträge auf Bedienung warten.

Eine 1:1-Abbildung der Nassi-Shneiderman-Diagramme hätte in diesem Fall die Einführung zusätzlicher Zähler und Statistikanweisungen zur Folge gehabt.

Die Belegung und Freigabe einzelner Maschinen erscheint in den Programmen in Form von Dekrementierungen bzw. Inkrementierungen des Zählers *FreeMachines* der jeweiligen Maschinengruppe.

Die Erkennung eines vollständig abgearbeiteten Auftrages in *Depart* nutzt die Eigenschaft der Pfadbeschreibung (*Routing*) aus, im letzten Listenelement keinen Nachfolgereintrag zu besitzen (Null-Zeiger). Das Verlassen des Systems resultiert – mit Ausnahme von Ada – in der Speicherfreigabe mittels *DISPOSE* bzw. *free*. Auf eine handverwaltete Freispeicherliste wie in den Simulationsumgebungsmodulen wurde zur Vereinfachung, auch wegen der relativ geringen Anzahl von erzeugten Objekten[2], verzichtet. (Bei Implementationen auf Rechnern mit kleinem Adreßraum und ohne hinreichend effiziente Haldenverwaltung jedoch ist sie eventuell anzuraten.)

Abschließend sei noch erwähnt, daß *Depart* auch die aus dem Modul *Queue* importierte Funktion *Empty* verwendet, um abzufragen, ob die Warteschlange der jeweiligen Maschinengruppe leer ist.

Auch die Prozedur *Report*, die eine Kombination aus der Berechnung und der Ausgabe der gewünschten statistischen Ergebnisse darstellt, macht Gebrauch von den von der Simulationsumgebung bereitgestellten Ressourcen. Das Modul *Queue* exportiert neben den bereits erwähnten Routinen auch die auf die gesamte Warteschlange bezogenen Funktionen *AvgQueueLength* und *AvgWaitingTime* (s. Abschn. 4.2.2). Alle anderen geforderten Mittelwerte, wie die auftragsartbezogenen oder die

---

[1] In "C" *q_Insert* bzw. *q_Remove*.

[2] Während eines 365-Tage-Laufes durchlaufen ca. 12000 Objekte das System. (Das entspricht auf der VAX-11/780 ca. 200 KByte.)

Auslastung der Maschinengruppen, müssen gesondert errechnet und auf lokalen Datenstrukturen gehalten werden (s. dazu Abschn. 5.2.3).

Als interne Fehlermarke für möglicherweise auftretende undefinierte Werte (bei Division durch nullwertige Zähler) verwenden wir in Modula und "C" den Wert −1.0, in Ada dagegen ist für diesen Fall die Ausnahme *Undefined* deklariert. Das Auftreten solcher Werte wird in allen drei Programmen abgeprüft und im Protokoll entsprechend vermerkt.

Das Protokoll setzt sich zusammen aus einer Auflistung der Eingabedaten und dem geforderten "Jobtypen-" und "Maschinengruppen-Report", geringfügig erweitert um die Angabe der Anzahl erzeugter Aufträge. Die Ausgabe erfolgt auf einer externen Datei[1], deren Name interaktiv eingegeben werden muß. Dabei kommt neben den von den Standardausgabemodulen bereitgestellten Routinen zur formatierten Ausgabe in Modula[2] und "C" auch die zum einfachen Einrücken von Zeichenketten geschaffene Prozedur *Space* zur Anwendung, die in Ada in ähnlicher Form als Prozedur *SetCol*[3] existiert.

Die zur Klasse der *Hilfsroutinen* zählende Prozedur *Initialisation* dient zum Einlesen der Startwerte (Gesamtsimulationszeit in Tagen, Maschinenzahl, Zufallszahlen), zum Initialisieren der Warteschlangen, Zufallszahlengeneratoren und sonstiger globaler Variablen sowie dem Aufbau der Pfade durch den Maschinenpark mit Hilfe der Prozedur *Extend*[4], die bei jedem Aufruf ein zusätzliches Listenelement an das jeweilige Listenende anfügt. Die "C"- und die Ada-Version lesen außerdem bereits hier den Namen der Ausgabedatei ein[5].

Zur Bestimmung der Auftragsart dient die Funktion *SetJobType*[6]. Sie bedient sich dabei der Funktion *Random* aus dem Modul *Distributions*. Wesentlich für das korrekte Verhalten dieser Routine ist der *einmalige* Aufruf des Zufallszahlengenerators und die Speicherung des Zufallswertes in einer lokalen Variablen, da sonst in der gestaffelten Abfrage des Wertebereiches undefinierte Ergebnisse auftreten können.

Zur Vereinfachung von Anweisungen in der Ada-Version sind zusätzlich die Prozeduren *Inc* und *Dec* deklariert, *ReadString* liest eine Zeichenkette vom Standardeingabekanal.

---

1 In Ada und Modula geschieht dies durch Umlenken des Standardausgabekanals.

2 In Modula mußte die Prozedur *WriteREAL* (im Modul *FloatInOut*) selbst geschrieben werden, da die Standard-
   prozedur *WriteReal* nicht die gewünschten Eigenschaften aufwies (vgl. Abschn. 4.2.4.1).

3 *SetCol* positioniert auf die eingegebene Spalte innerhalb einer Zeile, ab der dann geschrieben wird. *Space* dagegen
   gibt die angegebene Anzahl von Leerzeichen aus, bevor weitergeschrieben wird.

4 In Ada *Into*.

5 Das unserer Implementation zugrunde liegende Modula-System fragt den Namen beim Öffnen einer Datei
   interaktiv ab.

6 In "C" fließt diese Funktion in *MakeJob* ein, die einen Auftrag erzeugt und mit seinen Attributen versieht.

Obwohl sie konzeptionell zur Simulationsumgebung gehören, sind die Programmteile zur *Ablaufsteuerung* aus übersetzungstechnischen Gründen stets fest, jeweils den
speziellen Ereignissen angepaßt, im Benutzermodell zu verankern. Die Prozedur
SelectEvent, informell in Abb. 5-7 dargestellt, entfernt mit Hilfe der vom Modul
EventChain exportierten Prozedur *NextEvent* das erste Element aus der Ereignisliste,
stellt somit implizit die Simulationsuhr vor und ruft sodann gemäß des ermittelten
Ereignistyps die entsprechende Ereignisroutine auf, ggf. verbunden mit der Weitergabe
der zugehörigen Auftragsattribute. In "C" erscheint als kleine Orientierungshilfe
zusätzlich für jeden abgelaufenen Simulationstag ein Stern auf dem Benutzerbildschirm[1].

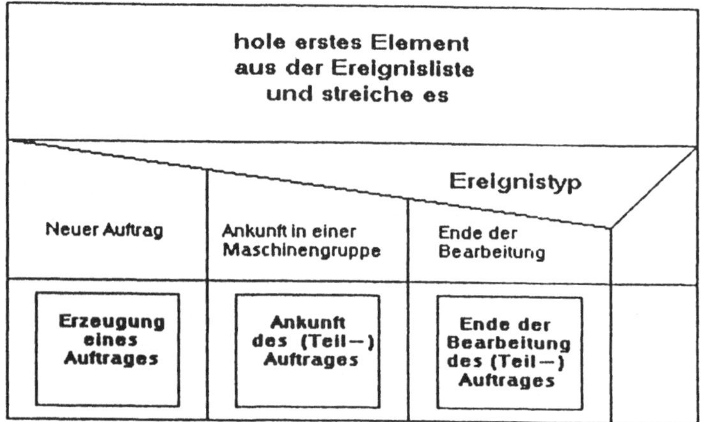

Abb. 5-7:   Nassi-Shneiderman-Diagramm der Ereignisauswahl

Das Hauptprogramm (vgl. Abb. 5-8) schließlich ist zuständig für die Initialisierung,
das Ansetzen des ersten Ereignisses, den wiederholten Aufruf von *SelectEvent* bis zum
Ablauf der Simulationszeit sowie die Ausführung der Prozedur *Report*.

---

[1] Im Gegensatz zu "C" verwenden die Standard-Ein- / Ausgabe-Module Modulas und Adas zeilengepufferte
Ausgaberoutinen, die für diesen Zweck also nicht geeignet sind. Modula sieht zusätzlich Möglichkeiten zur
zeichen- und pixelorientierten Ausgabe auf Bildschirmfenstern vor. Diese Option ist in erster Linie für grafikfähige
Arbeitsplätze gedacht.

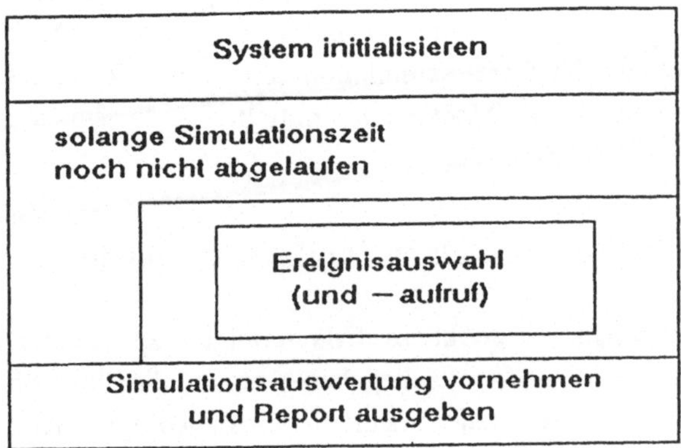

Abb. 5-8:   Nassi-Shneiderman-Diagramm des Hauptprogramms

5.2.3 Anmerkungen zur Statistik

Ein Teil der benötigten statistischen Ergebnisse kann, wie bereits erwähnt, *automatisch* über das Modul *Queue* erfaßt und abgefragt werden. Dies ist allerdings beschränkt auf Wartezeit und Länge der Warteschlangen, unabhängig vom Typ der durchgelaufenen Objekte. Für alle anderen Fälle, z. B. die Maschinenauslastung, müssen notwendige Zähler "von Hand" geführt werden. Die in den Abbildungen 5-5 und 5-6 angeführten Statistikfortschreibungen reduzieren sich auf die Behandlung dieser Zähler.

Im einzelnen müssen zusätzlich folgende Mittelwerte errechnet werden:

1. Die durchschnittliche Wartezeit pro Auftragsart (*MeanJobDelay*):
    Sie ergibt sich als Summe aller Wartezeiten pro Auftragsart (*SumOfJobDelay[j]*) geteilt durch die Zahl der Verzögerungen (*JobDelayCount*)[1]. Da ein Auftrag in mehrere Teilaufträge zerfällt, muß noch mit deren Anzahl (*TasksPerJob*) multipliziert werden, um die mittlere Wartezeit des Gesamtauftrages zu erhalten.

2. Die mittlere Wartezeit über alle Auftragsarten (*MeanOverallJobDelay*):
    Ihr Wert ergibt sich als Summe der mittleren Wartezeit pro Auftragsart (*MeanJobDelay*) über alle Auftragstypen, jeweils gewichtet mit dem Anteil der Verzögerungen bzw. vollzogenen Bearbeitungsschritte einer Auftragsart (*JobDelayCount*) an der Gesamtverzögerungsanzahl (*TotalJobDelayCount*).

---

1 Inklusive derjenigen mit Wartezeit gleich null.

3. Die mittlere Auslastung pro Maschinengruppe (*AvgGroupUtilization*):
   Als Anteil der Gesamtarbeitszeit der Maschinengruppen an der Simulationslaufzeit wird sie über die jeweilige Summe der Bedienzeiten (*SumOfServTimes*), geteilt durch das Produkt aus der Gesamtsimulationszeit (*SimTime*) und der Anzahl der Maschinen pro Gruppe (*NumOfMachines*), ermittelt.

5.2.4 Besonderheiten der einzelnen Implementationen

In diesem Abschnitt sollen einige kurze Erläuterungen zu Details der einzelnen Implementationen des Jobshop-Modells gegeben werden, die über die Aussagen in Abschn. 5.2.2 hinausgehen. Hier stehen mehr die sprachbedingten Besonderheiten im Vordergrund, nicht die Umsetzungen der Modellspezifikationen in Programmanweisungen.

5.2.4.1 Anmerkungen zur Modula-Version

Sämtliche aus der Simulationsumgebung stammende Bezeichner werden explizit (*qualifiziert*) *importiert*. Somit entfällt bei ihrer Verwendung das Voranstellen des jeweiligen Modulnamens in Punktnotation. Dies Vorgehen ist nur möglich, weil keine Namenskonflikte auftreten.

Neben den bereits erwähnten Modulen *Queue*, *EventChain*, *Distributions* und *FloatInOut* stehen auch die Module *Storage* und *InOut* auf der Importliste. Die Einbindung von *Storage* ist dann obligatorisch, wenn man dynamisch Objekte (hier Aufträge) erzeugen und vernichten will. Der Compiler setzt die im Programm benutzten Prozeduren *NEW* und *DISPOSE* in die importierten Prozeduren *ALLOCATE* und *DEALLOCATE* um.

InOut ist ein Standardmodul zur Ein- und Ausgabe sowohl auf dem Terminal (z. B. für interaktive Dateneingaben) als auch – über Umlenkung mittels *OpenInput* bzw. *OpenOutput* – auf einer externen Datei[1]. Die Möglichkeiten der formatierten Ausgabe reeller Zahlen werden vom Modula-System jedoch so dürftig unterstützt, daß wir uns gezwungen sahen, eine eigene Ausgabeprozedur (*WriteREAL*) zu schreiben (s. Abschn. 4.2.4.1).

Oft ausgenutzt wird auch die von Pascal übernommene Option, Verbundbezeichner mittels *WITH ... DO* auszuklammern, um so etwas kompaktere und übersichtlichere Anweisungen zu erhalten. Ebenfalls erhöhen die Standardprozeduren *INC* und *DEC* die

---

[1] Das Zurückschalten auf den Bildschirm erfolgt dann über *CloseInput* bzw. *CloseOutput*.

Lesbarkeit solcher Anweisungen, die lediglich Zähler inkrementieren oder dekrementieren.

Schließlich sei noch die Anweisung *HALT* erwähnt, die im *Report* auftritt und in Ausnahmesituationen (dort einem Fehler beim Öffnen einer Datei) zum ordnungsgemäßen Abbruch eines Programms führt.

Was Modula-2 leider nicht unterstützt, ist die Möglichkeit zur Vorbesetzung von Variablen und Prozedurparametern bereits bei der Deklaration.

5.2.4.2 Anmerkungen zur "C"-Version

Obwohl es ein leichtes wäre, manche Programmteile mit legalen Ausdrücken praktisch undurchschaubar zu gestalten, haben wir uns bemüht, die "C"-Programme lesbar zu schreiben, ohne auf "C"-typische Konstrukte zu verzichten.

In dieser Version erfolgt die Anbindung der Simulationsumgebung über das globale Header-File *simdef.h*, welches wie die Standardein-/ausgabebeschreibung *stdio.h* mittels des Präprozessorkommandos *#include* textuell eingebunden wird (vgl. Abschn. 4.2.4.2). Diese Dateien enthalten lediglich Variablen- und Typdefinitionen sowie die Namen und den Ergebnistyp der bereitgehaltenen Funktionen. Die unterschiedliche Einfassung der Dateinamen in spitze Klammern bzw. Anführungszeichen hat nur Bedeutung für den Dateisuchvorgang beim Übersetzen.

Die Verwendung des Präprozessorbefehls *#define* wurde bereits in den Abschnitten 3.2.4.2 und 4.2.4.2 angesprochen. Als Beispiel für eine Konstantendefinition sei hier angeführt:

```
#define nJobTypes 3
```

Bei den Datenstrukturen seien folgende Besonderheiten erwähnt:

Die Startwerte der Zufallszahlenströme sind vom Typ *long*, um einerseits einen möglichst großen Ganzzahlbereich abzudecken, andererseits (aufgrund der internen Zahlendarstellung) aber auch eine problemlose Übertragung auf andere "C"-Systeme zu gewährleisten. Zur Effizienzsteigerung beim Durchlaufen einer Liste dient die Einführung einer *register*-Variablen in der Prozedur *Extend*. Die Variable *LastTime* in der Prozedur *SelectEvent* wird in der Speicherklasse *static* angelegt, um ihren Wert zwischen zwei Prozeduraufrufen zu erhalten. Auf die Bedeutung des Typs *unsigned* wurde bereits an anderer Stelle hingewiesen. Funktionen mit Prozedurcharakter (z. B. *Initialize* und *Extend*) sind im übrigen mit dem Dummy-Ergebnistyp *void* versehen.

Im Gegensatz zu Modula läßt "C" Vorbesetzungen in Deklarationen zu, auch ganzer Felder. Von dieser Option wird mehrfach Gebrauch gemacht.

Eine eventuell verwirrende Behandlung von Feldern resultiert daraus, daß bei der Deklaration nur die Anzahl *n* der Komponenten angegeben wird, die Zugriffe jedoch stets über die Indizes *0* bis *n–1* erfolgen. Dieses Vorgehen bewirkt die (scheinbare) Indexverschiebung z. B. beim Bearbeiten von Maschinengruppenelementen.

Auf die Möglichkeit, Feldkomponenten über Zeigeroperationen zu behandeln (s. Abschn. 3.2.1.5), haben wir aus Gründen der Lesbarkeit verzichtet. So wäre z. B. das Durchlaufen eines Feldes über Zeiger effizienter zu realisieren als über indizierte Zugriffe.

Auf den ersten Blick ebenfalls verwirren kann die Benutzung des Adreßoperators &. Er tritt dann auf, wenn statt eines Objektes selbst ein Zeiger auf jenes Objekt angesprochen werden soll[1], so z. B. bei *NextEvent* oder *scanf*. Felder werden stets als Zeiger auf ihre erste Komponente an Funktionen übergeben.

Abschließend zu "C" sei noch an zwei Punkte erinnert:

Arithmetische Ausdrücke besitzen den Wahrheitswert "wahr", falls ihr Wert ungleich null ist. Daher kann bei geeigneter Wahl von Ausdrücken in *if-*, *for-* und *while-*Konstrukten auf den Gleichheitsoperator verzichtet werden, wie in folgendem Beispiel aufgeführt:

```
statt:   if (TotalJobDelayCnt != 0) ...
nun:     if (TotalJobDelayCnt) ...
```

In manchen Fällen kann eine Funktion oder eine Reihe verschachtelter *if-*Anweisungen durch den ternären Ausdruck *? :* ersetzt werden. In der Prozedur *MakeJob* ersetzen wir auf diese Weise die Funktion *SetJobType*.

5.2.4.3 Anmerkungen zur Ada-Version

In Ada erfolgt die Anbindung der Simulationspakete über die *WITH*-Klausel im Programmkopf. Zum Erreichen der direkten Sichtbarkeit folgt ggf. die *USE*-Klausel (s. Abschn. 3.3.4). Da die Pakete *Queue*, *EventChain* und *Adaset* generisch sind (ebenso die im Paket *Text_IO* verankerten Zahlenein- / ausgabepakete), müssen mittels *NEW* lokale Inkarnationen mit den anwendungsspezifischen aktuellen Parametern erzeugt werden. Jede solcher Inkarnationen stellt im Prinzip eine direkte Kopie des externen Paketes dar, so daß hier ein nicht unerheblicher (Speicher-) Aufwand entsteht.

Die Ada-Version des Jobshop-Modells verwendet analog zur Simulationsumgebung die Möglichkeit des Überladens (*overloading*) von Prozeduren. So existieren zwei

---

[1] Als Beispiel folgende Deklaration: EVENT e, *pe = &e;
Hier ist *e* ein Objekt, *pe* ein Zeiger, der mit der Adresse von *e* initialisiert wird. Es gelten dann die Relationen *&e == pe* und *e == *pe*.

Prozeduren *Inc*; eine inkrementiert ganze Zahlen, die andere Gleitpunktzahlen. Die Entscheidung, welche Routine aktuell gemeint ist, trifft der Compiler hier anhand der Parametertypen.

Die Prozedur *Inc* ist zugleich ein Beispiel für die Verwendung vorbesetzter (Default-) Parameter, die beim Aufruf optional ausgelassen werden dürfen.

Ähnlich wie in "C" können auch in Ada Variablen bereits bei der Deklaration initialisiert werden; zusammengesetzte Datenstrukturen (*Arrays* und *Records*) mit Hilfe sog. *Aggregate*, die stets vollständig spezifiziert werden müssen. Man kann sogar bei der Typdeklaration Vorbesetzungen eintragen, wie z. B. im Verbund *JobAttributes* bei der Komponente *JobDelayCount* geschehen.

Eine gesonderte Betrachtung ist bei den Parametern der Ada-Prozeduren und -funktionen angebracht. Zur Erinnerung: Es dürfen *IN-*, *OUT-* und *IN OUT*-Parameter auftreten, wobei zu beachten ist, daß *IN*-Parameter nur gelesen, *OUT*-Parameter nur beschrieben und *IN OUT*-Parameter beliebig benutzt werden dürfen. Dieser – aus Software-technologischer Sicht positive – Umstand hat z. T. erhebliche Auswirkungen auf die Formulierung von Unterprogrammen. Da in den Ereignisroutinen *Arrive* und *Depart* Aufträge mittels *Remove* aus einer Warteschlange entfernt, diese Aufträge also sinnvoller Weise über einen *OUT*-Parameter geliefert werden, kann man an dieser Stelle in Ada nicht die Parameter der Ereignisprozeduren benutzen. Selbst über Zeiger zugreifbare Objekte, die als *IN*-Parameter an eine Prozedur übergeben werden, dürfen in Ada nicht manipuliert werden, was in Modula und "C" problemlos geschehen kann. Als Alternative zur im Programm realisierten Form mit einer lokalen Variablen, welcher bei der Deklaration der aktuelle *IN*-Parameter zugewiesen wird, könnten in beiden Ereignisprozeduren auch transiente Parameter (s. Abschn. 3.3.3.1) zur Anwendung kommen. Letzteres widerspräche aber dem Charakter eines Eingabeparameters bei den Auftragsattributen. Auf ein ähnliches Problem bei der Prozedur *GetAvgQueueLength* wurde bereits in Abschn. 4.2.4.3 eingegangen.

Abschließend sei noch auf die elegante Behandlung von Feldern beliebiger Länge in der Prozedur *ReadString* hingewiesen.

5.2.5 Diskussion der Ergebnisse

Vorab sei bemerkt, daß zusätzlich ein äquivalentes ereignisorientiertes Simscript-Modell[1] erstellt wurde. Da die oben vorgestellten Programmpakete Basiskomponenten eines Simulators anbieten, liegt zumindest ein grober Vergleich mit einer niederen Simulationssprache nahe. Auf eine detaillierte Beschreibung und Auflistung des Simscript-Programms wurde jedoch verzichtet.

---

[1] Simscript II.5, VAX-Release 4.5.

In allen drei untersuchten Sprachen läßt sich die ereignisorientierte Version des Jobshop-Modells ohne größere Probleme in angemessener Zeit implementieren und austesten. Allein in "C" stellt die Fehlersuche – speziell bei Adreßoperationen z. B. mit Referenzparametern und Zeigern – gelegentlich eine hohe Anforderung an den "Spürsinn" des Programmierers. Eine umfangreiche und benutzerfreundliche Testunterstützung (Debug) wie auf der von uns verwendeten VAX-11/780 bietet hier jedoch eine große Hilfe.

Bei Modula-2 und (noch weitgehender) Ada schließt der Compiler durch mannigfaltige Überprüfungen von Daten- und Schnittstellenkonsistenzen einen nicht unerheblichen Teil der möglichen Fehlerquellen im Vorwege aus[1].

Alle drei Sprachen benötigen weniger Übersetzungs- und Laufzeit als spezielle niedere Simulationssprachen wie z. B. Simscript und Simula. Auch erzeugen sie einen vergleichsweise sehr kompakten Objekt- und Programmcode[2]. In der Abb. 5-9 findet man eine Aufstellung der mittleren (CPU-) Übersetzungszeiten, unterschieden nach Gesamtpaket mit Umgebung und Hauptprogramm, sowie der mittleren (CPU-) Laufzeiten für einen 365-tägigen Simulationslauf.

Der Tabelle kann man entnehmen, daß bei der Übersetzungszeit Modula und "C" fast identische Werte aufweisen, Ada jedoch – wohl wegen des erheblichen Aufwandes – etwa die 2,5- bis 5-fache Zeit benötigt. Eine Simscript-Übersetzung des Modells dauert ca. 1,3- bis 6-mal so lange wie bei den anderen Sprachen, wobei zusätzlich viel Plattenplatz für die Codeerzeugung verbraucht wird.

Auch bei einzelnen Simulationsläufen liegt Modula mit seinen kurzen Ausführungszeiten an der Spitze, gefolgt von Ada und schließlich "C", das etwa die 1,5-fache Zeit gegenüber Modula benötigt. Simscript braucht etwa die doppelte Zeit für einen Testlauf.

Ada erzeugt – wohl aufgrund seines stark optimierenden Compilers – einen sehr kompakten lauffähigen Code. Modula und "C" binden vermutlich sehr viele Laufzeitroutinen aus ihrer jeweiligen Umgebung ein, ohne eine vergleichbare Optimierung vorzunehmen. Zum Vergleich: Die lauffähigen (gebundenen) Programme haben einen Umfang von ca. 20 KByte (Ada) bis ca. 60 KByte (Modula), bei Simscript ca. 90 KByte. Bei den Objekt-Dateien ist das Mißverhältnis noch deutlicher zu erkennen: Simscript hat etwa den 2- bis 5-fachen Speicherbedarf.

---

[1] Allerdings darf man dabei auch nicht die Probleme beim Verstehen von Übersetzermeldungen und deren Ursache außer acht lassen, insbesondere bei Ada. Das intensive Studium des *Ada Reference Manuals* [Goo83] ist in vielen Fällen unerläßlich.

[2] Hierbei ist allerdings zu berücksichtigen, daß ein Ada-System i. a. einen speziellen Bibliotheksverwaltungsteil besitzt, der als Teil des *APSE* (s. Abschn. 3.3.1) auch Platz und Zeit verbraucht.

Sprache	Übersetzungszeit (gesamt)	Übersetzungszeit (Modell)	Laufzeit (365 Tage)
Modula–2	0:55 min	0:20 min	1:40 min
"C"	1:00 min	0:25 min	2:20 min
Ada	2:23 min	1:40 min	1:55 min
Simscript	(entfällt)	ca. 2:00 min	ca. 3:00 min

Abb. 5-9: Übersetzungs- und Modell-Laufzeiten der
ereignisorientierten Versionen

Zu Kontrollzwecken haben wir in den drei Sprachen diverse Testläufe mit gleichen Startwerten durchgeführt. Während sich die Ada- und die Modula-Ergebnisse höchstens in der dritten Nachkommastelle unterscheiden (vermutlich durch Rundungsfehler bei der Ausgabe), weichen die "C"-Werte, zumindest bei längeren Simulationsläufen, z. T. erheblich davon ab.

Dieses Verhalten kann dadurch erklärt werden, daß jeder "C"-Compiler Zwischenergebnisse von Gleitpunktoperationen stets im doppelt-genauen Format (*double*) darstellt, um Rundungsfehler weitgehend auszuschließen, während Ada und Modula im allgemeinen standardmäßig die einfache Genauigkeit verwenden. Speziell bei Reihenentwicklungen (z. B. für Logarithmen, die in *Distributions* einfließen) können sich so Differenzen schnell akkumulieren.

5.3 Prozeßorientierte Version (*Jobshop_Process*)

In der ereignisorientierten Version ist das Modellverhalten durch die Zustandsänderungen, die während der Simulation auftreten, bestimmt. Bezogen auf das Produktionssystem treten die Modellereignisse, die jene Zustandsänderungen hervorrufen, beim Weg der Aufträge durch das Produktionssystem auf[1]. Die Struktur des Produktionssystems wird dabei separat von seinem Verhalten betrachtet. Die Tätigkeiten, welche zwischen den einzelnen Ereignissen liegen, also während der Zustand sich nicht ändert, finden im Modell keine Berücksichtigung.

In der prozeßorientierten Betrachtungsweise können jedoch auch diese *passiven* Phasen der Aufträge, Maschinen und Maschinengruppen modelliert werden. Aus der Sicht des Modellimplementators erscheint diese Erweiterung realitätsnäher. Ferner wird die Struktur der Systemkomponenten mit den Handlungen, die in ihr vorgehen, zusammengefaßt. Aus Anwendersicht werden die Systemkomponenten der Produktionsanlage dadurch greifbarer. Der Begriff der Maschine z. B. beinhaltet zum einen ein physisches Objekt und zum anderen die Aktionen, die sie an den eingehenden Aufträgen auszuführen hat.

5.3.1 Der Prozeß im Jobshop-Modell

Aus der Modellstruktur des Produktionssystems ergeben sich drei Modellkomponenten:

- *Aufträge* verschiedener Art in unterschiedlicher Bearbeitungsreihenfolge,

- *Maschinen*, die diese bearbeiten, sowie

- *Maschinengruppen*, die eingehende Aufträge registrieren und (zu gegebener Zeit) an die Maschinen zuweisen.

Alle sind als Objekte ansehbar, die sich im Modell durch Zusammenfassung der Struktur und der Handlungen, die sie vornehmen, beschreiben lassen. Es ist daher naheliegend, diese Aufträge, Maschinen und Maschinengruppen als Prozesse zu definieren. Zur Ankopplung der Prozeßdefinitionen an die Simulationsumgebung sei auf Abschn. 5.3.3 verwiesen.

5.3.2 Modularisierungskonzepte

Die Zuweisung der Pakete zu Modulen sollte im wesentlichen unter dem Gesichtspunkt des logischen Zusammenhangs der Modellkomponenten geschehen. Auch Speicher-

---

[1] Das sind Erzeugung eines neuen Auftrags, Ankunft in der Maschinengruppe und Ende der Bearbeitung.

platzerwägungen veranlaßten uns, die Modellimplementation in mehrere Übersetzungseinheiten (*compilation units*) aufzuteilen.

Hauptkonzept ist die Zuordung der Maschinengruppe und aller in ihr vorgenom-
menen Handlungen zu einem Modul. Das heißt, sie soll außer Datenstrukturen, die sich
auf ihre innere Struktur beziehen, insbesondere die Tätigkeitsbeschreibungen der
Maschinengruppe und der in ihr befindlichen Maschinen enthalten, welche nach den
obigen Überlegungen als Prozesse definiert werden sollen. Desweiteren soll die statistische Auswertung, zumindest sofern sie die jeweilige Maschinengruppe betrifft, vollständig in das Modul eingekapselt werden, so daß von außen nur die entsprechenden
Funktionen in der Schnittstelle aufgerufen zu werden brauchen. Diese Überlegungen
veranlassen uns, die Maschinengruppe als ein (generisches) Paket zu formulieren, in das
alle Ressourcen und Dienstleistungen integriert werden.

Das Paket *Common* enthält gemeinsame Daten und Typen für *JobShop*. Dies ist zum
einen notwendig, weil eine Reihe von Konstanten und Typdefinitionen sowohl von dem
generischen Paket *MachineGroup* als auch von der Hauptprozedur *JobShop* benötigt
werden. Zum anderen erweist es sich als vorteilhaft, auch aus Speicherplatzgründen die
Instanz des Paketes *Simulation* (die hier *JobShopSimulation* heißt) aus dem Hauptprogramm herauszuziehen.

In der Hauptprozedur (*Jobshop_Process*) ist im wesentlichen die Prozeßdefinition für
den Auftrag und der eigentliche Simulationslauf implementiert. Zwei Prozeduren, die
als lokal hierzu anzusehen sind, werden *separat* deklariert:

— *Init*, die die Simulationsgrößen vom Terminal oder einer Datei einliest und Initialisierungen vornimmt, und

— *Report* zur Erstellung des Simulationsreports[1].

Da in beiden Prozeduren viele Ausgabeanweisungen auftreten, erwies sich diese
Deklaration als *SEPARATE*-Unterprogramme als vorteilhaft. So konnten in der Erstel-
lungsphase des Programms Änderungen am Layout der auszugebenen Tabellen u. ä.
vorgenommen werden, ohne eine zeitaufwendige Übersetzung des Hauptprogramms
vornehmen zu müssen[2]. Neu übersetzt zu werden braucht in diesem Fall nur die modifi-
zierte Separatprozedur.

Insgesamt besteht die Modellimplementation also aus fünf Übersetzungseinheiten,
deren Beziehungen aus Abb. 5-10 hervorgehen.

---

1 Jener enthält die Auflistung der Simulationsparameter, den Auftragsarten- und den Maschinengruppenreport.
2 Auf der VAX kostete die Übersetzung 15 CPU-Minuten!

5.3.3 Anbindung an die Simulationsumgebung

Nach der Festlegung der Prozesse und der Modularisierung ergibt sich für den Benutzer die Frage, wie die Komponenten des Modells an die Simulationsumgebung angekoppelt werden, welche in Form der Pakete *Adaset* und *Simulation* zur Verfügung stehen.

Im gemeinsamen Typen- und Datenbereich (*Common*) werden die Prozeßparameter definiert, die an das Paket *Simulation* in einem Verbund als generischem Parameter übergeben werden müssen. Über die nähere Struktur sei auf die Implementationsdetails verwiesen, die in Abschn. 5.3.5.1 beschrieben sind.

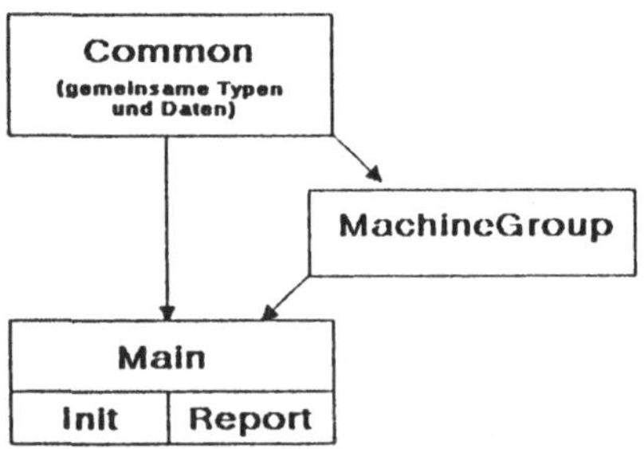

Abb. 5-10: Modularisierung in der prozeßorientierten Version

In den Maschinengruppen sollen die in ihr befindlichen Maschinen in einer Struktur zusammengefaßt werden, die wir abstrakt als "Maschinenpool" bezeichnen. Die Komponenten dieses Pools sollen mit Hilfe der Simulationsumgebung verwaltet werden. Hierzu wird eine Inkarnation des Pakets *Adaset* geschaffen, die innerhalb des Pakets *MachineGroup* sichtbar ist.

Die Aktionen einer Maschine werden in der Prozedur *MachineActions* definiert, die als generischer Prozedurparameter an das zu *Simulation* lokale Paket *Process* übergeben werden. Analog wird mit *GroupActions* als Parameter eine Instanz von *Process* geschaffen, die die Tätigkeiten in einer Maschinengruppe verwaltet.

5.3.4 Probleme bei der Implementation

Die eigentlichen Probleme traten in der Simulationsumgebung auf. Die Schwierigkeiten mit der Terminierung von Ada-Prozessen und andere Fehler in der Umgebung finden sich in Abschn. 4.3.2.6 beschrieben.

An die Grenze des virtuellen Adreßraums, der für einen Benutzer vorgesehen ist, stieß man schon bei der Übersetzung. (Hierbei wurde auf der verwendeten *VAX* eine Größe von 10 MByte überschritten.) Auch beim Programmlauf zeigte sich, daß der mit Ada-Prozessen benötigte Speicherplatz sehr groß ist. Dieser konnte mit Hilfe einer Übersetzerdirektive (*PRAGMA*[1]) drastisch reduziert werden: Der Speicherplatz für von einem Ada-Prozeß übergebene Parameter an Unterprogramme z. B. verringerte sich so von 30 kByte[2] auf 512 Byte!

Weitere Fehler konnten nur unter Unterstützung eines Testhilfesystems beseitigt werden. So wurde in der Maschinengruppe (Prozedur *Visit*) die Wartezeit errechnet und statistisch berücksichtigt, welche auch Null betragen kann. Durch maschinenbedingte Ungenauigkeit wurde jedoch ein betragsmäßig sehr kleiner, negativer Wert ermittelt. Seine Zuweisung an Objekte vom Typ der Simulationszeit löste eine Ausnahme (*constraint_error*) aus, da negative Simulationszeiten in der Typdefinition nicht vorgesehen sind.

5.3.5 Module innerhalb *Jobshop_Process*

5.3.5.1 *Common*

Kernstück von *Common* ist die Deklaration der Prozeßtypen, wovon drei angegeben sind:

— *JobProcess*: Der einzelne Auftrag, der sich auf dem Weg durch den Maschinenpark befindet.

— *MachineProcess*: Die Maschine als Bedienstation, in der Aufträge durchgeführt werden.

— *MachineGroupProcess*: Die Maschiengruppe wird hier der Vollständigkeit halber aufgeführt, jedoch kommt sie in unserer Implementation als Aufzählungskonstante nicht zur Anwendung.

Die Zusammenfassung dieser unterschiedlichen Objekte zu einem (Aufzählungs-) Typ mag auf den ersten Blick nicht einsichtig erscheinen. Wichtig ist aber, daß an das Paket *Simulation* ein bestimmter Parameter übergeben werden muß. Durch diese Konstruktion werden Klassen von Prozessen geschaffen, die Parameter gleicher Datenstruktur besitzen.

---

[1] Siehe auch Abschn. 3.3.6.2.
[2] Das ist die Voreinstellung auf der von uns verwendeten VAX.

Dieser Parameter ist ein Verbund mit fünf Komponenten. Dabei werden *ThisJob-Type*, *ServiceTime* und *IsPrior* nur bei der Prozeßart *JobProcess* benötigt; *Interrupted* kommt nur beim *MachineProcess* vor.

Die Verbundkomponenten haben die folgende Bedeutung:

— *ThisProcessType* ist eine·Variable vom bereits erwähnten *ProcessType*, welche die Art des jeweiligen Prozesses enthält.

— *ThisJobType* ist die Auftragsart (1, 2 oder 3).

— *ServiceTime* enthält die ermittelte Bedienzeit für den jeweiligen Auftrag.

— *IsPrior* gibt an, ob es sich um einen priorisierten Job handelt.

— *Interrupted* hält fest, ob der Bearbeitungsvorgang in der entsprechenden Maschine unterbrochen wurde.

Grundsätzlich ist bei solcher Konstruktion die Deklaration eines varianten Verbundes sinnvoll, wobei *ThisProcessType* die Diskriminante wäre. Diese Möglichkeit war uns hier verwehrt. Der Record *ProcessParameters* wird als generischer Parameter an *Simulation* übergeben. Dort wird jedoch ein Verweis auf jenen Parameter verwendet. In Verbindung mit varianten Verbunden ist diese Konstruktion nicht realisierbar, weil einerseits die Diskriminante in der Typbedingung mit einer Vorbelegung versehen wäre (z. B. *JobProcess*), andererseits eine Änderung dieser über einen Zeiger eine Ausnahme (*constraint_error*) auslöst[1]. Wird der Zugriff auf einen Verbund, der generischer Parameter ist, über Zeiger realisiert, kann er nicht variant formuliert werden. Eine direkte Übergabe des Verbundes selber wäre hingegen unkomfortabel, da Ada Ausgabeparameter in Funktionen nicht zuläßt. Alle Abfragen der Modellparameter müßten in diesem Fall über Prozeduren geschehen, wodurch die direkte Einbindung in Ausdrücken nicht möglich wäre.

Einen weiteren Bestandteil von *Jobshop_Common* stellen Variablen und Konstanten zur Statistik der Auftragsarten dar. Diese sind bereits aus der ereignisorientierten Implementation des Produktionssystems bekannt. Für das Paket *Distributions* werden jedoch vier Zufallszahlenströme deklariert, wobei zusätzlich ein Zahlenstrom (*JobPrio*) hinzugenommen wird, welchen das Programm für die Entscheidung auf Priorisierung eines Auftrags benötigt.

---

[1] Dazu betrachte man beispielsweise die Prozedur *Initialize* im Paket *MachineGroup* mit der Anweisung
Parameters (NewMachine.Machine).ThisProcessType := MachineProcess;.
Hier wird über einen Verweis auf den Typ des generischen Parameters (der Resultat der Funktion *Parameters* ist) der Prozeßtyp geändert.

5.3.5.2 *MachineGroup*

Im Paket *Common* wurde eine Instanz von *Simulation* (*JobShopSimulation*) geschaffen, welche auch hier sichtbar ist.

Das Element des bereits erwähnten Maschinenpools ist als Verbund (*MachinePool-Element*) implementiert, der je einen Verweis auf den Prozeß der Maschine und des in ihr befindlichen Auftrages enthält. Der Verweis *RefMachinePoolElement* wird – wie schon erwähnt – an *Adaset* angekoppelt. Der *MachinePool* ist hierbei ein Verweis auf den Listenkopf der zur Verfügung stehenden Maschinen.

Für die Maschinengruppenstatistik sind Hilfsvariablen nötig, deren Bedeutung aus dem Namen heraus selbsterklärend sind. *QueueStatistics* stellt eine Hilfsprozedur für die Warteschlangenstatistik dar. Sie modifiziert die zeitgewichtete Warteschlangen-länge und ist vor jeder Warteschlangenoperation aufzurufen. Das Datum des letzten Zugriffs wird dabei aktualisiert.

Die Prozeßbeschreibung für die Maschine ist in der Prozedur *MachineActions* implementiert. Was für Tätigkeiten muß nun eine Maschine im *JobShop*-Modell ausführen (vgl Abb. 5-11)?

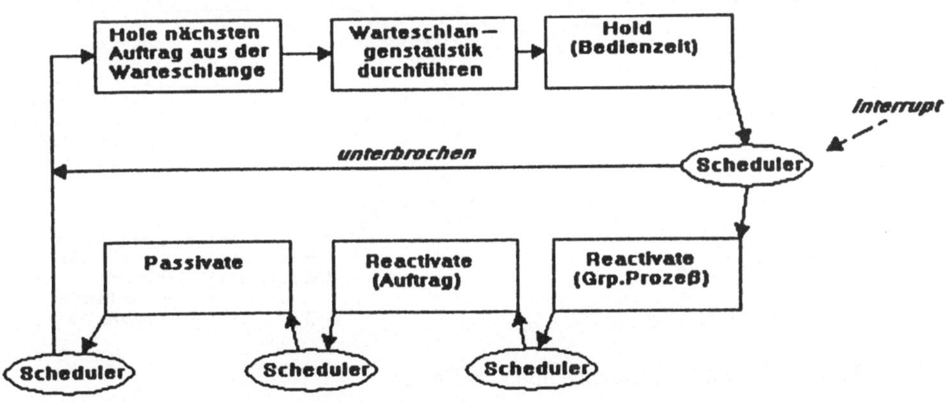

Abb. 5-11: Die Maschine als Prozeß

Zunächst einmal muß sie sich passivieren, d. h. der Maschinenprozeß wird aus der entsprechenden Liste[1] entfernt. Nach dem Rücksprung aus *Passivate* wird der Verweis auf den zu bearbeitenden Auftrag (*MyJob*) durch Aufruf der Funktion *First* ermittelt, wodurch das erste Element aus der Maschinengruppen-Warteschlange abgerufen wird. Die zeitgewichtete Warteschlangenlänge wird (mit *QueueStatistics*) fortgeschrieben und

---

[1] S. Absch. 4.3.1.

der Auftrag aus der Liste abgekoppelt. Durch Aufruf der Prozedur *Hold* ist die Verzögerung des Prozesses gemäß der in den Prozeßparametern eingetragenen Bedienzeit gewährleistet. Wenn sich die jeweilige Maschine nicht im unterbrochenen Zustand (*Interrupted*) befindet, werden sowohl der Gruppenprozeß als auch der Auftragsprozeß reaktiviert. Die Prozedur ist hierbei als Schleife ohne Abbruchbedingung implementiert worden, da die Maschine "ewig" (bis zum Ende der Simulationszeit) existiert. Wegen der Übergabe an *Simulation* als *Process* wird die Prozedur vom *ProcessTask* aus als *ProcessDefinition* aufgerufen.

Die Aktionen in einer Maschinengruppe werden bestimmt durch die Ankunft von Aufträgen, der Verwaltung der Gruppenwarteschlange und die Zuweisung der Aufträge an eine Maschine (vgl. Abb. 5-12).

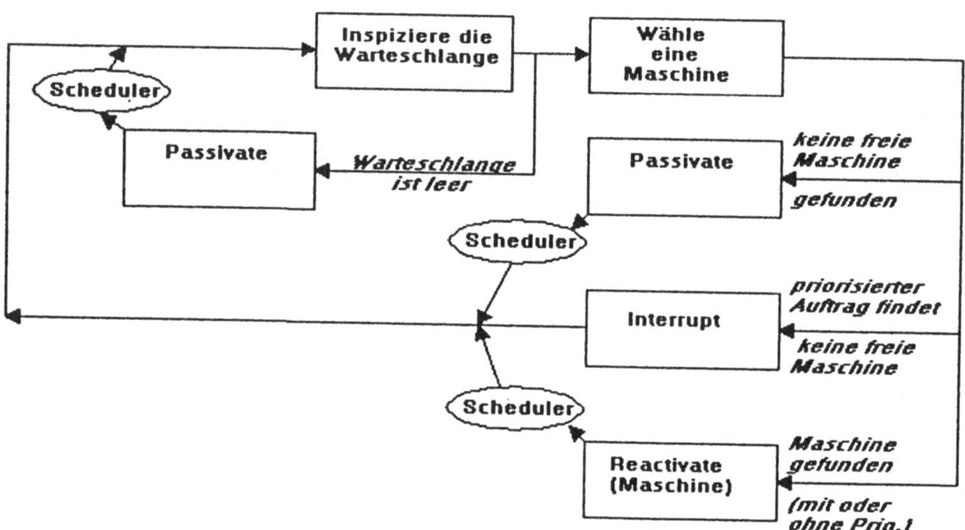

Abb. 5-12: Die Maschinengruppe als Prozeß

Nach dem Passivieren des Prozesses wird, solange die Warteschlange der Maschinengruppe nicht leer ist, eine Maschine ausgesucht (*SelectMachine*), in der der Auftrag bearbeitet werden kann. Hierbei sind drei Situationen möglich:

- Es konnte keine (unbeschäftigte) Maschine gefunden werden; deswegen muß der Auftrag passiviert werden.

- Der Auftrag ist priorisiert, weswegen eine Unterbrechung der Bearbeitung in einer Maschine veranlaßt wird (*Interrupt*).

– Anderenfalls bindet *GroupActions* den neuen Auftrag, welcher der erste in der Gruppenwarteschlange ist, an die ermittelte Maschine und läßt sie (mittels *ReActivate*) vormerken.

In der Prozedur *Interrupt* wird der laufende Auftragsprozeß passiviert. Durch eine Funktion (*FindFirstNotPrior*) wird die Warteschlange der Maschinengruppe nach dem ersten nicht priorisierten Auftrag abgesucht. Der verdrängte Auftrag wird im Erfolgsfall vor dem ersten nicht zu bevorzugenden Auftrag eingegliedert. Die oben erwähnte Auswahl einer Maschine soll hier noch erläutert werden: Beginnend mit der ersten Maschine im Pool wird die Gruppe nach der ersten Maschine abgesucht, deren Prozeß weder aktiv noch vorgemerkt ist. Wenn auf diese Weise keine freie Maschine gefunden werden konnte, der ankommende Auftrag aber priorisiert ist, muß die Maschinengruppe noch einmal durchsucht werden. Dann wird die erste Maschine gewählt, die keinen Eilauftrag enthält. Innerhalb der Eil- und Nicht-Eilaufträge bleibt dadurch jeweils die *FIFO*-Strategie garantiert. Für den Spezialfall, daß alle Aufträge in den Maschinen priorisiert sind, muß ein weiterer ankommender Auftrag auch dann warten, wenn er priorisiert ist.

Vor dem eigentlichen Simulationslauf ist für jede (Instanz einer) Maschinengruppe die Prozedur *Initialize* aufzurufen. Über diese Schnittstelle erhält die Maschinengruppe die Anzahl ihrer zur Verfügung stehenden Maschinen und die mittleren Bedienzeiten der zu bearbeitenden Auftragsarten. Damit auch nach einem eventuellen Neustart der Simulation mit der Maschinengruppe weiter gearbeitet werden kann, werden der Maschinenpool und die Maschinengruppen-Warteschlange gelöscht. Im wesentlichen aktiviert *Initialize* den Maschinengruppenprozeß, bringt die (neuen) Maschinen in den zugehörigen Pool ein und aktiviert auch die Prozesse der zur Gruppe gehörenden Maschinen.

Eine petrinetzähnliche Darstellung einer Maschinengruppe findet man in Abb. 5-13. (Das dort verwendete Symbol "//" steht für zeitliche Verzögerung.)

Eine weitere Prozedur der Schnittstelle stellt *Visit* dar. In ihr wird die Bedienzeit mit Hilfe der *Erlang*-Verteilung ermittelt und der Gruppenprozeß (durch *ReActivate*) vorgemerkt. Der Aufruf der Procedur *Wait* gewährleistet die Einhaltung der ermittelten Bedienzeit. Ferner werden in *Visit* auch die Statistiken für Auftragsarten und die Maschinengruppe fortgeschrieben.

Für die spätere Statistik werden noch Funktionen benötigt, da nur über sie die Daten der Maschinengruppenstatistik abgerufen werden können. Diese sind im einzelnen:

– *AvgQueueLength* ermittelt die zeitgewichtete mittlere Warteschlangenlänge. Vor der eigentlichen Berechnung muß von ihr die Prozedur *QueueStatistics* aufgerufen werden, um die entsprechenden internen Daten zu aktualisieren. Die Summe aus den Produkten von jeweiliger Warteschlangenlänge und der Zeitdifferenz zwischen zwei Zugriffen auf jene wird dabei noch durch die bisherige Simulationsdauer dividiert.

— *AvgUtilization* gibt die durchschnittliche Auslastung der Maschinengruppe wieder. Sie ergibt sich aus der Summe der Bedienzeiten in den zur Gruppe gehörenden Maschinen, die noch durch die bisherige Simulationsdauer und die Maschinenanzahl dividiert wird, um den Wert zu erhalten.

— *InterruptCount* schließlich gibt die Anzahl der Unterbrechungen in der jeweiligen Maschinengruppe wieder.

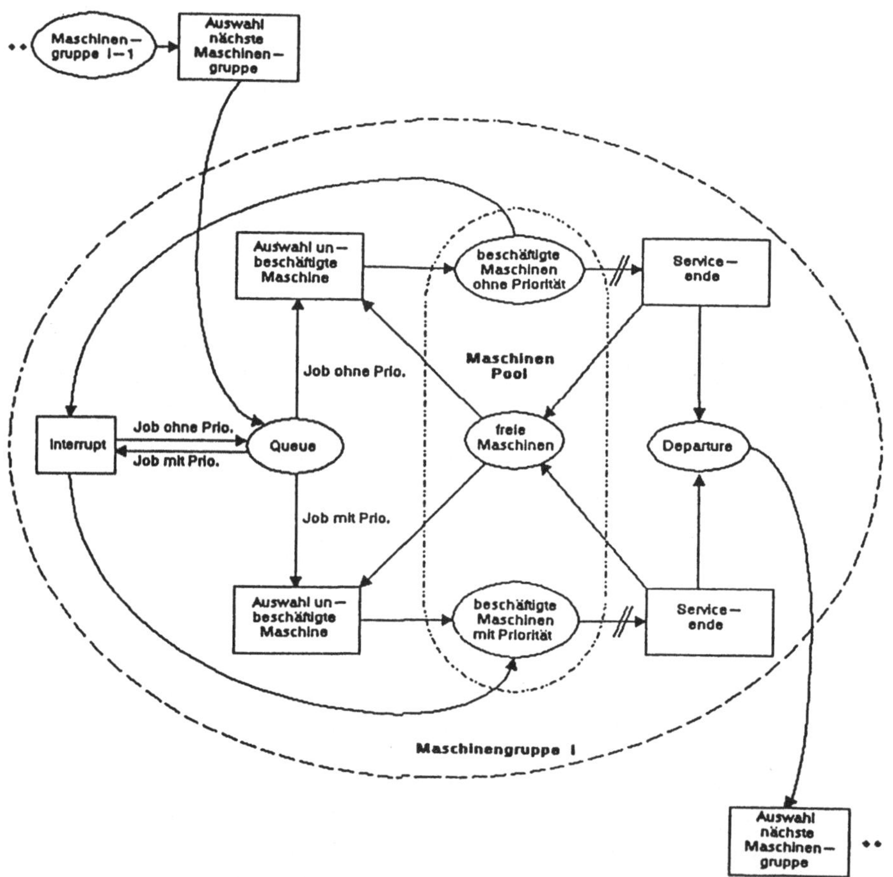

Abb. 5-13: Petrinetzähnliche Darstellung einer Maschinengruppe

5.3.5.3 *Main*

Im Hauptprogramm *Jobshop_Process* ist die eigentliche Ablaufsteuerung der Simulation implementiert. Als Hilfsvariablen findet man die folgenden Simulationsparameter:

– die Simulationsdauer,
– die Wahrscheinlichkeit priorisierter Aufträge und
– die Anzahl der Maschinen pro Gruppe.

Die Instanz des Pakets Simulation ist durch die Ankopplung von *Common* auch hier sichtbar. Für die Abfrage der Simulationsparameter und die Erstellung des Reports werden noch Ein- und Ausgabeprozeduren benötigt. Diese werden durch Inkarnationen der Pakete *Enumeration_IO* (für Aufzählungstypen), *Integer_IO* und *Float_IO* bereitgestellt. Die Instanzen des generischen Pakets *MachineGroup* sind ebenfalls hier zu finden, wobei diese Maschinengruppen mit *MachineGroup1* bis *MachineGroup5* bezeichnet werden.

Die Definition des Auftragsprozesses (vgl. Abb. 5-14) wird durch die Prozedur *JobActions* geleistet. In Abhängigkeit der in den Prozeßparametern eingetragenen Auftragsart werden die Maschinengruppen gemäß der vorgegebenen Route angesteuert. Da fünf Inkarnationen von Maschinengruppen existieren, gibt es auch fünf Prozeduren namens *Visit*, die durch die Punktnotation qualifiziert werden müssen.

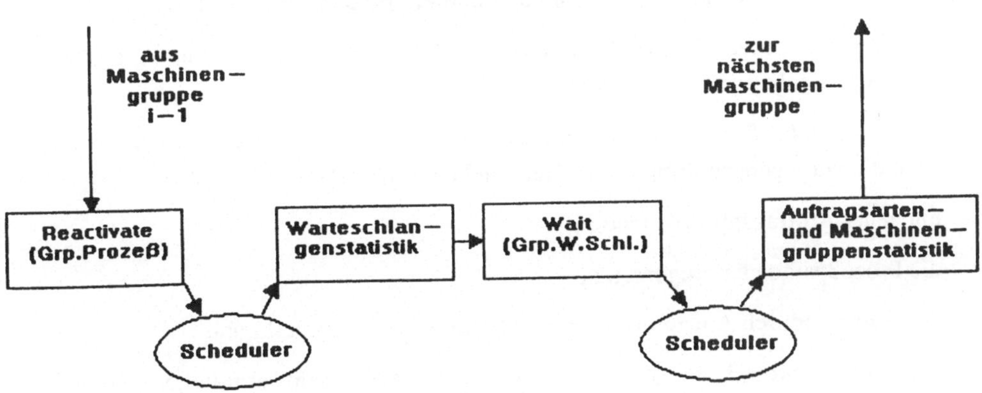

Abb. 5-14: Der Auftrag als Prozeß

Für die Bestimmung der Auftragsart und der Entscheidung auf Priorisierung eines Auftrags sind lokal noch zwei Funktionen formuliert worden:

– *SetJobType* ruft aus dem Generator *Random* eine gleichverteilte Zufallszahl ab. Je nach ihrem Wert gibt *SetJobType* die Auftragsart zurück; hierbei haben die Auftragsarten 1, 2 und 3 die Wahrscheinlichkeiten 30, 50 bzw. 20 Prozent.

– *SetJobPriority* ist eine boolsche Funktion, die entscheidet, ob ein zu priorisierender Eilauftrag vorliegt oder nicht. Auch hier wird der Generator aufgerufen, wobei jedoch auf einem anderen Zufallszahlenstrom gearbeitet wird. Sofern die Zufallszahl kleiner als die vorgegebene Priorisierungswahrscheinlichkeit ist, liefert die Funktion den Wert "wahr".

Ein weiteres Unterprogramm ist die Initialisierungsprozedur *Init*, die wie erwähnt als separate Übersetzungseinheit implementiert wurde. Lokal zu ihr findet man die Prozeduren *ReadString* und *OpenReport*. Die erstere liest eine Zeichenkette bis zum terminierenden Zeilenvorschub bzw. letzten Zeichen der Kette und gibt sie als Ausgabeparameter zurück. Die letztere läßt damit den Dateinamen einlesen, wobei bei leerer Eingabe die Ausgabe auf das Terminal gelenkt wird. Falls beim Öffnen der Ausgabedatei für den Report ein Fehler auftritt, wird die Prozedur wiederholt.

Wie auch in den ereignisorientierten Implementationen werden die Simulationsparameter wie Laufzeit, Anzahl der Maschinen pro Gruppe und die Startwerte für die Zufallszahlenströme abgefragt. Hier kommt als abzufragender Parameter noch zusätzlich die Wahrscheinlichkeit für die Priorisierung eines Auftrages hinzu. Danach ruft *Init* die Prozeduren *Initialize* jeder Instanz einer Maschinengruppe auf und übergibt ihr die Simulationsparameter Maschinenanzahl und mittlere Bedienzeit je Auftrag.

Die ebenfalls separate Prozedur *Report* erstellt – wie erwähnt – eine Ausgabe der Simulationseingaben und -ergebnisse.

Der eigentliche Simulationslauf findet in der Hauptprozedur statt. In ihr werden, solange die vorgegebene Simulationsdauer nicht erreicht ist,

– ein neuer Auftragsprozeß erzeugt,

– die Prozeßparameter eingetragen,

– der Auftrag (durch Aufruf der Prozedur *ReActivate*) vorgemerkt und

– der Auftragsprozeß gemäß einer durch eine Zufallszahl ermittelten Zwischenankunftszeit verzögert.

Nach dem Aufruf der Report-Prozedur wird die Simulation beendet. *Stop_Simulation* sorgt dann u. a. für die erforderlichen Terminierungen.

5.3.6 Statistikführung

Wie bereits erwähnt, ist die Statistik weitgehend in die Maschinengruppe integriert. Die Prozedur *Visit* übernimmt dabei wesentliche Aufgaben. In ihr werden die Aufträge gezählt, die die Maschinengruppe durchlaufen sowie die Summe von Bedien- und Wartezeiten modifiziert. Auch die Statistik der Auftragsarten wird nach dem "Besuch" des Auftrags in der Maschinengruppe fortgeschrieben, indem die Auftragsarten ermittelt und die auftragsspezifische Wartezeit vor der Gruppe aktualisiert wird.

Auch von den Prozessen der Maschinen und Maschinengruppen werden statistische Hilfsvariablen verändert. In den Maschinen wird die Warteschlangenstatistik laufend auf den neuesten Stand gebracht; in der Maschinengruppe werden bei Unterbrechungen diese mitgezählt. Im Hauptprogramm müssen als statistische Daten nur die Durchläufe der erzeugten Aufträge registriert werden.

Der *Report* der Simulationsergebnisse ist ähnlich dem der ereignisorientierten Version. Zusätzlich wird als Eingabedatum die Wahrscheinlichkeit priorisierter Aufträge und im Maschinengruppenreport die Anzahl der Unterbrechungen je Maschinengruppe ausgegeben. Die Reports befinden sich im Anhang, wobei bei gleicher Maschinenkonfiguration eine Wahrscheinlichkeit für Eilaufträge von 0, 20, 40 bzw. 60 Prozent vorgegeben wird.

6 Bewertung der untersuchten Sprachen

Durch intensive Nutzung der Möglichkeiten der Modularisierung konnte in jeder der untersuchten Sprachen eine Simulationsumgebung geschaffen werden, die unabhängig vom eigentlichen Modell entwickelt und übersetzt werden konnte. Diese Simulationsumgebung stellt Basiskomponenten (vgl. Kap. 1, insbes. Abb. 1-1) für die Programmierung von Simulationsmodellen zur Verfügung, die die Codierung unseres Beispielmodells auf einem Abstraktionsniveau erlauben, das der Programmierung in niederen Simulationssprachen – wie etwa Simula oder Simscript[1] – annähernd vergleichbar ist. Da andererseits die genannten Simulationssprachen den Anspruch erheben, auch allgemein verwendbare Programmiersprachen darzustellen, vergleichen wir im folgenden unsere Realisierung eines Simulators (des Levels 1) in Modula, "C" und Ada auch mit Simula und Simscript als Vertretern der niederen Simulationssprachen.

Sowohl die Übersetzer als auch, was letztlich wichtiger ist, die übersetzten Programme sind bei allgemeinen Programmiersprachen meist effizienter als in Simulationssprachen. So liefen die Simulationen unseres Beispielmodells in der ereignisorientierten Version in allen untersuchten Sprachen deutlich schneller als in Simscript, während die Laufzeitunterschiede zwischen den einzelnen Sprachen dagegen klein blieben.[2]

Implementationen allgemeiner Programmiersprachen sind in der Regel mit einem Testhilfesystem (*Debugger*) versehen, das selbstverständlich auch für Simulationsprogramme genutzt werden kann. Simulationssprachen haben oft nur unterentwickelte Testhilfesysteme. Viele anfängliche Fehler sowohl in der Simulationsumgebung als auch im Beispielmodell selbst, insbesondere in der prozeßorientierten Version, konnten wir trotz ausgiebiger Quelltextstudien erst mit Hilfe des VAX-Debug-Systems lokalisieren und dann auch eliminieren.

Durch den Einsatz allgemeiner, weit verbreiteter Programmiersprachen können die Kosten für die Entwicklung von Simulationsprogrammen verringert werden. Zumindest im Falle von Modula-2 und "C" sind Übersetzer kostengünstig zu erstehen. Durch weitgehende Standardisierung der Sprachen sind Modula-2-, "C"- und Ada-Programme in hohem Grade portabel. Programmierer müssen nicht auf Simulationssprachen umgeschult werden. Auch für Programmieranfänger dürfte insbesondere Modula-2 aufgrund des geringen Sprachumfangs und der klaren und einfachen Konzepte leichter zu erlernen sein als etwa Simscript mit seiner Vielzahl von teilweise äquivalenten, teilweise aber auch mit subtilen Unterschieden behafteten Ausdrucksmöglichkeiten.

---

[1] Einführungen in die genannten Simulationssprachen finden sich z. B. in [Lam76] (Simula) und [Rus83] (Simscript).

[2] Die etwas höheren Laufzeiten in "C" sind vermutlich darauf zurückzuführen, daß in "C" alle Gleitkommaoperationen in doppelter Genauigkeit ausgeführt werden.

Schließlich reduziert die höhere Zuverlässigkeit der modernen Programmiersprachen die Fehleranfälligkeit und damit die Kosten für Entwicklung und Wartung komplexer Simulationsprogramme.

Simulationsprogramme sind komplexe Softwaresysteme, bei deren Entwicklung die Anwendung bewährter Methoden der Softwaretechnik ratsam ist. Moderne allgemein verwendbare Programmiersprachen unterstützen solche Methoden in höherem Maße als die – meist älteren – gängigen Simulationssprachen. Hier sind insbesondere das moderne Typkonzept, die Blockstruktur und die Modularisierung zu erwähnen.

6.1 Modularisierung

Bei allen Unterschieden haben die drei untersuchten Programmiersprachen eine gemeinsame Eigenschaft, die sie von älteren Sprachen wie etwa Pascal unterscheidet: Programme müssen nicht monolithisch entwickelt werden; vielmehr kann ein Programm in *Module* unterteilt werden, die unabhängig voneinander übersetzt und getestet werden können.

Die Möglichkeit, modular zu programmieren, ist bei der Simulation in allgemeinen Programmiersprachen in zweierlei Hinsicht von Bedeutung. Zum einen kann das Simulations*modell* von der Simulations*umgebung* getrennt werden, d. h. simulationstypische Konzepte können als abstrakte Datentypen in getrennt übersetzten Modulen realisiert werden. Dadurch werden diese Programmteile erstens (auf Objektcode-Ebene!) wiederverwendbar, zweitens können Implementierungsdetails vor dem Benutzer dieser Module verborgen werden, so daß Simulationskonstrukte wie natürliche Spracherweiterungen verwendet werden können.

Zum anderen ist es bei komplexen Simulationsmodellen wünschenswert, die Modellbeschreibung selbst modular zu formulieren. Bei ereignisorientierter Simulation ist dies zwar nur in eingeschränktem Maße möglich, da potentiell jede Modellvariable von jedem Ereignis beeinflußt werden kann. Es ist daher praktisch nicht möglich, Modellkomponenten so voneinander abzugrenzen, daß sie nur noch über genau definierte Schnittstellen verknüpft sind. Das Wesen prozeßorientierter Simulation hingegen besteht gerade darin, bestimmte Modellvariable und die Ereignisse, durch die sie verändert werden, zu "Prozessen" zusammenzufassen. Hier bestehen daher natürliche Modularisierungspotentiale.

6.1.1 Vergleich der Konzepte

Alle untersuchten Programmiersprachen erlauben, Programme in Module zu unterteilen. Wesentliche Unterschiede bestehen in der Beschreibung der Schnittstellen zwischen den Modulen.

In "C" gibt es kein explizites Modularisierungskonstrukt und keine formale Schnittstellenbeschreibung. Ähnlich wie in FORTRAN kann ein Programm auf mehrere Quelltexte verteilt werden, die unabhängig voneinander übersetzt werden können. Die Sichtbarkeit von Objekten über die Grenzen eines Quelltextes hinweg wird durch die Angabe von Speicherungsklassen geregelt (vgl. Abschn. 3.2.3.3). Objekte, die in einem anderen als dem aktuellen Quelltext definiert sind, müssen durch eine *extern*-Deklaration namentlich bekannt gemacht werden. Inkonsistenzen zwischen der Definition und der *extern*-Deklaration werden vom Übersetzer, der ja immer nur einen Quelltext zur Zeit bearbeitet, nicht erkannt[1].

Konstanten- und Typdeklarationen können in "C" nicht über die Grenzen eines Quelltextes hinaus sichtbar gemacht werden. Eine gewisse Abhilfe schafft hier die Möglichkeit, solche Deklarationen zusammen mit den oben erwähnten *extern*-Deklarationen in einer Kopfdatei zusammenzustellen, die dann durch das Präprozessor-Kommando *#include* in jeden einzelnen Quelltext eingebunden werden kann.

Das Modulkonzept von Modula-2 bietet im Gegensatz dazu explizite und formale Schnittstellenbeschreibungen, die Konsistenzprüfungen durch den Übersetzer erlauben (vgl. Abschn. 3.1.2.1). Zu jedem (globalen) Modul gibt es zwei Quelltexte. Der *Definitionsmodul* enthält die Beschreibung der Schnittstelle des Moduls nach außen, wobei Implementationsdetails vollständig verborgen bleiben. Der *Implementations-modul* enthält, wie der Name schon sagt, die Implementation des Moduls. Objekte, die nur im Implementationsmodul, nicht aber im Definitionsmodul, definiert werden, sind nach außen unsichtbar. Jedes Modul, das Objekte aus einem anderen Modul verwendet, muß diese ausdrücklich *importieren*, wobei angegeben werden muß, aus welchem Modul die importierten Objekte stammen[2]. Auf diese Weise ist gewährleistet, daß auf jeden Modul nur in der durch die Schnittstellenbeschreibung festgelegten Weise zuge-griffen wird.

Ada realisiert Module in ähnlicher Weise wie Modula-2. Auch hier gibt es separate Definitions- (*package*) und Implementationsquelltexte (*package body*) und Kontext-klauseln, die den *IMPORT*-Klauseln von Modula-2 entsprechen (vgl. Abschn. 3.3.4).

---

[1] Unter UNIX gibt es ein Dienstprogramm *lint* ("Staubkörnchen"), das solche Inkonsistenzen aufspürt. Einige andere "C"-Implementationen stellen dieses Dienstprogramm (oder ähnliche) ebenfalls zur Verfügung.

[2] Diese Angabe kann entweder durch qualifizierten Import oder durch Voranstellen des Modulnamens in der bekannten Punktnotation erfolgen, vgl. Abschn. 3.1.2.2.

Aber es gibt auch Unterschiede. So enthält die Schnittstellenbeschreibung in Ada einen "privaten" Teil, der Deklarationen enthält, die bei der Übersetzung einer diesen Modul verwendenden Programmeinheit zur Code-Erzeugung und Speicherallozierung benötigt werden. Auf diese Deklarationen kann zwar nicht aus einem anderen Modul heraus zugegriffen werden, aber sie lassen doch Rückschlüsse auf Implementationsdetails zu, die für "Trickprogrammierung" ausgenutzt werden könnten. Andererseits bietet Ada einen sozusagen abgestuften Zugriffsschutz für abstrakte Datentypen: Typen, die von einem Modul zur Verfügung gestellt werden, ohne daß ihre Struktur zugreifbar gemacht wird, können entweder *private* sein oder *limited private*. Für einfach private Typen sind die Zuweisungsoperation und Prüfung auf Gleichheit bzw. Ungleichheit definiert, für eingeschränkte private Typen hingegen nicht. Eingeschränkte private Typen können von dem Benutzer des Moduls daher lediglich zur Deklaration von Variablen benutzt und als Parameter an Prozeduren und Funktionen übergeben werden. (vgl. Abschn. 3.3)

Darüberhinaus bietet Ada mit der *Top-Down-Modularisierung* ein Konzept, das den Entwickler vom Zwang befreit, für jeden Modul einen eigenen Bereich der Sichtbarkeit von Bezeichnern zu schaffen. Durch Verwendung des Schlüsselwortes *separate* können Programmeinheiten ebenso außerhalb des Kontextes ihrer Verwendung übersetzt werden wie der Kontext übersetzt werden kann, ohne daß alle Details aller Programmeinheiten voll ausformuliert sein müssen. Diese Unterstützung des Entwurfsprinzips der schrittweisen Verfeinerung eröffnet Modularisierungsmöglichkeiten, die über die von Modula-2 gebotenen hinausgehen.

6.1.2 Das Problem der strengen Typbindung

Die strenge Typbindung moderner Programmiersprachen, die von Informatikern in der Regel eher positiv bewertet wird, wirft im Zusammenhang mit der Modularisierung Probleme auf, nämlich dann, wenn ein Modul allgemeine Dienstfunktionen bereitstellen und dabei auf Datentypen operieren soll, die bei seiner Übersetzung noch nicht definiert sind. Bei der Simulation tritt dieses Problem z. B. dann auf, wenn ein allgemein verwendbares Modul für Warteschlangenverwaltung entwickelt werden soll. Ein solches Modul sollte unabhängig von dem Typ der in die Warteschlange einzureihenden Objekte sein.

In Modula-2 stehen spezielle maschinennahe Datentypen (*WORD*, *BYTE*, *ADDRESS*) zur Verfügung, bei denen die Typprüfung eingeschränkt wird. An formale Parameter vom Typ *ADDRESS* etwa können beliebige Zeigertypen übergeben werden.

Da es in "C" keine Typprüfung über Modulgrenzen hinweg gibt, stellt sich dieses Problem nicht in dieser Form. An eine Funktion, die in einem anderen Quelltext definiert ist, können beliebige aktuelle Parameter übergeben werden, solange diese im

Speicherbedarf mit den formalen Parametern der Funktion übereinstimmen. Die Nicht-Übereinstimmung kann aber nicht vom Übersetzer festgestellt werden, sondern zeigt sich (im günstigsten Fall) zur Laufzeit durch spontanen Programmabbruch.

Ada bietet das Konzept der generischen Programmeinheiten, denen der jeweilige Datentyp als Parameter übergeben wird. Von den untersuchten Sprachen ist dies sicherlich die konzeptionell sauberste Lösung, da hierbei die Typbindung nicht nur nicht umgangen, sondern sogar weitergeführt wird. So könnte man, um im oben erwähnten Beispiel zu bleiben, verschiedene Typen von Warteschlangen für verschiedene einzureihende Objekte definieren, indem man die generische Programmeinheit mehrfach inkarniert. Andererseits ist dies eines der Konstrukte, die Ada so komplex und Übersetzer so aufwendig machen.

6.2 Prozeßorientierte Simulation

Von den untersuchten Programmiersprachen bietet allein Ada hochsprachliche Konstrukte zur Erzeugung, Steuerung und Synchronisation (pseudo-) paralleler Prozesse. Auf der Grundlage dieser Konstrukte kann eine Umgebung für prozeß-orientierte Simulation entwickelt werden. Hierbei treten einige Probleme auf:

— Das *TASK*-Konstrukt ist vorgesehen für die Programmierung scheinbar oder (auf Multiprozessor- oder verteilten Systemen) tatsächlich nebenläufiger Prozesse. Darauf beruhende Programmsysteme sind naturgemäß nicht-deterministisch, da die Reihenfolge von Berechnungen, die in verschiedenen Prozessen stattfinden, nicht vorhersagbar ist. In der Simulation hingegen legt man in der Regel Wert auf reproduzierbare Ergebnisse.

— Aufgrund der Blockstruktur und der damit verbundenen Sichtbarkeitsregeln, denen auch Ada-Prozesse unterliegen, kann auf lokale Variablen von Prozessen nicht von außen zugegriffen werden. In der prozeßorientierten Simulation müssen aber verschiedene Prozesse kommunizieren und Daten austauschen können, und die Simulationssteuerung muß Parameter von Prozessen abfragen und verändern können.

— Auch Prozesse unterliegen der Ada eigenen strengen Typbindung. Dadurch wird die Realisierung einer Prozeßsteuerung, die Prozesse verschiedener Typen verwalten können muß, erschwert.

Wie diese Probleme teilweise gelöst werden können, ist in Abschn. 4.3 ausgeführt. Allerdings erforderte die Realisierung einer prozeßorientierten Version unseres Beispielmodells in Ada einen unverhältnismäßig hohen Aufwand sowohl an Speicherplatz als auch an Übersetzungszeit, an Laufzeit und (nicht zuletzt aufgrund der schwierigeren Fehlersuche) an Entwicklungszeit. Insbesondere benötigte ein

Simulationslauf etwa zwölfmal soviel Rechenzeit wie in der ereignisorientierten Version.

Diese Probleme illustrieren auch die Mächtigkeit des Klassenkonzeptes von Simula, die bis heute von imperativen Sprachen unerreicht ist: der Ablauf von Koroutinen ist deterministisch, auf Klassenvariable kann von außen zugegriffen werden, und da alle Prozesse Unterklassen der Klasse *process* sind, können sie gemeinsam mit anderen *process*-Klassen in einer Datenstruktur verwaltet werden.

6.3 Temporäre Objekte

Die Möglichkeit, Datenobjekte (in Ada auch: Prozesse) zur Laufzeit zu erzeugen, ist in allen untersuchten Sprachen gegeben. In Modula-2 und "C" stehen hierfür, ebenso wie für die Freigabe des so belegten Speicherplatzes, Funktionen in Standardbibliotheken zur Verfügung. In "C" muß dabei der Funktion *malloc* der Speicherbedarf des zu erzeugenden Objekts mitgeteilt werden. Allerdings gibt es den Pseudo-Operator *sizeof*, der zu einem Datentyp den Speicherbedarf liefert, so daß auch die *malloc*-Aufrufe portabel programmiert werden können.

Die Vernichtung dynamisch erzeugter Datenobjekte und Prozesse ist in Ada nicht im Sprachkern vorgesehen. Während die Erzeugung von Objekten zur Laufzeit durch das Schlüsselwort *NEW* ausgelöst wird, erfolgt die Vernichtung durch eine generische Prozedur *Unchecked_Deallocation*. Speicherraum für dynamisch erzeugte Prozesse wird von dieser Prozedur ausdrücklich nicht freigegeben, da auch terminierte Prozesse vom Laufzeitsystem weiter verwaltet werden. Da gerade Prozesse naturgemäß viel Speicherplatz benötigen, waren wir gezwungen, eine Freispeicherverwaltung für Prozesse "zu Fuß" zu programmieren, damit unser Modell in der prozeßorientierten Version überhaupt lauffähig wurde.

6.4 Ein- / Ausgabeformatierung

Die Programmierung von Ein- und Ausgaben ist in Modula-2 relativ umständlich. Es gibt unterschiedliche Ein- und Ausgabeprozeduren für jeden der elementaren Datentypen. Einige dieser Prozeduren haben nur unzureichende Formatoptionen. So kann etwa bei *WriteReal* zwar die Breite des Ausgabefeldes angegeben werden, nicht aber die Zahl der Vor- und Nachkommastellen.

Der Zwang verschiedene Ein- / Ausgabeprozeduren für verschiedene Datentypen zu verwenden, ergibt sich zwangsläufig aus der strengen Typbindung[1]. Auch in Ada gibt es daher diese unterschiedlichen Prozeduren. Allerdings erlaubt das Konzept des Überladens (*Overloading*), für all diese Prozeduren den gleichen Namen zu verwenden. Auch sind die Ausgabeprozeduren (*put*) mit einem vollständigen Satz von Formatoptionen ausgestattet.

Unangenehm aufgefallen sind einige sehr restriktive Prozeduren in der Standardbibliothek. So müssen z. B. Zeichenketten stets in der der Deklaration entsprechenden Länge eingegeben werden; es genügt nicht, nur die tatsächlich benötigten Zeichen einzugeben und die Eingabe mit der *Return*-Taste abzuschließen. Ein weiteres Beispiel ist die Prozedur, die eine Gleitkommazahl einlesen soll: sie akzeptiert keine Eingabe ohne Dezimalpunkt. Wird eine Zahl ohne Dezimalpunkt eingegeben, so bricht die Prozedur aber nicht etwa mit einer Fehlermeldung ab, sondern geht beim ersten nichtnumerischen Zeichen, das sie ja nicht verarbeiten kann, in einen Wartezustand über, der nicht mehr verlassen wird.

Zur Überwindung dieser Schwächen mußten wir sowohl in Modula-2 als auch in Ada eigene Ein- / Ausgabeprozeduren schreiben, die Fehlerbehandlung und Formatierung in der benötigten Form realisierten.

Von den untersuchten Sprachen bietet "C" die komfortabelsten Möglichkeiten zur Gestaltung der Ein- und Ausgabe. Die Funktion *printf* für die Ausgabe auf den Standardausgabekanal (bzw. *fprintf* für die Ausgabe auf einen beliebigen Kanal) akzeptiert beliebig viele Argumente. Das erste Argument ist eine Zeichenkette (Formatstring), die an beliebigen Stellen Platzhalter mit Formatierungsangaben enthält. Die Platzhalter werden durch die folgenden Argumente ersetzt und dabei gegebenenfalls entsprechend den Formatierungsangaben mit Leerzeichen aufgefüllt. Anschließend wird die so aufbereitete Zeichenkette ausgegeben.

Ähnlich funktioniert die Eingabefunktion *scanf* (bzw. *fscanf*). Der Formatstring sollte dabei sinnvollerweise außer den Platzhaltern nur Leerzeichen enthalten. Letztlich ist er nur erforderlich, damit die Eingabefunktion erkennen kann, wie viele Werte welcher Datentypen in welcher Reihenfolge einzulesen sind.

Leider sind die Ein- / Ausgabefunktionen in "C" bei allem Komfort auch sehr fehleranfällig: der Übersetzer prüft nicht, ob die im Formatstring enthaltenen Platzhalter mit der Anzahl, der Reihenfolge und den Datentypen der übrigen Argumente übereinstimmen.

In allen drei Sprachen kann die Ein- und Ausgabe auf einfache Weise auf einen beliebigen Kanal umgeleitet werden. In Modula-2 und Ada stehen hierfür Standard-

---

[1] Die bekannte *write*-"Prozedur" in Pascal z. B. könnte nicht in Pascal selbst formuliert werden. Vielmehr löst der Übersetzer die *write*-Anweisung in ggf. mehrere Aufrufe der entsprechenden verschiedenen Ausgabeprozeduren auf.

prozeduren (*OpenOutput* bzw. *Set_Output*) zur Verfügung, in "C" Standardvariable (*stdout* u. a.), denen beliebige Kanäle zugewiesen werden können.

Eine ähnliche Variationsbreite wie bei den allgemein verwendbaren Programmiersprachen gibt es hinsichtlich der Ein- / Ausgabemöglichkeiten der niederen Simulationssprachen. Simscript etwa erlaubt – ähnlich wie "C" – die Angabe von Ausgabemustern mit Platzhaltern für einzutragende Werte. Simula hingegen verwendet – ähnlich wie Modula-2 – einzelne Ausgabeprozeduren, die jedoch nicht unmittelbar ausgeben, sondern die auszugebenden Werte in einen Puffer schreiben, der mit einem weiteren Prozeduraufruf dann ausgegeben werden kann.

6.5 Verständlichkeit von Quelltexten

Die Verständlichkeit der Konstrukte einer Programmiersprache kann aus sehr unterschiedlichen Blickwinkeln untersucht werden. Simulationsprogramme werden oft von Personen mit relativ geringer Programmiererfahrung erstellt. Hier sind daher leicht erlernbare und handhabbare Sprachen gefordert. Um Simulationsprogramme pflegen und präsentieren zu können, benötigt man Sprachen, in denen auch komplexe Programme lesbar und möglichst weitgehend selbstdokumentierend geschrieben werden können.

Diese Ziele und die daraus resultierenden Bewertungskriterien für die Verständlichkeit einer Programmiersprache können durchaus in Konflikt zueinander stehen. So fördert die Redundanz programmiersprachlicher Konstrukte im allgemeinen die Lesbarkeit von Programmen, die Handhabung der Sprache dagegen kann durch eine umständliche, an natürliche Sprache angelehnte Syntax oder eine zu große Auswahl (beinahe) äquivalenter Formulierungen erschwert werden.

Modula-2 kann aufgrund seiner wenigen, klaren und einfachen Konzepte relativ schnell erlernt und beherrscht werden. Der Sprache "C" liegen zwar ähnlich einfache Konzepte zugrunde, die knappe Syntax ist aber gewöhnungsbedürftig. Die oft allzu kompakten Formulierungen und der weitgehende Verzicht auf Schlüsselworte zugunsten von Operatorsymbolen verringern auch die Lesbarkeit von "C"-Programmen. Zur Illustration mag die Anweisung

```
while (*a++=*b++);
```

dienen. Sind dabei *a* und *b* als Zeiger auf Zeichen (*char* *) definiert, so kopiert diese Anweisung eine Zeichenkette, auf deren erstes Zeichen *b* anfangs zeigt, in einen Speicherbereich, auf dessen Anfang *a* zeigt. Nachdem jeweils ein Zeichen kopiert wurde (*a=*b) werden beide Zeiger um ein Zeichen weitergeführt (++). Dies wiederholt sich solange, bis das kopierte Zeichen (und damit der Wert des Ausdrucks in den

Klammern) das Nullzeichen ist, das ja in "C" als Terminatorzeichen für Zeichenketten verwendet wird (während 0 im Bedingungsteil der *while*-Anweisung als "logisch falsch" interpretiert wird). Da dieser gesamte Ablauf im Schleifenkontrollausdruck formuliert werden kann, besteht der Schleifenrumpf nur aus der leeren Anweisung (;). Wenn man versucht ein äquivalentes Programmstück etwa in Modula-2 oder Ada zu formulieren, erhält man zwar längeren Code, der dafür aber auch intuitiv verständlich sein dürfte. Darüber hinaus kann in "C" aufgrund mangelnder Redundanz leicht durch versehentliches Auslassen oder Hinzufügen eines einzelnen Zeichens ein syntaktisch korrektes Programmstück mit einer völlig anderen Semantik entstehen (z. B. *a+=*b++*).

Die Konzeption und Entwicklung von Ada hatte eine einheitliche Programmiersprache für eine Vielzahl unterschiedlichster Anwendungen zun Ziel. Entstanden ist daher eine sehr komplexe Sprache, deren Konzepte und Konstrukte zum Teil schwer verständlich sind. Sowohl das Erlernen der Sprache und die Erstellung von Programmen als auch das Verstehen dieser Programme sind daher bei Ada schwieriger als etwa bei Modula-2 oder "C".

In Modula-2 geschriebene Programme dokumentieren sich weitgehend selbst: den einfachen Konzepten entsprechen Konstrukte mit klarer Syntax und natürlichsprachlichen Schlüsselworten. Die Wechselwirkungen zwischen verschiedenen Modulen werden klar beschrieben.

Die fehlende Schnittstellenbeschreibung ist in dieser Hinsicht der größte Mangel von "C". Außerdem sind hier automatische Typumwandlungen und abermals die knapp gehaltene Syntax zu erwähnen.

Für Ada ist das Urteil zwiespältig. Es gibt Konzepte und Konstrukte, die den Grad der Selbstdokumentation über das Maß von Modula-2 hinausheben, wie etwa die Ausnahmenbehandlung, die klareren Bezeichnungen der Parameterarten (*IN, OUT, IN OUT*) und die jeweils paarweise zusammengehörenden Anweisungsklammern *LOOP / END LOOP, IF / END IF* usw., während hingegen durch Synonymbildung (*Renaming*), Default-Werte für Unterprogrammparameter und *USE*-Klauseln die Bedeutung einzelner Programmformulierungen verschleiert werden kann. Die letzteren Formulierungsmöglichkeiten stellen wohl auch eher ein Zugeständnis an die Bequemlichkeit der Programmierer dar.

6.6 Verfügbarkeit von Übersetzern

Modula-2 und "C" können aufgrund des kleinen Sprachumfangs leicht implementiert werden; es existieren portable Übersetzer. Die Verbreitung dieser Sprachen ist daher hoch und wachsend. Dementsprechend sind auch die Kosten für die Anschaffung eines Übersetzers relativ gering.

Übersetzer für Ada sind aufgrund des großen Sprachumfangs und aufwendiger Konstrukte – wie generische Programmeinheiten oder Prozesse – sehr komplexe Softwaresysteme. Teilimplementationen (*Subsets*) sind ausdrücklich nicht erlaubt. Ada-Implementationen stellen daher – über die hohen Kosten des Übersetzers hinaus – hohe Anforderungen sowohl an die Hardware (Haupt- und Hintergrundspeicher sowie Rechenleistung) als auch an das Betriebssystem (Speicherverwaltung, Mehrprogramm-betrieb) des Zielrechners. Andererseits steht hinter Ada die politische und wirtschaft-liche Macht des US-amerikanischen Verteidigungsministeriums, das als äußerst umsatz-starker Auftraggeber der EDV-Industrie Ada für künftige Software-Projekte als Implementierungssprache vorgeschrieben hat und dadurch die Verbreitung der Sprache fördert. Insgesamt läßt sich also zum gegenwärtigen Zeitpunkt nichts Endgültiges über die künftige Verfügbarkeit von effizienten Ada-Implementationen sagen.

6.7 Programmierumgebung

Alle in dieser Arbeit besprochenen Programme wurden auf einer VAX-11/780 unter dem Betriebssystem VAX/VMS V4.5 entwickelt.

Als Programmierumgebung für "C" und Modula-2 stand lediglich das VAX-Debug-System zur Verfügung. Es handelt sich hierbei um ein symbolisches Testhilfesystem mit der üblichen 3-Fenster-Technik[1]. Es erlaubt unter anderem, ein zu testendes Programm schrittweise auszuführen und dabei Werte von Variablen zu prüfen und ggf. zu verändern. Dieses Testhilfesystem war auch für Ada nutzbar, wobei auch Ada-Prozesse überwacht und gesteuert werden konnten.

Die Programmierumgebung für Ada war die einzige, die diesen Namen verdiente. Neben dem Übersetzer und dem bereits erwähnten Testhilfeprogramm stand ein Bibliothekssystem zur Verfügung, das die übersetzten Module verwaltet und Abhängig-keiten zwischen verschiedenen Modulen überwacht. Dieses Bibliothekssystem erkennt, welche Module nach einer Programmänderung neu übersetzt und gebunden werden müssen und erleichtert dadurch die Programmpflege erheblich. Darüber hinaus ist für Ada eine portable, in Ada selbst programmierte Programmierumgebung unter dem Namen APSE (Ada Programming Support Environment) in Vorbereitung, die ähnlich streng standardisiert werden soll wie die Sprache selbst. (vgl. u. a. [Ung84], Abschn. I.4)

---

[1] Gemeint ist die Unterteilung des Bildschirms in drei Bereiche (Fenster): je einen zur Darstellung des Dialoges mit dem Testhilfesystem, des Dialoges mit dem zu testenden Programm und des Quelltextes des zu testenden Programmes.

Es muß an dieser Stelle betont werden, daß die Frage der Programmierumgebung eher eine einzelne Implementation als eine Sprache an sich betrifft. So wird die Programmierung in "C" in seiner "natürlichen" Umgebung, dem Betriebssystem UNIX, durch Dienstprogramme wie *make* und *lint* unterstützt, die die Programmentwicklung und -pflege wesentlich vereinfachen. Ebenso gibt es für Modula-2 integrierte Entwicklungssysteme, bei denen Quelltexteditor, Übersetzer, Binde- und Testhilfe-programm unter einer einheitlichen Bedieneroberfläche zusammengefaßt sind.

6.8 Zusammenfassung

Im folgenden wird die in diesem Kapitel dargestellte vergleichende Bewertung der untersuchten Sprachen tabellarisch zusammengefaßt. Diese Tabelle erfaßt *nicht* die Gewichtung der Kriterien untereinander (die herausragende Bedeutung der Modularisierung für diese Arbeit sollte inzwischen deutlich geworden sein). Außerdem sind einige der Kriterien sehr subjektiv (z. B. Erlernbarkeit oder Lesbarkeit), andere

Kriterium	Modula-2	"C"	Ada	Simscript
Modularisierung / Datenabstraktion	+	o	+ +	o
temporäre Objekte	+	o	+	+
Ausgabeformatierung	- -	+	-	+ +
Erlernbarkeit	+ +	o	-	-
Lesbarkeit	+ +	-	+	+
Selbstdokumentation	+	-	+ +	o
Fehleranfälligkeit	+	- -	+ +	-
Effizienz	+ +	+ +	+	- -
Verfügbarkeit	+	+ +	-	+
Programmierumgebung	o	o	+	- -

Abb. 6-1: Kurzbewertung der untersuchten Sprachen

weniger von der untersuchten *Sprache* abhängig als von der zur Verfügung stehenden *Implementation* (z. B. Effizienz oder Programmierumgebung). Die Tabelle kann nicht mehr liefern als einen schnellen, groben Überblick über die verschiedenen Bewertungskriterien. Die untersuchten Sprachen werden dabei exemplarisch Simscript II.5 als Vertreter der niederen Simulationssprachen (des Levels 1; vgl. Kap. 1) gegenübergestellt.

7 Ausblick

Die in dieser Arbeit vorgestellten Simulationsumgebungen, insbesondere für ereignisorientierte Simulation, können sicherlich keinen Anspruch auf Vollständigkeit in dem Sinne erheben, daß sie alle Situationen abdecken würden, mit denen man bei der Implementation eines beliebigen diskreten Simulationsmodelles konfrontiert werden könnte. Sie sollen vielmehr einen Weg aufzeigen, der es erlaubt, Basiskomponenten für die Simulation in modernen Programmiersprachen so zu programmieren, daß auch für die Simulationsmodelle selbst die Vorteile dieser Sprachen genutzt werden können, ohne daß auf die Ausdrucksstärke, wie sie etwa von Simula oder Simscript geboten wird, verzichtet werden muß. Wie zu diesem Zweck die Modularisierung, die von modernen Programmiersprachen immer besser unterstützt wird, eingesetzt werden kann, wurde in den vorausgegangenen Kapiteln beschrieben.

Die Module *EventChain*, *Queue* und *Distributions*, die zusammen unsere Umgebung für ereignisorientierte Simulation bilden, enthalten im wesentlichen nur diejenigen Funktionen, die wir für die Realisierung unseres Beispielmodells benötigten, wenn auch in wiederverwendbarer Form. In diesem Kapitel soll dargestellt werden, welche Erweiterungen möglich oder auch nötig sind, um eine funktional vollständige Simulationsumgebung zu gewinnen.

7.1 Allgemeine Aspekte

Im folgenden sollen zunächst solche Erweiterungsmöglichkeiten dargestellt werden, die sowohl den ereignis- als auch den prozeßorientierten Ansatz betreffen.

7.1.1 Tracing

Oft ist es wünschenswert, die simulierten Abläufe protokollieren zu können. Selbstverständlich kann der Benutzer der Simulationsumgebung ein solches Protokoll selbst erstellen, indem er an allen wichtigen Programmteilen entsprechende Ausgabeanweisungen einfügt. Befriedigender wäre allerdings eine Unterstützung durch die Simulationsumgebung. Diese könnte etwa darin bestehen, daß eine Funktion vorgesehen wird, die einen *Trace-Modus* ein- oder ausschaltet. Im Trace-Modus würden dann alle (oder einige ausgewählte) Operationen auf Objekten, die von der Simulationsumgebung verwaltet werden, selbsttätig protokolliert werden. Dies beträfe insbesondere Operationen auf Warteschlangen und der Ereignisliste.

Ein Problem, das dabei zu lösen wäre, ist, daß die Simulationsumgebung benutzer-definierte Objekte ausgeben können müßte. Um etwa das Einreihen eines Produktions-auftrages in die Warteschlange einer Maschinengruppe ins Protokoll nehmen zu können, müßten sowohl der Auftrag als auch die Warteschlange (bzw. die Maschinen-gruppe, zu der sie gehört) von der Simulationsumgebung bezeichnet werden können.

7.1.2 Automatische Statistik

Eine der herausragenden Eigenschaften von Simscript ist die automatische Führung von Statistik nicht nur für Warteschlangen, sondern für beliebige Modellvariable. Dabei wird durch eine einmalige Anweisung das Simulationssystem veranlaßt, bei jeder Veränderung des Wertes einer Variablen den laufenden Mittelwert, Varianz oder Standardabweichung, oder auch Maximum oder Minimum aller Werte dieser Variablen in anderen, vom Benutzer zu bezeichnenden Variablen abzulegen. Diese Statistik kann wahlweise zeitlich gewichtet (*ACCUMULATE*) oder ungewichtet (*TALLY*) erfolgen.

Eine Simulationsumgebung in einer allgemeinen höheren Programmiersprache könnte für diesen Zweck abstrakte Datentypen *AccumulatedFloat* und *TalliedFloat* (sowie entsprechende ganzzahlige Typen) bereitstellen. Direkte Wertzuweisungen an Variable dieser Typen wären verboten, stattdessen würde eine Prozedur *Assign* aufgerufen werden, die die Zuweisung vornimmt und gleichzeitig für den Benutzer unsichtbar die Statistik fortschreibt. Außerdem würden Abfragefunktionen zur Verfügung stehen, die den aktuellen Wert und die genannten statistischen Auswertun-gen liefern. Statt

```
x := x + 3.5;
```

würde man dann also etwa

```
Assign (x, Value(x) + 3.5);
```

formulieren müssen, um dann später *Mean(x)*, *StdDev(x)*, *Min(x)* oder *Max(x)* abfragen zu können.

7.1.3 Präprozessoren

Bei den beiden genannten möglichen Erweiterungen stellt sich die Frage, ob diese nicht besser durch einen Präprozessor realisiert werden können, der ein Simulations-programm von einer geeignet zu definierenden Spracherweiterung in reines Modula-2, "C" oder Ada übersetzt, als durch einzubindende Module.

Ein solcher Präprozessor könnte etwa die Namen benutzerdefinierter Objekte den Simulationsmodulen als Zeichenketten zur Verfügung stellen, damit diese die Namen im automatisch zu erzeugenden Protokoll verwenden können. Ebenso könnte der Präprozessor Zuweisungen an Variablen, für die automatische Statistik geführt werden soll, in *Assign*-Aufrufe übersetzen.

Der Vorteil eines Präprozessors bestünde darin, daß Simulationsmodelle in einer stärker problemorientierten Sprache formuliert werden könnten, ohne daß die Vorteile der verwendeten Sprache verloren gingen. So bräuchte der Benutzer z. B. nicht mehr selbst zwischen der Zuweisung an eine normale Variable und einer Zuweisung an eine Variable mit automatischer Statistik zu unterscheiden; diese Aufgabe würde der Präprozessor übernehmen.

Auch die erste Version von Simscript war im Prinzip ein Präprozessor für FORTRAN, der simulationsspezifische Konstrukte in FORTRAN-Quelltext übersetzte (vgl. [Mar63][1]). Allerdings waren die Erweiterungen von Simscript gegenüber FORTRAN so umfangreich, daß es durchaus angemessen ist, Simscript – auch in dieser frühen Version – als eigenständige Programmiersprache zu bezeichnen. So bot Simscript etwa die Möglichkeit, Datenobjekte zur Laufzeit zu generieren, in dynamischen Datenstrukturen (*SET*s) zu verwalten und wieder zu vernichten – Konzepte, die für die Simulation von zentraler Bedeutung sind, von FORTRAN aber nicht unterstützt wurden. Im Zuge der weiteren Entwicklung wurden immer mehr FORTRAN-fremde Konzepte in Simscript aufgenommen. Die Effizienz, für die FORTRAN auch heute noch bekannt ist, blieb schließlich auf der Strecke.

Eine solche Entwicklung wäre bei der vorgeschlagenen Vorgehensweise nicht zu befürchten, da in den untersuchten modernen Programmiersprachen im Unterschied zu den älteren die meisten simulationsspezifischen Konstrukte durch Datenabstraktion direkt realisiert werden können. Der Präprozessor würde lediglich einzelne Anweisungen in das Zielprogramm einfügen oder geringfügig abwandeln. Er würde keine sprachfremden Konzepte einführen, sondern lediglich dem Benutzer Tipparbeit abnehmen. Der am weitesten reichende Eingriff in die Zielsprache, den der Präprozessor vornehmen würde, wäre die oben beschriebene Umdefinition des Zuweisungsoperators.

---

[1] Das Wort "Präprozessor" wird hier zwar nicht verwendet. Es finden sich jedoch Aussagen wie "All written SIMSCRIPT source programs ... are translated by SIMSCRIPT into FORTRAN source programs" (S. 96, Unterstreichung im Original), "FORTRAN statements may be interspersed among SIMSCRIPT statements in any desired manner" (S. 64) und "A number of statements such as GO TO, SUBROUTINE, 'THREE-WAY' IF, etc. are the same in SIMSCRIPT as they are in FORTRAN" (S. 65), die das Konzept eines Präprozessors aus Anwendersicht beschreiben.

7.2 Ereignisorientierter Ansatz

7.2.1 Das Modul *EventChain*

Außer der Abfrage des aktuellen Standes der Simulationsuhr, die in diesem Modul
verwaltet wird, stehen hier bisher nur zwei Operationen zur Verfügung: das Eintragen
einer neuen Ereignisnotiz in die Ereignisliste (*Schedule*) und das Abrufen des chrono-
logisch nächsten Ereignisses, verbunden mit dem Entfernen dieses Ereignisses aus der
Ereignisliste (*NextEvent*).

Obwohl dies für einfache Simulationsmodelle wie das Jobshop-Modell ausreicht,
müßte eine vollständige Simulationsumgebung weitergehende Manipulationen auf der
Ereignisliste ermöglichen. So müssen Ereignisnotizen auch wieder aus der Ereignisliste
gestrichen (*Cancel*) oder der Zeitpunkt ihrer Aktivierung nachträglich geändert
(*ReSchedule*) werden können.

Diese zusätzlichen Operationen können ohne allzu großen Aufwand in den Modul
EventChain integriert werden. Um eine zu manipulierende Ereignisnotiz zu identifizieren, braucht lediglich das betroffene Objekt angegeben zu werden. Die Funktion
Cancel bzw. *ReSchedule* würde anhand dieser Information die betreffende Ereignisnotiz
auf der Ereignisliste suchen und die gewünschte Manipulation vornehmen.

Die daraus resultierende Nebenbedingung, daß niemals mehr als ein Ereignis für ein
Objekt auf der Ereignisliste stehen darf, entspricht der Logik der ereignisorientierten
Simulation. Jedes Ereignis verändert den Zustand des Systems und insbesondere des
betroffenen Simulationsobjekts. Es macht keinen Sinn, mehr als ein Ereignis für ein
Objekt im voraus anzusetzen, da bereits das nächste Ereignis die weiteren Voraus-
planungen hinfällig werden lassen könnte. So kann (im Beispielmodell) das Ende der
Bearbeitung eines Auftrages in einer Maschinengruppe erst dann angesetzt werden,
wenn der Auftrag in der Maschinengruppe eingetroffen und seine Bearbeitungszeit
bestimmt worden ist.

7.2.2 Das Modul *Queue*

Das Modul *Queue* in der gegenwärtigen Fassung verwaltet Warteschlangen nach der
FIFO-Strategie (First In – First Out; auch bekannt als FCFS: First Come – First Served)
und führt dabei automatisch Statistik über die Anzahl und Wartezeiten der eingereihten
Objekte. Offensichtliche Erweiterungsmöglichkeiten bestehen in der Unterstützung
weiterer Bedienstrategien und der Bereithaltung weiterer statistischer Daten.

Die Bedienstrategie LIFO (Last In – First Out) kann ohne Änderung der Datenstrukturen implementiert werden. Um eine prioritätsgesteuerte Warteschlangen-

verwaltung zu ermöglichen, müßte dagegen der Verbundtyp *Element* um eine Komponente erweitert werden, die die Priorität des jeweiligen wartenden Objektes angibt. Diese Komponente könnte (im einfachsten Fall) mit dem Wert eines zusätzlichen Eingabeparameters der Prozedur *Insert* besetzt werden. Eleganter wäre es zwar, die Priorität als abfragbares Attribut der Simulationsobjekte zu implementieren. Da die Objekte aber erst im Modell spezifiziert werden, müßte der Anwender die entsprechende Abfragefunktion selbst programmieren und dem Modul *Queue* (z. B. durch einen generischen Parameter) zur Verfügung stellen. Daher ist in diesem Fall der weniger elegante vielleicht doch der bessere Weg.

An zusätzlich bereitzuhaltenden statistischen Daten könnten die Varianz der Warteschlangenlänge oder die Zeitpunkte des Auftretens von Extremwerten wie maximale Warteschlangenlänge oder leere Warteschlange von Interesse sein. Um diese Werte zur Verfügung zu stellen, müßte der Verbundtyp *Header* um entsprechende Komponenten erweitert werden und zusätzliche Abfragefunktionen programmiert werden. Bei der Fortschreibung der Statistik in den Prozeduren *Insert* und *Remove* müßten die neuen Felder natürlich ebenfalls berücksichtigt werden.

Schließlich könnte es noch wünschenswert sein, beliebige wartende Objekte direkt manipulieren zu können. Nach dem Einfügen in die Warteschlange durch die Prozedur *Insert* sind die wartenden Objekte bis zum Entfernen durch *Remove* dem Zugriff des Anwenders entzogen. Es ist aber denkbar, daß ein wartendes Objekt vorzeitig aus der Warteschlange entfernt, seine Wartezeit abgefragt oder seine Priorität nachträglich geändert werden soll. Zu diesem Zweck müßten die Komponenten des Verbundtyps *Element* in kontrollierter Weise zugreifbar gemacht werden.

7.2.3 Das Modul *Distributions*

Die offensichtlichste Erweiterungsmöglichkeit für das Modul *Distributions* besteht in der Implementation weiterer Verteilungen wie Poisson- oder Gauß- (Normal-) Verteilung. Zur Unterstützung der Modellvalidierung kann auch die Erzeugung antithetischer Zufallszahlen leicht implementiert werden.

Eine konzeptionelle Erweiterung wäre die Einführung *unterschiedlicher* abstrakter Datentypen für unterschiedlich verteilte Zufallszahlenströme. Statt unterschiedlicher Verteilungs*funktionen*, die auf einem einheitlichen Typ von Zufallszahlenstrom arbeiten, hätte man je Verteilung nur noch eine einheitliche Abfragefunktion, die auf einem Verteilungs*typ* arbeitet. Auf diese Weise könnte vermieden werden, daß der Anwender irrtümlich aus einem einzigen Strom Zufallszahlen in verschiedenen Verteilungen abruft und damit die stochastische Unabhängigkeit dieser Verteilungen gefährdet. Dieser Ansatz wird offensichtlich von Downes und Bosch in ihrer *Ada Simulation Library* (vgl. [Dow84]) verfolgt.

7.3 Prozeßorientierter Ansatz

Da Ada als einzige der drei untersuchten Sprachen hochsprachliche Konstrukte für die Erzeugung und Ablaufsteuerung von Prozessen zur Verfügung stellt, konnte aus Aufwandsgründen nur in dieser Sprache der prozeßorientierte Ansatz verfolgt werden. Auch dies war nur möglich, weil das Konzept einer Umgebung für prozeßorientierte Simulation im wesentlichen aus der Literatur ([Ung84]) übernommen werden konnte.

Es gibt aber auch in Modula-2 und "C" Konstrukte, die prozeßorientierte Simulation möglich machen. Inwieweit sich diese Konstrukte zum Aufbau eines Simulators eignen, wurde im Rahmen dieser Arbeit nicht untersucht. Wir beschränken uns daher an dieser Stelle darauf, diese Konstrukte kurz darzustellen und auf eventuell folgende Arbeiten zu verweisen.

7.3.1 Modula-2: Die Prozeduren *NEWPROCESS* und *TRANSFER*

Unter den *low level facilities* von Modula-2 im maschinennahen Modul *SYSTEM* findet sich die Definition eines abstrakten Datentyps *PROCESS*. Dieser realisiert eine einfache Koroutinensteuerung und ist durch die beiden Prozeduren *NEWPROCESS* und *TRANSFER* definiert.

NEWPROCESS erzeugt eine neue Inkarnation eines Prozesses. Als Eingabeparameter müssen der Name einer parameterfreien Prozedur, ein allgemeiner Zeiger (*ADDRESS*) und ein ganzzahliger Wert übergeben werden. Die Prozedur stellt die Handlungen des Prozesses dar. Der Zeiger verweist auf einen Speicherbereich, der zuvor durch *Storage.ALLOCATE* reserviert worden und mindestens so groß sein muß, wie der dritte Parameter angibt. Dieser Speicherbereich dient anscheinend zur Aufnahme des lokalen Kellerspeichers (*stack*) des Prozesses. Ausgabeparameter ist eine Variable vom Typ *PROCESS*, über die auf den neu geschaffenen Prozeß zugegriffen wird.

TRANSFER unterbricht die Ausführung des aktuellen Prozesses und übergibt die Kontrolle an einen anderen Prozeß. Das Hauptprogramm und von ihm aufgerufene Prozeduren bilden in diesem Sinne auch einen Prozeß, den "Hauptprozeß". *TRANSFER* hat zwei Parameter vom Typ *PROCESS*. Der erste dient zur Aufnahme des Status des aktuellen Prozesses, der zweite bezeichnet den Prozeß, an den die Kontrolle übergeben werden soll.

Obwohl Koroutinen ein für die prozeßorientierte Simulation geeigneteres Konstrukt sind als echt nebenläufige Prozesse (vgl. Abschn. 6.2), stößt die Konstruktion einer Simulationsumgebung mit Hilfe der hier genannten Konstrukte auf Schwierigkeiten. Da auf die lokalen Variablen eines Prozesses nicht von außen zugegriffen werden kann, sind – wie in Ada – zusätzliche Datenstrukturen für die Speicherung von abfragbaren und von außen manipulierbaren Prozeßattributen nötig. Noch schwerer wiegt das Problem, daß die Größe des für den Prozeß benötigten Speicherplatzes kaum maschinen- und modellunabhängig vorausgesagt werden kann.

7.3.2 "C": Die Funktionen *setjmp* und *longjmp*

Die Laufzeitbibliothek von "C" enthält zwei Funktionen, *setjmp* und *longjmp*, die zusammen ein "nicht-lokales *goto*" realisieren, das ebenso wie die *TRANSFER*-Prozedur in Modula-2 in etwa der *resume*-Anweisung in Simula entspricht. Der Mechanismus ist allerdings noch maschinennäher als in Modula-2.

Die Kopfdatei *setjmp.h* enthält die Definition des Datentyps *jmp_buf*. Dieser dient zur Aufnahme des aktuellen Prozeßstatus und enstpricht damit ungefähr dem abstrakten Datentyp *PROCESS* von Modula-2. *jmp_buf* wird stets als Feld realisiert und wird daher den Funktionen *setjmp* und *longjmp* auch ohne Verwendung des Adreßoperators als Referenzparameter übergeben (vgl. Abschn. 3.2.3.1).

setjmp speichert den aktuellen Prozeßstatus in der als Parameter übergebenen *jmp_buf*-Variablen und liefert immer den Wert 0 zurück.

longjmp restauriert den Prozeßstatus aus der als ersten Parameter übergebenen *jmp_buf*-Variablen. Dadurch wird die Programmkontrolle an die Stelle übergeben, von der aus die *jmp_buf*-Variable durch Aufruf von *setjmp* belegt worden war. Es erfolgt scheinbar eine erneute Rückkehr aus der Funktion *setjmp*, wobei diesmal der übergebene Wert durch den zweiten Parameter von *longjmp* bestimmt wird.

Durch die Anweisung

```
if (setjmp (me) == 0)
        longjmp (him, 1);
```

wird also der aktuelle Prozeßstatus in der *jmp_buf*-Variablen *me* "eingefroren" und die Kontrolle an das Programmstück übergeben, von dem zuletzt *setjmp (him)* aufgerufen worden war (wahrscheinlich durch eine ähnliche Anweisung). Wird von diesem Programmstück aus später *longjmp (me, 1)* aufgerufen, so wird scheinbar zum zweiten Mal aus *setjmp (me)* zurückgekehrt. Da das Ergebnis diesmal *1* ist, wird *longjmp (him, 1)* nicht ausgeführt, sondern die Ausführung mit der der *if*-Anweisung folgenden Anweisung fortgesetzt. Die *if*-Anweisung entspricht also der Anweisung *TRANSFER (me, him)* in Modula-2.

Eine Entsprechung von *NEWPROCESS* läßt sich nicht so einfach in "C" formulieren. Um einen neuen Prozeß zu schaffen, muß man zunächst eine Funktion normal aufrufen. Die Funktion muß dann mit *longjmp* die Kontrolle an den Aufrufer zurückübergeben (dazu muß dieser natürlich zuvor *setjmp* aufgerufen haben). Dadurch bleiben beide Funktionen aktiv und können in das oben beschriebene *if-setjmp-longjmp*-Wechselspiel eintreten.

Ob dieses Konstrukt sich überhaupt für eine komplexe Koroutinensteuerung eignet, wie sie für prozeßorientierte Simulation benötigt wird, ist fraglich. Da die einzigen definierten Operationen das Speichern und das Wiederherstellen des aktuellen Prozeßstatus sind, gibt es keine portable Möglichkeit, Koroutinen eigene, hinreichend große Speicherbereiche für den lokalen Kellerspeicher zur Verfügung zu stellen, um Kollisionen zwischen den Speicherbereichen verschiedener Prozesse zu verhindern. Wenn dieses Problem gelöst ist, dürfte der weitere Aufwand bei der Erstellung einer Simulationsumgebung dem für Modula-2 vergleichbar sein.

7.3.3 Ada: Die Pakete *Simulation* und *Samoa*

Im Gegensatz zur ereignisorientierten Simulationsumgebung stellt das Paket *Simulation* eine in sich geschlossene und "fertige" Umgebung für prozeßorientierte Simulation dar. Neben Fehlerkorrekturen haben wir die Vorlage aus [Ung84] erweitert, indem wir die Prozeßattribute um eine anwenderdefinierte Komponente ergänzt haben (vgl. Abschn. 4.3).

Weitere Erweiterungen sind denkbar, sollen hier aber nicht näher beschrieben werden, da sie sich von den oben beschriebenen Erweiterungsmöglichkeiten der ereignisorientierten Umgebung nicht wesentlich unterscheiden (z. B. automatische Statistik, alternative Warteschlangenstrategien) und den Kern des Paketes und der prozeßorientierten Simulation, nämlich die Verwaltung und Ablaufsteuerung der Prozesse nicht betreffen.

Es sind aber auch noch stärker problemorientierte Simulationsumgebungen denkbar. Als Beispiel mag hier das Paket *SAMOA* dienen, das in [Ung84]˙ neben *Simulation* vorgestellt wird und der Simula-Klasse *Demos* (vgl. [Bir79]) nachgebildet wurde. Dies Paket stellt dem Benutzer drei verschiedene Konzepte für die Prozeßsynchronisation – Ressourcen-Wettbewerb, Produzenten-Konsumenten-Verhältnisse und Bediensysteme – zur Verfügung, die verwendet werden können, um das gegenseitige Passivieren und Aktivieren verschiedener Prozesse auf höherem Abstraktionsniveau zu beschreiben. Letztlich werden all diese Konstrukte intern auf Operationen zurückgeführt, die denen von *Simulation* entsprechen; der Anwender kann aber sein Modell durch problemnähere Konstrukte beschreiben.

Anhänge: Programmtexte

```modula2
DEFINITION MODULE EventChain;
(**************************)

(******************************************************************************)
(*                                                                            *)
(*      Dateiname:              EVENTCHAIN.DEF                                 *)
(*                                                                            *)
(*      Erstellungsdatum:       07.06.1986                                    *)
(*      letzte Aenderung:       10.04.1987                                    *)
(*                                                                            *)
(*      Autoren:                Rolf Boelckow, Andreas Heymann,               *)
(*                              Ralf Kadler,   Hansjoerg Liebert              *)
(*                                                                            *)
(*      Programmiersprache:     Modula-2                                      *)
(*      Programminhalt:         Ereignislistenverwaltung und Zeitfuehrung     *)
(*                              fuer die ereignisorientierte Simulation       *)
(*                                                                            *)
(******************************************************************************)

FROM SYSTEM IMPORT ADDRESS, BYTE;      (* BYTE ist eine Erweiterung des VAX- *)
                                       (* Modula-Systems gegenueber Wirth !  *)


EXPORT QUALIFIED Schedule, NextEvent, Time, CurrentTime;


TYPE
    EventType = BYTE;           (* Im Hauptprogramm vom Benutzer zu definieren- *)
                                (* der Aufzaehlungstyp mit max. 255 Elementen ! *)

    RefEntity = ADDRESS;        (* vom Benutzer zu definierender Objektverweis  *)

    Time = REAL;                (* Zeitbasis des Simulationssystems             *)


    PROCEDURE CurrentTime () : Time;
    (*------------------------------*)
        (* aktuelle Simulationszeit *)


    PROCEDURE Schedule (Event : EventType; Entity : RefEntity; t : Time);
    (*------------------------------------------------------------------*)
        (* Eintrag einer Ereignisnotiz mit Ereignistyp "Event",          *)
        (* Objektverweis "Entity" (ggf. NIL) und Ereigniszeitpunkt "t"   *)
        (* in die Ereignisliste.                                         *)
        (* Bei Zeitgleichheit der Eintraege wird die Prioritaet durch die *)
        (* Definitionsreihenfolge der Elemente in "EventType" festgelegt. *)
        (* Das 1. Element im Aufzaehlungstyp hat die hoechste Prioritaet. *)


    PROCEDURE NextEvent (VAR Event : EventType; VAR Entity : RefEntity);
    (*-----------------------------------------------------------------*)
        (* Entfernen der aktuellen Ereignisnotiz aus der Ereignisliste, *)
        (* Ermitteln des Eventtyps und Uebergabe des Objektverweises    *)
        (* an "Entity";                                                 *)
        (* Fortschreibung der Simulationszeit (CurrentTime);            *)
        (* im Falle einer leeren Ereignisliste wird eine Fehlermeldung  *)
        (* ausgegeben und ein Laufzeitfehler ausgeloest!                *)


END EventChain.
```

```modula2
IMPLEMENTATION MODULE EventChain;
(*******************************)

(***************************************************************************)
(*                                                                       *)
(*       Dateiname:              EVENTCHAIN.MOD                           *)
(*                                                                       *)
(*       Erstellungsdatum:       07.06.1986                              *)
(*       letzte Aenderung:       10.04.1987                              *)
(*                                                                       *)
(*       Autoren:                Rolf Boelckow, Andreas Heymann,         *)
(*                               Ralf Kadler,   Hansjoerg Liebert        *)
(*                                                                       *)
(*       Programmiersprache:     Modula-2                                *)
(*                                                                       *)
(***************************************************************************)

FROM Storage     IMPORT ALLOCATE;
FROM InOut       IMPORT Write, WriteString, WriteLn;
FROM FloatInOut  IMPORT WriteREAL;

TYPE
   RefEventNotice = POINTER TO EventNotice;

   EventNotice =                          (* Ereignisnotiz     *)
      RECORD
         SchedTime : Time;                (* Ereigniszeitpunkt *)
         Kind      : EventType;           (* Ereignisart       *)
         ConsEnt   : RefEntity;           (* Objektverweis     *)
         Next      : RefEventNotice;      (* Verkettung        *)
      END;

VAR
   SystemTime : Time;                   (* aktuelle Simulationssystemzeit       *)

   FreeNotice,                          (* -> Freispeicherliste, handverwaltet *)
   TopOfChain : RefEventNotice;


   PROCEDURE CurrentTime () : Time;
   (*-----------------------------*)
      (* Wert der geschuetzten Variablen *)
      (* SystemTime ausgeben             *)
   BEGIN
      RETURN SystemTime;
   END CurrentTime;
```

```
    PROCEDURE Schedule (Event : EventType; Entity : RefEntity; t : Time);
(*-------------------------------------------------------------------*)
    (* Bereitstellen einer neuen Ereignisnotiz und *)
    (* Eintrag in die Ereignisliste               *)
VAR
    Notice, p1, p2 : RefEventNotice;
BEGIN
    (* neue Ereignisnotiz bereitstellen *)
    IF FreeNotice = NIL THEN
        NEW (Notice)
    ELSE
        Notice     := FreeNotice;
        FreeNotice := FreeNotice^.Next;
    END;
    (* Attribute eintragen *)
    WITH Notice^ DO
        SchedTime := t;
        Kind      := Event;
        ConsEnt   := Entity
    END;

    (* Eintragen in die Ereignisliste : Bei Zeitgleichheit hinter bereits *)
    (* vorhandene Notizen, Prioritaet fallend gemaess Definitionsreihen-  *)
    (* folge der Ereignisse.                                              *)
    (* Die Ereignisliste enthaelt ein DUMMY-Element am Kopf.              *)
    p1 := TopOfChain^.Next;
    p2 := TopOfChain;
    WHILE (p1 # NIL) & (p1^.SchedTime < t) DO
        p2 := p1;
        p1 := p1^.Next
    END;

    (* SchedTime = t , Prioritaet beachten:                 *)
    (* Da "Kind" und "Event" vom Typ BYTE sind, fuer den   *)
    (* nur die Zuweisung definiert ist, muss der Vergleich *)
    (* per Typkonvertierung vorgenommen werden !           *)
    WHILE (p1 # NIL) & (p1^.SchedTime = t)
                    & (CARDINAL(p1^.Kind) <= CARDINAL(Event)) DO
        p2 := p1;
        p1 := p1^.Next
    END;
    p2^.Next     := Notice;
    Notice^.Next := p1
END Schedule;
```

```modula2
    PROCEDURE NextEvent (VAR Event : EventType; VAR Entity : RefEntity);
    (*-------------------------------------------------------------------*)
        (* Entfernen der aktuellen Ereignisnotiz aus der Ereignisliste, *)
        (* Ermitteln des EventTyps und Uebergabe des ggf. angebundenen  *)
        (* Objekt bzw. Parameterverweises an "Entity".                  *)
        (* Ist die Ereignisliste leer, so wird durch Dereferenzierung   *)
        (* eines NIL-Pointers ein Laufzeitfehler ausgeloest.            *)
        (* Fortschreiben der Simulationszeit.                           *)
    VAR
        Notice : RefEventNotice;
    BEGIN
        Notice := TopOfChain^.Next;   (* 1. Element ist DUMMY *)
        IF Notice = NIL THEN
            (* keine Notiz mehr in der Liste vorhanden ==>      *)
            (* Meldung ausgeben und Laufzeitfehler ausloesen ! *)
            WriteString ("Fehler in Eventchain.NextEvent: ");
            WriteString ("Ereignisliste ist leer zur Zeit t = ");
            WriteREAL   (SystemTime, 10,4);
            WriteLn;
            Entity := NIL;
            Event  := Notice^.Kind;
        END;

        TopOfChain^.Next := TopOfChain^.Next^.Next; (* 1. El. = DUMMY *)

        (* Einfuegen in die Freiliste *)
        Notice^.Next := FreeNotice;
        FreeNotice   := Notice;

        (* Simulationszeit aktualisieren und Werte uebergeben *)
        SystemTime := Notice^.SchedTime;
        Entity     := Notice^.ConsEnt;
        Event      := Notice^.Kind
    END NextEvent;


BEGIN (* -- EventChain -- *)
    SystemTime := 0.0;
    (* Ereignisliste mit DUMMY am Kopf initialisieren *)
    NEW (TopOfChain);
    TopOfChain^.Next := NIL;
    FreeNotice       := NIL
END  EventChain.
```

```
DEFINITION MODULE Queue;
(**********************)

(****************************************************************************)
(*                                                                         *)
(*      Dateiname:            QUEUE.DEF                                     *)
(*                                                                         *)
(*      Erstellungsdatum:     08.06.1986                                   *)
(*      letzte Aenderung:     08.04.1987                                   *)
(*                                                                         *)
(*      Autoren:              Rolf Boelckow, Andreas Heymann,              *)
(*                            Ralf Kadler,   Hansjoerg Liebert             *)
(*                                                                         *)
(*      Programmiersprache:   Modula-2                                     *)
(*      Programminhalt:       Modul fuer Warteschlangenverwaltung mit      *)
(*                            automatischer Statistikfortschreibung        *)
(*                                                                         *)
(****************************************************************************)

FROM SYSTEM      IMPORT ADDRESS;
FROM EventChain IMPORT Time, CurrentTime;

EXPORT QUALIFIED QueueInit, Queue, Insert, Remove, Empty, EntityCount,
                 Length, MaxLength, AvgQueueLength, AvgWaitingTime;

TYPE
    Queue;                      (* Warteschlangendefinition            *)

    RefEntity = ADDRESS;    (* Objektverweis aus dem Hauptprogramm *)


    PROCEDURE QueueInit (VAR Q : Queue);
    (*---------------------------------------*)
        (* (Re-)Initialisierung der Warteschlange "Q".             *)
        (* Nicht-initialisierte W.Schl. fuehren zu Laufzeitfehlern! *)

    PROCEDURE Insert (Entity : RefEntity; Q : Queue);
    (*---------------------------------------------------*)
        (* Einfuegen des Objektverweises "Entity" *)
        (* in die Warteschlange "Q" (FIFO)        *)

    PROCEDURE Remove (VAR Entity : RefEntity; Q : Queue);
    (*--------------------------------------------------------*)
        (* Entfernen des ersten Elements aus der Warteschlange "Q", *)
        (* Uebergabe des Objektverweises an die aufrufende Prozedur. *)
        (* Bei leerer Warteschlange wird "NIL" zurueck-, sowie eine  *)
        (* Fehlermeldung ausgegeben.                                 *)

    PROCEDURE Empty  (Q : Queue) : BOOLEAN;
    (*-------------------------------------------*)
        (* Test auf leere Warteschlange *)

    PROCEDURE Length (Q : Queue) : CARDINAL;
    (*-------------------------------------------*)
        (* aktuelle Laenge der Warteschlange "Q" *)
```

```
    PROCEDURE MaxLength (Q : Queue) : CARDINAL;
(*-------------------------------------------*)
      (* maximale Laenge der Warteschlange "Q" *)

    PROCEDURE AvgQueueLength (Q : Queue) : REAL;
(*-------------------------------------------*)
      (* zeitlich gewichtete mittlere Warteschlangenlaenge; *)
      (* im Fehlerfall Ausgabe von -1.0                     *)

    PROCEDURE AvgWaitingTime (Q : Queue) : REAL;
(*-------------------------------------------*)
      (* mittlere Wartezeit in der Warteschlange "Q"; *)
      (* im Fehlerfall Ausgabe von -1.0               *)

    PROCEDURE EntityCount (Q : Queue) : CARDINAL;
(*-------------------------------------------*)
      (* Anzahl der durch die Warteschlange gelaufenen Objekte *)

END  Queue.
```

```modula2
IMPLEMENTATION MODULE Queue;
(***************************)

(******************************************************************)
(*                                                              *)
(*       Dateiname:          QUEUE.MOD                          *)
(*                                                              *)
(*       Erstellungsdatum:   08.06.1986                         *)
(*       letzte Aenderung:   10.04.1987                         *)
(*                                                              *)
(*       Autoren:            Rolf Boelckow, Andreas Heymann,    *)
(*                           Ralf Kadler,   Hansjoerg Liebert   *)
(*                                                              *)
(*       Programmiersprache: Modula-2                           *)
(*                                                              *)
(******************************************************************)

FROM Storage     IMPORT ALLOCATE;
FROM InOut       IMPORT WriteString, WriteLn;
FROM EventChain  IMPORT Time, CurrentTime;

CONST
    undefined  = -1.0;    (* als Fehlermarke bei Division durch 0 *)
    Start      =  0.0;    (* Startwert der Zeiteintraege          *)

TYPE
    Queue =      POINTER TO Header;

    RefElement = POINTER TO Element;

    Header =                           (* Kopf einer Warteschlange *)
       RECORD
          Length,                         (* aktuelle W.Schl.-Laenge  *)
          MaxLength          : CARDINAL;  (* max. Laenge              *)
          LastAccess         : Time;      (* letzter Zugriff          *)
          EntityCount        : CARDINAL;  (* Anzahl Durchlaeufe       *)
          WSumOfLength       : REAL;      (* gewichtete Laenge        *)
          SumOfWaitingTime   : Time;      (* Summe aller Wartezeiten  *)
          FirstElement,                   (* erstes  W.Schl.-Element  *)
          LastElement        : RefElement; (* letztes W.Schl.-Element  *)
       END;


    Element =                      (* nach aussen unsichtbares W.Schl.-Element *)
       RECORD
          TimeEntered : Time;      (* Zeitpunkt der Einfuegung *)
          Entity      : RefEntity; (* Objektverweis            *)
          Next        : RefElement (* Verkettung               *)
       END;

VAR
    FreeElem : RefElement;         (* Freispeicher-Liste, handverwaltet *)
```

```modula
    PROCEDURE Insert (Entity : RefEntity; Q : Queue);
(*------------------------------------------------------*)
        (* Anfuegen eines Elements mit Objektverweis "Entity" an das Ende *)
        (* der Warteschlange "Q" und Fortschreiben der Statistiken        *)
    VAR
        NewElem, Last : RefElement;
    BEGIN
        (* neues Warteschlangen-Element bereitstellen *)
        IF FreeElem = NIL THEN
            NEW (NewElem)
        ELSE
            NewElem  := FreeElem;
            FreeElem := FreeElem^.Next
        END;

        (* Attribute und modellspez. Objekte anbinden *)
        NewElem^.TimeEntered := CurrentTime ();
        NewElem^.Entity      := Entity;
        NewElem^.Next        := NIL;

        (* Anfuegen an das Ende der Warteschlange *)
        IF Q^.FirstElement = NIL THEN
            Q^.FirstElement := NewElem
        ELSE
            Q^.LastElement^.Next := NewElem
        END;
        Q^.LastElement  := NewElem;

        (* Warteschlangen-Statistik fortschreiben :         *)
        (*   gewichtete Laenge, aktuelle Laenge, max. Laenge,*)
        (*   letzter Zugriff                                *)
        WITH Q^ DO
            WSumOfLength := WSumOfLength +
                            FLOAT (Length) * (CurrentTime () - LastAccess);
            INC (Length);
            IF Length > MaxLength THEN
                MaxLength := Length
            END;
            LastAccess   := CurrentTime ();
        END
    END  Insert;
```

```modula
    PROCEDURE Remove (VAR Entity : RefEntity; Q : Queue);
    (*-----------------------------------------------------*)
        (* Entfernen des 1. Elements aus der Warteschlange "Q",  *)
        (* Uebergabe des Objektverweises an "Entity";            *)
        (* bei leerer Warteschlange wird NIL als Fehlermarke     *)
        (* zurueck- und eine Meldung ausgegeben.                 *)
    VAR
        RemElem : RefElement;
    BEGIN
        IF Q^.FirstElement = NIL THEN
            (* Warteschlange ist leer, Warnung ausgeben : *)
            WriteLn;
            WriteString ("Fehler in Queue.Remove: ");
            WriteString ("Die Warteschlange ist leer !");
            WriteLn;
            Entity := NIL
        ELSE
            (* erstes Element in Freispeicherliste einfuegen, *)
            (* Objektverweis extrahieren                      *)
            Entity           := Q^.FirstElement^.Entity;
            RemElem          := Q^.FirstElement;
            Q^.FirstElement := Q^.FirstElement^.Next;
            RemElem^.Next    := FreeElem;
            FreeElem         := RemElem;
            IF Q^.FirstElement = NIL THEN
                (* Warteschlange wurde leer *)
                Q^.LastElement := NIL;
            END;

            (* Warteschlangen-Statistik fortschreiben :              *)
            (*  Anz. Durchlauefe, Gewichtete Laenge, aktuelle Laenge, *)
            (*  Summe der Wartezeiten, letzter Zugriff                *)
            WITH Q^ DO
                WSumOfLength      := WSumOfLength +
                                     FLOAT (Length) * (CurrentTime() - LastAccess);
                INC (EntityCount);
                DEC (Length);
                SumOfWaitingTime := SumOfWaitingTime + CurrentTime()
                                                     - RemElem^.TimeEntered;
                LastAccess        := CurrentTime();
            END
        END;
    END  Remove;


    PROCEDURE Empty (Q : Queue) : BOOLEAN;
    (*------------------------------------*)
        (* Test auf leere Warteschlange *)
    BEGIN
        RETURN  Q^.Length = 0
    END Empty;
```

```modula2
    PROCEDURE Length (Q : Queue) : CARDINAL;
(*-------------------------------------------*)
      (* aktuelle Warteschlangenlaenge ermitteln *)
    BEGIN
      RETURN  Q^.Length
    END Length;


    PROCEDURE MaxLength (Q : Queue) : CARDINAL;
(*---------------------------------------------*)
      (* max. Warteschlangenlaenge ermitteln *)
    BEGIN
      RETURN  Q^.MaxLength
    END MaxLength;


    PROCEDURE AvgQueueLength (Q : Queue) : REAL;
(*---------------------------------------------*)
      (* Ermitteln der gewichteten Warteschlangenlaenge *)
      (* zuvor: gew. W.Schl.-Laenge aktualisieren       *)
    VAR
      now : Time;
    BEGIN
      now := CurrentTime ();
      WITH Q^ DO
        WSumOfLength := WSumOfLength +
                        FLOAT (Length) * (now - LastAccess);
        LastAccess := now;
        IF now = 0.0 THEN
           RETURN undefined;
        ELSE
           RETURN Q^.WSumOfLength / now;
        END;
      END;
    END AvgQueueLength;


    PROCEDURE AvgWaitingTime (Q : Queue) : REAL;
(*-----------------------------------------------*)
      (* Ermitteln der Summe aller Wartezeiten *)
    BEGIN
      IF Q^.EntityCount = 0 THEN
         RETURN undefined;
      ELSE
         RETURN Q^.SumOfWaitingTime / FLOAT (Q^.EntityCount);
      END;
    END AvgWaitingTime;


    PROCEDURE EntityCount (Q : Queue) : CARDINAL;
(*----------------------------------------------*)
      (* Ermitteln der Anzahl der Durchlaeufe *)
    BEGIN
      RETURN  Q^.EntityCount
    END EntityCount;
```

```modula
    PROCEDURE QueueInit (VAR Q : Queue);
    (*------------------------------------*)
        (* (Re-)Initialisierung der Warteschlange inkl. *)
        (* Freigabe der ggf. noch enthaltenen Eintraege.*)
    BEGIN
        IF Q # NIL THEN
            (* umhaengen der W.Schl.-Eintraege in die Freispeicherliste *)
            IF Q^.LastElement # NIL THEN
                Q^.LastElement^.Next := FreeElem;
                FreeElem := Q^.FirstElement;
            END;
        ELSE
            (* neuen W.Schl.-Kopf erzeugen *)
            NEW (Q);
        END;
        WITH Q^ DO
            Length            := 0;
            MaxLength         := 0;
            LastAccess        := Start;
            EntityCount       := 0;
            WSumOfLength      := 0.0;
            SumOfWaitingTime  := Start;
            FirstElement      := NIL;
            LastElement       := NIL
        END
    END QueueInit;


BEGIN  (* Queue *)
    FreeElem := NIL
END  Queue.
```

```
DEFINITION MODULE Distributions;
(******************************)

(**********************************************************************)
(*                                                                    *)
(*      Dateiname:           DISTRIBUT.DEF                            *)
(*                                                                    *)
(*      Erstellungsdatum:    20.05.1986                              *)
(*      letzte Aenderung:    08.04.1987                              *)
(*                                                                    *)
(*      Autoren:             Rolf Boelckow, Andreas Heymann,         *)
(*                           Ralf Kadler,   Hansjoerg Liebert        *)
(*                                                                    *)
(*      Programmiersprache:  Modula-2                                *)
(*      Programminhalt:      Zufallszahlengenerator (nach [Fri85])   *)
(*                           sowie weitere Verteilungsfunktionen     *)
(*                                                                    *)
(**********************************************************************)

    EXPORT QUALIFIED RandomNumberStream, StreamInit,
                     Random, Exponential, Erlang, Uniform;

    TYPE
        RandomNumberStream;      (* Zufallszahlenstrom *)

    PROCEDURE StreamInit (VAR s : RandomNumberStream; Seed : INTEGER);
    (*------------------------------------------------------------*)
        (* Initialisierung des Zufallszahlenstroms s *)
        (* mit Startwert Seed.                       *)
        (* Bei nicht initialisierten Zufallsstroemen *)
        (* kommt es zu Laufzeitfehlern !             *)
        (* Bei Eingabe von Seed = 0 wird stattdessen *)
        (* ein Defaultwert eingesetzt.               *)

    PROCEDURE Random (s : RandomNumberStream) : REAL;
    (*------------------------------------------------*)
        (* gleichverteilte Zufallszahlen im   *)
        (* Intervall [0,1] mit Zufallsstrom s *)

    PROCEDURE Uniform (Low, High : REAL; s : RandomNumberStream) : REAL;
    (*----------------------------------------------------------------*)
        (* gleichverteilte Zufallszahlen im Intervall [Low, High]  *)
        (* mit Zufallsstrom s                                      *)

    PROCEDURE Exponential (Mean : REAL; s : RandomNumberStream) : REAL;
    (*---------------------------------------------------------------*)
        (* negativ-exponentiell verteilte Zufallszahlen *)
        (* mit Mittelwert Mean und Zufallsstrom s        *)

    PROCEDURE Erlang (Mean : REAL; k : CARDINAL; s : RandomNumberStream) : REAL;
    (*-----------------------------------------------------------------------*)
        (* k-Erlang-verteilte Zufallszahlen           *)
        (* mit Mittelwert Mean und Zufallsstrom s     *)

END Distributions.
```

```modula2
IMPLEMENTATION MODULE Distributions;
(*********************************)

(*****************************************************************************)
(*                                                                         *)
(*      Dateiname:            DISTRIBUT.MOD                                 *)
(*                                                                         *)
(*      Erstellungsdatum:     20.05.1986                                   *)
(*      letzte Aenderung:     08.04.1987                                   *)
(*                                                                         *)
(*      Autoren:              Rolf Boelckow, Andreas Heymann,              *)
(*                            Ralf Kadler,   Hansjoerg Liebert             *)
(*                                                                         *)
(*      Programmiersprache:   Modula-2                                     *)
(*                                                                         *)
(*****************************************************************************)

FROM MathLib0 IMPORT ln;
FROM Storage  IMPORT ALLOCATE;
FROM InOut    IMPORT Write, WriteString, WriteLn;

TYPE
   RandomNumberStream = POINTER TO INTEGER;


   PROCEDURE Random (s : RandomNumberStream) : REAL;
   (*-------------------------------------------------*)
      (* portabler Uniform-[0,1]-Generator nach *)
      (* Maise und Roberts (FORTRAN) bzw.       *)
      (* Sheppard und Friel (Ada)               *)
   CONST
      b2e15 = 32768;  b2e16 = 65536;  b2e24 = 16777216;
      Modulus = 2147483647;  (*  2^31 - 1  *)
   VAR
      Multiplier, High15, High31,
      Low15, LowProduct, Overflow, i : INTEGER;
   BEGIN
      IF s = NIL THEN
         WriteString ("Fehler in Distributions: ");
         WriteString ("Zufallsstrom nicht initialisiert !");
         WriteLn;
         RETURN 0.0;
      END;
      Multiplier := 24112;
      FOR i := 1 TO 2 DO
         High15      :=  s^ DIV b2e16;
         LowProduct  := (s^ MOD b2e16) * Multiplier;
         Low15       := LowProduct DIV b2e16;
         High31      := High15 * Multiplier + Low15;
         Overflow    := High31 DIV b2e15;
         s^ := (((LowProduct - Low15 * b2e16) - Modulus)
               + (High31 - Overflow * b2e15) * b2e16) + Overflow;
         IF s^ < 0 THEN
            s^ := s^ + Modulus;
         END;
         Multiplier := 26143;
      END;
      RETURN  FLOAT (2 * (s^ DIV 256) + 1)  /  FLOAT (b2e24)
   END Random;
```

```modula2
  PROCEDURE Uniform (Low, High : REAL; s : RandomNumberStream) : REAL;
(*------------------------------------------------------------------*)
  BEGIN
     RETURN ((High - Low) * Random (s) + Low)
  END Uniform;


  PROCEDURE Exponential (Mean : REAL; s : RandomNumberStream) : REAL;
(*-------------------------+----------------------------------------*)
  BEGIN
     RETURN - (ln (1.0 - Random(s)) * Mean)
  END Exponential;


  PROCEDURE Erlang (Mean : REAL; k : CARDINAL; s : RandomNumberStream) : REAL;
(*-------------------------------------------------------------------------*)
  VAR
     Sum : REAL;
     i   : CARDINAL;
  BEGIN
     Mean := Mean / FLOAT (k);
     Sum  := 0.0;
     FOR i := 1 TO k DO
        Sum := Sum + Exponential (Mean, s)
     END;
     RETURN Sum
  END Erlang;


  PROCEDURE StreamInit (VAR s : RandomNumberStream; Seed : INTEGER);
(*----------------------------------------------------------------*)
  BEGIN
     NEW (s);
     IF Seed = 0 THEN
        s^ := 2096730329;
     ELSE
        s^ := Seed;
     END;
  END StreamInit;

END Distributions.
```

```
DEFINITION MODULE FloatInOut;
(***************************)

(********************************************************************************)
(*                                                                            *)
(*                                                                            *)
(*      Dateiname:           FLOATINOUT.DEF                                    *)
(*                                                                            *)
(*      Erstellungsdatum:    19.03.1987                                       *)
(*      letzte Aenderung:    08.04.1987                                       *)
(*                                                                            *)
(*      Autoren:             Rolf Boelckow, Andreas Heymann,                   *)
(*                           Ralf Kadler,   Hansjoerg Liebert                  *)
(*                                                                            *)
(*      Programmiersprache:  Modula-2                                          *)
(*      Programminhalt:      Formatierte Ausgabe von REAL-Zahlen mit Vor-      *)
(*                           und Nachkommastellen nach eigener Wahl            *)
(*                           (Erweiterung gegenueber Standard-Modul "InOut") *)
(*                                                                            *)
(********************************************************************************)

EXPORT QUALIFIED WriteREAL;

    PROCEDURE WriteREAL (Num : REAL; Fore, After : CARDINAL);
    (*----------------------------------------------------------*)
        (* Die REAL-Zahl "Num" wird mit "Fore" Vorkomma- und *)
        (* "After" Nachkommastellen ausgegeben.              *)
        (* Beim Typ REAL sind nur 7 Stellen signifikant.     *)
        (* "Num" darf ausserdem den Bereich des Typs INTEGER *)
        (* nicht ueberschreiten, da sonst Vorkommastellen    *)
        (* verloren gehen koennen !                          *)
        (* Ist eine Zahl daher nicht darstellbar, erscheint  *)
        (* eine Anzahl von Sternen in der Ausgabe.           *)
        (* Bei ungenuegender Stellenzahl wird das Format auf *)
        (* eine ausreichende Groesse erweitert.              *)
        (* Das Exponential-Format wird nicht unterstuetzt.   *)

END FloatInOut.
```

```
IMPLEMENTATION MODULE FloatInOut;
(*******************************)

(***********************************************************************)
(*                                                                     *)
(*      Dateiname:              FLOATINOUT.MOD                          *)
(*                                                                     *)
(*                                                                     *)
(*      Erstellungsdatum:       19.03.1987                             *)
(*      letzte Aenderung:       03.04.1987                             *)
(*                                                                     *)
(*                                                                     *)
(*      Autoren:                Rolf Boelckow, Andreas Heymann,        *)
(*                              Ralf Kadler,   Hansjoerg Liebert       *)
(*                                                                     *)
(*                                                                     *)
(*      Programmiersprache:     Modula-2                               *)
(*      Programminhalt:         Formatierte Ausgabe von REAL-Zahlen mit Vor- *)
(*                              und Nachkommastellen nach eigener Wahl. *)
(*                              Um Rundungsfehler weitgehend auszuschliessen, *)
(*                              wird beim Rechnen der VAX-Datentyp H_FLOATING *)
(*                              verwendet.                             *)
(*                                                                     *)
(***********************************************************************)

FROM Conversions IMPORT StringToHFloat, IntToHFloat,
                        HFloatToReal,   RealToHFloat;
FROM InOut       IMPORT Write, WriteInt;
FROM SYSTEM      IMPORT H_FLOATING;


   PROCEDURE WriteREAL (Num : REAL; Fore, After : CARDINAL);
   (*----------------------------------------------------------*)
   CONST
      MaxInt = 2147483647;    (* = 7FFFFFFFH = 2^31-1 *)
   VAR
      i, IntFore, Digit : INTEGER;
      Ten, Factor, RFore, Remainder : H_FLOATING;
   BEGIN
      Ten := StringToHFloat ("10.0");
      (* "Num" auf die gewuenschte Nachkomma- *)
      (* stellenzahl runden:                  *)
      Factor := StringToHFloat ("1.0");
      FOR i := 1 TO After DO
         Factor := Factor / Ten;
      END;
      Remainder := RealToHFloat (Num);
      IF Num < 0.0 THEN
         Remainder := Remainder - StringToHFloat ("0.5") * Factor;
      ELSE
         Remainder := Remainder + StringToHFloat ("0.5") * Factor;
      END;
      Num := HFloatToReal (Remainder);
```

```modula
            (* Vorkommastellen ausgeben :                    *)
            (* funktioniert nur fuer Zahlen <= MAXINT *)
            IF ABS (Num) > FLOAT (MaxInt) THEN
                FOR i := 1 TO Fore + After + 1 DO
                    Write ('*');
                END;
            ELSE
                IntFore := TRUNC (Num);
                IF (Num < 0.0) & (IntFore = 0) THEN   (* Vorzeichen ! *)
                    Write ('-');
                    WriteInt (IntFore, Fore - 1);
                ELSE
                    WriteInt (IntFore, Fore);
                END;
                Write    ('.');

                IF After > 0 THEN
                    (* mindestens eine Nachkommastelle ausgeben *)
                    RFore := IntToHFloat (IntFore);
                    FOR i := 1 TO After DO
                        (* Ziffern um eine Stelle nach links schieben *)
                        (* und die Vorkommaziffer ausgeben.             *)
                        Remainder := (Remainder - RFore) * Ten;
                        Digit     := TRUNC (Remainder);
                        RFore     := IntToHFloat (Digit);
                        WriteInt (ABS (Digit), 1);
                    END;
                END;
            END; (* IF *)
        END WriteREAL;

END FloatInOut.
```

```
MODULE JobShop;
(*************)

(********************************************************************)
(*                                                                *)
(*      Dateiname:            JOBSHOP.MOD                          *)
(*                                                                *)
(*      Erstellungsdatum:     02.06.1986                          *)
(*      letzte Aenderung:     27.07.1987                          *)
(*                                                                *)
(*      Autoren:              Rolf Boelckow, Andreas Heymann,     *)
(*                            Ralf Kadler,   Hansjoerg Liebert    *)
(*                                                                *)
(*      Programmiersprache:   Modula-2                            *)
(*      Programminhalt:       Implementation des "Job-Shop-Modells"*)
(*                            (ereignisorientierter Ansatz)       *)
(*                                                                *)
(********************************************************************)

(********************************************************************

Prozeduren:
    - Initialisation;
          Dialog-Abfrage der Dauer des Simulationslaufs,
          der Maschinenzahl pro Gruppe und der
          Startwerte fuer die Zufallszahlengeneratoren,
          Initialisierung der Warteschlangen,
          Aufbau der Liste fuer die Verarbeitungsreihenfolge (Job Route)

    - Report;
          Protokoll der Eingabedaten und Ausgabe der Simulationsergebnisse

    - SelectEvent;
          Bestimmt das naechste Ereignis und ruft die entsprechende
          Prozedur (CreateJob, Arrive, Depart) auf.

    - SetJobType () : JobType;
          Funktion zur Bestimmung der (0.3 / 0.5 / 0.2) - verteilten
          Auftragsart

    - CreateJob;
          Generiert einen neuen Auftrag (Job), bestimmt dessen Art und
          die Verarbeitungsreihenfolge (Route).

    - Arrive (Job : RefEntity);
          Ein (Teil-)Auftrag kommt bei einer beliebigen Maschinengruppe
          an und wird in deren Warteschlange eingereiht.
          Falls eine Maschine frei ist, wird diese belegt,
          und der Auftrag aus der Warteschlange entfernt,
          anderenfalls wartet der Auftrag auf spaetere Bearbeitung.

    - Depart (Job : RefEntity);
          Wenn die Bedienung beendet ist, wird das Ereignis "Ankunft in der
          naechsten Maschinengruppe" aufgesetzt (sofern das Ende der Route
          noch nicht erreicht ist).
          Bei nichtleerer Warteschlange wird der erste wartende Job entfernt.

*****************************************************************************)
```

```modula
FROM Storage         IMPORT ALLOCATE, DEALLOCATE;
FROM InOut           IMPORT ReadCard , ReadReal, ReadInt,
                            WriteCard, WriteInt, Write, WriteString, WriteLn,
                            OpenOutput, CloseOutput, Done;
FROM FloatInOut      IMPORT WriteREAL;
FROM EventChain      IMPORT Schedule, NextEvent, Time, CurrentTime;
FROM Queue           IMPORT QueueInit, Queue, Insert, Remove, Empty,
                            AvgQueueLength, AvgWaitingTime;
FROM Distributions IMPORT RandomNumberStream, StreamInit,
                            Random, Exponential, Erlang;


CONST
    NJobTypes       = 3;     (* Anzahl der versch. Auftragsarten    *)
    NMachineGroups  = 5;     (* Anzahl der Maschinengruppen         *)
    HoursPerDay     = 8.0;   (* taegl. Arbeitszeit der Maschinen    *)
    MeanArrivalTime = 0.25;  (* Zwischenankunftszeit der Auftraege  *)


TYPE
    EventType  = (NewJob, Arrival, Departure);          (* Ereignisarten  *)
    StreamType = (TypeOfJob, ServTime, ArriveTime);     (* Zufallsstroeme *)
    JobType    = [1..NJobTypes];
    MGroupType = [1..NMachineGroups];
    RefEntity  = POINTER TO JobParams;
    RefRoute   = POINTER TO RouteType;

    JobParams =                         (* Parameter eines Bearbeitungsauftrages *)
        RECORD
            ArrivalTime,                (* Ankunftszeit in einer Maschine *)
            ServiceTime : Time;         (* Bedienzeit   in einer Maschine *)
            Kind        : JobType;      (* Auftragsart                    *)
            Route       : RefRoute;     (* Weg durch den Maschinenpark    *)
        END;

    RouteType =                         (* Listenelement zur Darstellung  *)
        RECORD                          (* der Verarbeitungsreihenfolge   *)
            Group : MGroupType;
            Next  : RefRoute;
        END;

VAR
    Streams : ARRAY StreamType OF RandomNumberStream; (* Zufallsz.stroeme *)
    Seed    : ARRAY StreamType OF INTEGER;            (* Startwerte       *)

    MGroupData : ARRAY MGroupType OF          (* Attribute der Maschinengruppen *)
                RECORD
                    MQueue        : Queue;       (* Warteschlange           *)
                    FreeMachines,                (* z.Z. nicht belegte M.   *)
                    NumOfMachines : CARDINAL;    (* Gesamtmaschinenzahl     *)
                    SumOfServTimes : Time;       (* Summe der Bedienzeiten  *)
                END;

    JobData : ARRAY JobType OF                (* Attribute der Auftragsarten *)
                RECORD
                    Routing       : RefRoute;    (* Weg durch die Maschinen    *)
                    TasksPerJob   : CARDINAL;    (* Anzahl der Teilauftraege   *)
                    SumOfJobDelay : Time;        (* Summe der Wartezeiten      *)
                    JobCount,                    (* Anzahl erzeugter Auftraege *)
                    JobDelayCount : CARDINAL;    (* Anz. verzoegerter Teilauftr.*)
                END;

    SimTime : Time;  (* Gesamtsimulationszeit *)
    MeanServiceTime: ARRAY JobType, MGroupType OF Time; (* mittl. Bedienzeit *)
```

```modula2
(*************************)
(**   Hilfsprozeduren   **)
(*************************)


PROCEDURE Initialisation;
(*----------------------*)
(* Startwerte von Variablen setzen, Eingabedaten lesen *)
VAR
    m : MGroupType;
    j : JobType;
    r : RefRoute;

    PROCEDURE Extend (VAR r : RefRoute;  g : MGroupType);
    (*----------------------------------------------------*)
    (* Verlaengert die Route um Element mit naechster Gruppennummer *)
    VAR
       NewRef, r1 : RefRoute;
    BEGIN
       NEW (NewRef);
       WITH NewRef^ DO
         Group := g;
         Next  := NIL
       END;
       IF r = NIL THEN
          r := NewRef;
       ELSE
          r1 := r;
          WHILE r1^.Next # NIL DO
             r1 := r1^.Next;
          END;
          r1^.Next := NewRef;
       END;
    END Extend;

BEGIN
    WriteString ("      *****************************"); WriteLn;
    WriteString ("      *** Job Shop Simulation ***"); WriteLn;
    WriteString ("      *****************************"); WriteLn;
    WriteLn;

    (* Einlesen der Simulationszeit *)
    WriteString ("Simulationszeit (in Tagen) : ");
    ReadReal (SimTime);
    SimTime :=  SimTime * HoursPerDay ; (* Stunden-Konvertierung *)

    (* Einlesen der Startwerte der Zufallszahlengeneratoren *)
    WriteString ("Seed [JobType]     = ");
    ReadInt (Seed [TypeOfJob]);
    StreamInit (Streams [TypeOfJob], Seed [TypeOfJob]);
    WriteString ("Seed [ServiceTime] = ");
    ReadInt (Seed [ServTime]);
    StreamInit (Streams [ServTime], Seed [ServTime]);
    WriteString ("Seed [ArrivalTime] = ");
    ReadInt (Seed [ArriveTime]);
    StreamInit (Streams [ArriveTime], Seed [ArriveTime]);
```

```modula
    (* Maschinengruppen initialisieren : Einlesen der Maschinenzahl *)
    WriteString ("Anzahl der Maschinen in Gruppe ");   WriteLn;
    FOR m := 1 TO NMachineGroups DO
       WriteCard (m,3); WriteString (": ");
       WITH MGroupData [m] DO
          ReadCard (NumOfMachines);
          FreeMachines := NumOfMachines;
       END;
    END;

    (* Initialisierung der Warteschlangen *)
    FOR m := 1 TO NMachineGroups DO
       WITH MGroupData [m] DO
          QueueInit (MQueue);
          SumOfServTimes  :=  0.0;
       END;
    END;


    (* Attribute der Auftragsarten initialisieren *)
    JobData [1].TasksPerJob := 4;
    JobData [2].TasksPerJob := 3;
    JobData [3].TasksPerJob := 5;

    FOR j := 1 TO NJobTypes DO
       WITH JobData [j] DO
          SumOfJobDelay := 0.0;
          JobCount       := 0;
          JobDelayCount := 0;
       END;
    END;

    (* Verarbeitungsreihenfolge festlegen *)
    (* Typ 1 *)
    Extend(JobData [1].Routing, 3);
    Extend(JobData [1].Routing, 1);
    Extend(JobData [1].Routing, 2);
    Extend(JobData [1].Routing, 5);
    (* Typ 2 *)
    Extend(JobData [2].Routing, 4);
    Extend(JobData [2].Routing, 1);
    Extend(JobData [2].Routing, 3);
    (* Typ 3 *)
    Extend(JobData [3].Routing, 2);
    Extend(JobData [3].Routing, 5);
    Extend(JobData [3].Routing, 1);
    Extend(JobData [3].Routing, 4);
    Extend(JobData [3].Routing, 3);

    (* mittlere Bedienzeiten *)
    MeanServiceTime [1,3] := 0.5 ;  MeanServiceTime [1,1] := 0.6 ;
    MeanServiceTime [1,2] := 0.85;  MeanServiceTime [1,5] := 0.5 ;
    MeanServiceTime [2,4] := 1.1 ;  MeanServiceTime [2,1] := 0.8 ;
    MeanServiceTime [2,3] := 0.75;  MeanServiceTime [3,2] := 1.2 ;
    MeanServiceTime [3,5] := 0.25;  MeanServiceTime [3,1] := 0.7 ;
    MeanServiceTime [3,4] := 0.9 ;  MeanServiceTime [3,3] := 1.0 ;

END Initialisation;
```

```
    PROCEDURE SelectEvent;
    (*--------------------*)
    (* Bestimmung des naechsten Ereignisses   *)
    (* und Aufruf der entspr. Ereignisroutine *)
    VAR
       Event : EventType;
       Job   : RefEntity;
    BEGIN
       NextEvent (Event, Job);
       CASE Event OF
          NewJob    : CreateJob    |
          Arrival   : Arrive (Job) |
          Departure: Depart (Job)
       END
    END SelectEvent;




    PROCEDURE SetJobType () : JobType;
    (*--------------------------------*)
    (* Bestimmung des (0.3 / 0.5 / 0.2) - verteilten Jobtyps *)
    VAR
       p : REAL;
    BEGIN
       p := Random (Streams [TypeOfJob]);
       IF p < 0.3 THEN
          RETURN 1
       ELSIF p < 0.8 THEN
          RETURN 2
       ELSE
          RETURN 3
       END;
    END SetJobType;
```

```modula
(**************************)
(**    Ereignisroutinen   **)
(**************************)


PROCEDURE CreateJob;
(*------------------*)
(* Ereignisse "Ankunft" und "Neuer Auftrag" aufsetzen *)
VAR
    Job : RefEntity;
BEGIN
    NEW (Job);
    WITH Job^ DO
        Kind  := SetJobType();
        Route := JobData [Kind].Routing
    END;
    INC (JobData [Job^.Kind].JobCount);
    Schedule ( Arrival, Job, CurrentTime() );
    Schedule ( NewJob,  NIL, CurrentTime()
                + Exponential (MeanArrivalTime, Streams [ArriveTime]) );
END CreateJob;


PROCEDURE Arrive (Job : RefEntity);
(*--------------------------------*)
(* Ankunft eines (Teil-) Auftrags  *)
(* in einer Maschinengruppe        *)
VAR
    Group : CARDINAL;
BEGIN
    Job^.ArrivalTime := CurrentTime();
    Group := Job^.Route^.Group;
    WITH MGroupData [Group] DO
        (* Auftrag in die Warteschlange einfuegen        *)
        (* -> autom. Fortschreibung der W.Schl.Statistik *)
        Insert (Job, MQueue);
        IF FreeMachines > 0 THEN
            (* mind. 1 Maschine frei, belegen *)
            (* Wartezeit ist hier = 0          *)
            Remove (Job, MQueue);
            DEC (FreeMachines);
            (* Ereignis "Ende der Bedienung" aufsetzen *)
            Job^.ServiceTime := Erlang (MeanServiceTime [Job^.Kind, Group],
                                    2, Streams [ServTime]);
            Schedule ( Departure, Job, CurrentTime() + Job^.ServiceTime );
            INC (JobData [Job^.Kind].JobDelayCount);
        END; (* IF *)
    END; (* WITH *)
END Arrive;
```

```modula
    PROCEDURE Depart (Job : RefEntity);
    (*----------------------------------*)
    (* Ende der Bedienung, Weiterreichen des     *)
    (* Auftrags an die naechste Maschinengruppe *)
    VAR
        Group : CARDINAL;
        WaitingTime : Time;
        NextMachine : RefRoute;
    BEGIN
        NextMachine := Job^.Route^.Next;
        Group       := Job^.Route^.Group;
        (* Bedienzeit des beendeten Teilauftrags protokollieren *)
        WITH MGroupData [Group] DO
            SumOfServTimes := SumOfServTimes + Job^.ServiceTime;
        END;
        IF NextMachine = NIL THEN
            (* alle Teilauftraege erfuellt, Job entfernen *)
            DISPOSE (Job);
        ELSE
            (* Ankunft in naechster Maschinengruppe aufsetzen *)
            Job^.Route := NextMachine;
            Schedule ( Arrival, Job, CurrentTime() );
        END;
        WITH MGroupData [Group] DO
            IF Empty (MQueue) THEN
                (* Maschine freigeben *)
                INC (FreeMachines);
            ELSE
                (* Maschine mit 1. Job aus Warteschlange neu besetzen *)
                Remove (Job, MQueue);
                WaitingTime := CurrentTime() - Job^.ArrivalTime;
                (* Ereignis "Ende der Bedienung" aufsetzen *)
                Job^.ServiceTime := Erlang (MeanServiceTime [Job^.Kind, Group],
                                            2, Streams [ServTime]);
                Schedule ( Departure, Job, CurrentTime() + Job^.ServiceTime );
                (* Statistik , hier Wartezeit > 0 *)
                WITH JobData [Job^.Kind] DO
                    INC (JobDelayCount);
                    SumOfJobDelay := SumOfJobDelay + WaitingTime;
                END;
            END; (* IF *)
        END; (* WITH *)
    END Depart;
```

```modula
(**************************)
(**    Ausgabe-Prozedur    **)
(**************************)


PROCEDURE Report;
(*---------------*)
(* Ausdrucken der Simulationsergebnisse und Statistiken *)
CONST
   undefined = -1.0;   (* als Marke *)
VAR
   MeanOverallJobDelay : Time;
   MeanJobDelay :        ARRAY JobType    OF Time;
   AvgGroupUtilization : ARRAY MGroupType OF REAL;
   TotalJobCount,
   TotalJobDelayCount  : CARDINAL;
   j : JobType;
   m : MGroupType;

   PROCEDURE Space (Num : CARDINAL);
   (*------------------------------*)
   (* rueckt Tabellen um "Num" Blanks ein *)
   VAR
      i : CARDINAL;
   BEGIN
      FOR i := 1 TO Num DO
         Write(' ');
      END;
   END Space;

BEGIN
   (* Meldung auf dem Bildschirm bringen: *)
   WriteString ("JOBSHOP.REPORT: Die Simulationszeit ist abgelaufen.");
   WriteLn;

   (* Umlenken der Ausgabe vom Bildschirm zur externen Ausgabe-Datei  *)
   OpenOutput ("REPORT"); (* der Dateiname wird interaktiv abgefragt! *)
   IF NOT Done THEN
      WriteString ('Datei "REPORT" konnte nicht geoeffnet werden');
      HALT  (* Programm stoppen *)
   END;

   TotalJobCount       := 0;
   TotalJobDelayCount  := 0;
   MeanOverallJobDelay := 0.0;

   (* mittlere Wartezeit fuer jede Auftragsart *)
   FOR j := 1 TO NJobTypes DO
      WITH JobData [j] DO
         IF JobDelayCount = 0 THEN
            MeanJobDelay [j] := undefined;
         ELSE
            MeanJobDelay [j] := SumOfJobDelay * FLOAT(TasksPerJob)
                     / FLOAT(JobDelayCount);
         END;
         INC (TotalJobCount, JobCount);
         INC (TotalJobDelayCount, JobDelayCount);
      END; (* WITH *)
   END;
```

```modula
    (* gewichtete mittlere Wartezeit ueber alle Auftragsarten *)
    IF TotalJobDelayCount = 0 THEN
        MeanOverallJobDelay := undefined;
    ELSE
        FOR j := 1 TO NJobTypes DO
            WITH JobData [j] DO
                IF MeanJobDelay [j] # undefined THEN
                    MeanOverallJobDelay := MeanOverallJobDelay +
                        FLOAT(JobDelayCount) / FLOAT(TotalJobDelayCount) *
                        MeanJobDelay [j];
                END;
            END; (* WITH *)
        END;
    END;

    (* mittlere Auslastung der Maschinengruppen *)
    FOR m := 1 TO NMachineGroups DO
        WITH MGroupData [m] DO
            IF (SimTime # 0.0) & (NumOfMachines > 0) THEN
                AvgGroupUtilization [m] := SumOfServTimes /
                                        (SimTime  * FLOAT (NumOfMachines));
            ELSE
                AvgGroupUtilization [m] := undefined;
            END;
        END;
    END;

    WriteString ("       ***********************************************************");
    WriteString ("************************");  WriteLn;
    WriteString ("       ***      Simulationsmodell eines Produktionssystems    ");
    WriteString ("(JobShop-Modell)     ***");  WriteLn;
    WriteString ("       ***                      Programmiersprache: MODULA / ereignis");
    WriteString ("orientiert             ***");  WriteLn;
    WriteString ("       ***********************************************************");
    WriteString ("************************");  WriteLn;
    WriteLn; WriteLn; WriteLn; WriteLn;
    Space (27);  WriteString ("*********************************");  WriteLn;
    Space (27);  WriteString ("***    Jobshop - Eingaben    ***");  WriteLn;
    Space (27);  WriteString ("*********************************");  WriteLn;
    WriteLn; WriteLn;
    Space (27);  WriteString (" Simulationszeit :");
    WriteREAL (SimTime,5,2); WriteString (" h"); WriteLn;
    Space (27);  WriteString ("--------------------------------");  WriteLn;
    WriteLn; WriteLn;
    Space (27);  WriteString ("Maschinengruppe: 1 2 3 4 5");  WriteLn;
    Space (27);  WriteString ("--------------------------------");  WriteLn;
    Space (27);  WriteString ("Maschinenanzahl:");
    FOR m := 1 TO NMachineGroups DO
        WriteCard ( MGroupData [m].NumOfMachines, 3);
    END;
    WriteLn; WriteLn; WriteLn;

    Space (27);  WriteString ("Zufallsz.-Strom |      Startwert");  WriteLn;
    Space (27);  WriteString ("----------------+--------------");  WriteLn;
    Space (27);  WriteString (" Job-Typen      |");
    WriteInt (Seed [TypeOfJob],12); WriteLn;
    Space (27);  WriteString (" Bedienzeiten   |");
    WriteInt (Seed [ServTime],12); WriteLn;
    Space (27);  WriteString (" Zw.ank.zeiten  |");
    WriteInt (Seed [ArriveTime],12);
    WriteLn; WriteLn; WriteLn;
    WriteLn; WriteLn;
```

```modula
        Space (27);    WriteString ("********************************");    WriteLn;
        Space (27);    WriteString ("***    Jobtypen - Report     ***");    WriteLn;
        Space (27);    WriteString ("********************************");    WriteLn;
        WriteLn; WriteLn;
        Space (27);    WriteString (" Jobtyp | # Jobs | ~ Wartezeit ");    WriteLn;
        Space (27);    WriteString ("--------+--------+--------------");    WriteLn;
        FOR j := 1 TO NJobTypes DO
            Space (27);
            WriteCard (j, 5);    WriteString ("   | ");
            WriteCard (JobData [j].JobCount,6); WriteString (" | ");
            WriteREAL (MeanJobDelay [j],4,3);    WriteString (" h");
            WriteLn;
        END;
        Space (27);    WriteString ("--------+--------+--------------");    WriteLn;
        Space (27);    WriteString (" Gesamt | ");   WriteCard (TotalJobCount, 6);
        WriteString (" | ");
        WriteREAL (MeanOverallJobDelay,4,3); WriteString (" h");
        WriteLn;
        WriteLn; WriteLn; WriteLn; WriteLn;
        Space (27);    WriteString ("********************************");    WriteLn;
        Space (27);    WriteString ("*** Maschinengruppen Report ***");    WriteLn;
        Space (27);    WriteString ("********************************");    WriteLn;
        WriteLn; WriteLn;
        Space (16); WriteString ("Masch-Grp. | ~ W-Schl-Lg. |");
        WriteString (" ~ Auslastung |  ~ Wartezeit"); WriteLn;
        Space (16);WriteString ("-----------+--------------+");
        WriteString ("--------------+-------------");    WriteLn;
        FOR m := 1 TO NMachineGroups DO
            Space (21); WriteInt  (m, 1); WriteString ("      | ");
            WriteREAL (AvgQueueLength (MGroupData [m].MQueue),6,3);
            WriteString ("   |   ");
            WriteREAL ((AvgGroupUtilization [m] * 100.0), 4,2);
            WriteString (" % | ");
            WriteREAL (AvgWaitingTime (MGroupData [m].MQueue),5,3);
            WriteString (" h"); WriteLn;
        END;

        CloseOutput;
    END Report;


BEGIN   (*********************************)
        (* === Hauptprogramm (JobShop) === *)
        (*********************************)
    Initialisation;
    Schedule ( NewJob, NIL, CurrentTime() );
    WHILE CurrentTime() < SimTime DO
        SelectEvent
    END;
    Report;
END JobShop.
```

```c
/*****************************************************************************/
/*                                                                        */
/*      Dateiname:           SIMDEF.H                                      */
/*                                                                        */
/*      Erstellungsdatum:    09.06.1986                                   */
/*      letzte Aenderung:    14.07.1987                                   */
/*                                                                        */
/*      Autoren:             Rolf Boelckow, Andreas Heymann,              */
/*                           Ralf Kadler,   Hansjoerg Liebert             */
/*                                                                        */
/*      Programmiersprache:  "C"                                          */
/*      Programminhalt:      Deklarationen der Funktionen und Datentypen, */
/*                           die von den Modulen                          */
/*                           - EVENTCHN.C                                 */
/*                           - QUEUE.C                                    */
/*                           - DISTRIB.C                                  */
/*                           zur Verfuegung gestellt werden.              */
/*                                                                        */
/*****************************************************************************/


/********************* Schnittstelle zum Modul EVENTCHN.C ********************/
/*                                                                        */
/*  Das Modul verwaltet die Ereignisliste und die Simulationsuhr.         */
/*  Die Funktion Schedule() traegt eine Ereignisnotiz mit den uebergebenen */
/*  Parametern in die Ereignisliste ein.                                  */
/*  Beim Abruf des jeweils naechsten Ereignisses durch NextEvent() wird   */
/*  die Simulationsuhr auf den Ereigniszeitpunkt vorgestellt.             */
/*  Mit CurrentTime() kann der aktuelle Stand der Simulationsuhr abgefragt */
/*  werden.                                                               */
/*  Die Simulationszeit TIME wird durch Gleitkommazahlen repraesentiert.  */
/*                                                                        */
/*****************************************************************************/

typedef float TIME;

extern TIME CurrentTime ();

/*****************************************************************************/
/* Parameter:   keine                                                     */
/* Bemerkungen: Die Funktion liefert den aktuellen Stand der Simulationsuhr */
/*              zurueck.                                                   */
/*****************************************************************************/
```

```c
extern void Schedule ();

/***********************************************************************/
/* Parameter:    Schedule (Ev, Ent, t)                                 */
/*               EVENT  Ev;              Art des Ereignisses            */
/*               ENTITY Ent;            betroffenes Objekt              */
/*               TIME   t;              Zeitpunkt des Ereignisses       */
/* Bemerkungen: Die Funktion traegt das Ereignis Ev, das zum Zeitpunkt t */
/*               eintreten soll und von dem das Objekt Ent betroffen ist, */
/*               in die Ereignisliste ein.                             */
/*               Als EVENT muss ein int- oder enum-Typ uebergeben werden, */
/*               als ENTITY ein Zeigertyp.                             */
/***********************************************************************/

extern void NextEvent ();

/***********************************************************************/
/* Parameter:    NextEvent (Ev, Ent)                                   */
/*               EVENT  *Ev;             Art des Ereignisses            */
/*               ENTITY *Ent;           betroffenes Objekt              */
/* Bemerkungen: Die Funktion liefert in Ev das naechste Ereignis von der */
/*               Ereignisliste, in Ent das betroffene Objekt, entsprechend */
/*               der mit Schedule() angelegten Ereignisnotiz. Die Ereignis- */
/*               notiz wird darauf aus der Ereignisliste entfernt und die */
/*               Simulationsuhr auf den Zeitpunkt des Ereignisses vorgestellt. */
/*               Ist bei Aufruf dieser Funktion die Ereignisliste leer, so */
/*               wird das Programm mit einer Fehlermeldung abgebrochen. */
/***********************************************************************/


/******************** Schnittstelle zum Modul QUEUE.C ******************/
/*                                                                     */
/*   Das Modul verwaltet Warteschlangen nach der FIFO-Strategie. Dabei wird */
/*   eine Reihe statistischer Auswertungen der Bewegungen in der Warteschlange */
/*   zur Verfuegung gestellt.                                          */
/*   Die interne Repraesentation der Warteschlangen bleibt verborgen. Auf */
/*   Warteschlangen wird mittels eines allgemeinen Zeigers QUEUE zugegriffen. */
/*                                                                     */
/***********************************************************************/

typedef char *QUEUE;

extern void q_Init ();

/***********************************************************************/
/* Parameter:    q_Init (q)                                            */
/*               QUEUE *q;              zu (re-) initialisierende Warteschlange*/
/* Bemerkungen: Die Funktion initialisiert die Warteschlange q. Dabei wird */
/*               die interne Datenstruktur aufgebaut und eine leere Warte- */
/*               schlange zurueckuebergeben.                           */
/*               Die Funktion kann auch verwendet werden, um eine Warteschlange*/
/*               fuer einen weiteren Simulationslauf zu re-initialieren. In */
/*               diesem Fall werden lediglich etwaige noch wartende Objekte */
/*               aus der Schange entfernt und die statistischen Zaehler auf */
/*               Null gesetzt.                                         */
/***********************************************************************/
```

```c
extern void q_Insert ();

/***********************************************************************/
/* Parameter:     q_Insert (Entity, q)                                 */
/*                ENTITY Entity;            einzureihendes Objekt       */
/*                QUEUE  q;                 Warteschlange               */
/* Bemerkungen: Die Funktion reiht das Objekt Entity in die Warteschlange */
/*                q ein.                                                */
/***********************************************************************/

extern void q_Remove ();

/***********************************************************************/
/* Parameter:     q_Remove (Entity, q)                                 */
/*                ENTITY *Entity;           wartendes Objekt           */
/*                QUEUE  q;                 Warteschlange               */
/* Bemerkungen: Die Funktion entfernt das am laengsten wartende Objekt aus */
/*                der Warteschlange (FIFO) und liefert es in Entity zurueck. */
/*                Ist die Warteschlange beim Aufruf leer, so wird eine Fehler- */
/*                meldung ausgegeben und ein NULL-Zeiger zurueckuebergeben. */
/***********************************************************************/

extern unsigned q_Length ();

/***********************************************************************/
/* Parameter:     q_Length (q)                                         */
/*                QUEUE  q;                 Warteschlange               */
/* Bemerkungen: Die Funktion liefert die aktuelle Laenge der Warteschlange q. */
/***********************************************************************/

#define q_Empty(q) (q_Length (q) == 0)

/***********************************************************************/
/* Parameter:     q_Empty (q)                                          */
/*                QUEUE  q;                 Warteschlange               */
/* Bemerkungen: Der Makro fragt ab, ob die Warteschlange q leer ist.   */
/***********************************************************************/

extern unsigned q_MaxLength ();

/***********************************************************************/
/* Parameter:     q_MaxLength (q)                                      */
/*                QUEUE  q;                 Warteschlange               */
/* Bemerkungen: Die Funktion liefert die bisher groesste Laenge der Warte- */
/*                schlange q.                                           */
/***********************************************************************/

extern unsigned q_EntityCount ();

/***********************************************************************/
/* Parameter:     q_EntityCount (q)                                    */
/*                QUEUE  q;                 Warteschlange               */
/* Bemerkungen: Die Funktion liefert die Gesamtzahl der Objekte, die die */
/*                Warteschlange q bisher durchlaufen haben, d.h. die    */
/*                sowohl eingereiht als auch wieder entfernt wurden.    */
/***********************************************************************/
```

```c
extern float q_AvgLength ();

/******************************************************************************/
/* Parameter:    q_AvgLength (q)                                              */
/*               QUEUE   q;              Warteschlange                        */
/* Bemerkungen: Die Funktion liefert die zeitlich gewichtete mittlere         */
/*              Laenge der Warteschlange seit der letzten (Re-) Initiali-     */
/*              sierung.                                                       */
/*              Wurden seit der letzten (Re-) Initialiserung noch keine       */
/*              weiteren Operationen auf der Warteschlange ausgefuehrt,        */
/*              so wird als Fehlerwert -1 uebergeben.                          */
/******************************************************************************/

extern float q_AvgWait ();

/******************************************************************************/
/* Parameter:    q_AvgWait (q)                                                */
/*               QUEUE   q;              Warteschlange                        */
/* Bemerkungen: Die Funktion liefert die mittlere Verweildauer (Wartezeit)    */
/*              von Objekten in der Warteschlange q. Objekte, die zum Zeit-    */
/*              punkt des Aufrufes noch warten, werden hiervon nicht erfasst,  */
/*              da ihre Wartezeit ja noch nicht feststeht.                     */
/*              Wurden seit der letzten (Re-) Initialiserung noch keine        */
/*              weiteren Operationen auf der Warteschlange ausgefuehrt,        */
/*              so wird als Fehlerwert -1 uebergeben.                          */
/******************************************************************************/


/******************** Schnittstelle zum Modul DISTRIB.C *********************/
/*                                                                          */
/*  Das Modul verwaltet beliebig viele unabhaengige Stroeme von Pseudo-     */
/*  Zufallszahlen.                                                          */
/*  Auf solche Zufallszahlenstroeme wird mittles des allgemeinen Zeigertyps */
/*  RNSTREAM (fuer Random Number Stream) zugegriffen.                       */
/*                                                                          */
/****************************************************************************/

typedef char *RNSTREAM;

extern void r_Init ();

/******************************************************************************/
/* Parameter:    r_Init (s, n)                                                */
/*               RNSTREAM *s;            Zufallszahlenstrom                    */
/*               long     n;             Startwert                            */
/* Bemerkungen: Die Funktion initialisiert den Zufallzahlenstrom s mit dem    */
/*              Anfangs-Seed-Wert n. Im Falle n=0 wird stattdessen ein        */
/*              Defaultwert verwendet.                                        */
/******************************************************************************/

extern float Random ();

/******************************************************************************/
/* Parameter:    Random (s)                                                   */
/*               RNSTREAM *s;            Zufallszahlenstrom                    */
/* Bemerkungen: Die Funktion liefert eine zwischen 0 und 1 gleichverteilte    */
/*              Zufallszahl aus dem Strom s.                                   */
/******************************************************************************/
```

```c
extern float Uniform ();

/***********************************************************************************/
/* Parameter:    Uniform (Low, High, s)                                          */
/*               float     Low;            Untergrenze                           */
/*               float     High;           Obergrenze                            */
/*               RNSTREAM *s;              Zufallszahlenstrom                     */
/* Bemerkungen: Die Funktion liefert eine zwischen Low und High gleich-          */
/*              verteilte Zufallszahl aus dem Strom s.                           */
/***********************************************************************************/

extern float Exponential ();

/***********************************************************************************/
/* Parameter:    Exponential (Mean, s)                                           */
/*               float     Mean;           Mittelwert                            */
/*               RNSTREAM *s;              Zufallszahlenstrom                     */
/* Bemerkungen: Die Funktion liefert eine um den Mittelwert Mean negativ-        */
/*              exponentialverteilte Zufallszahl aus dem Strom s.                */
/***********************************************************************************/

extern float Erlang ();

/***********************************************************************************/
/* Parameter:    Erlang (Mean, k, s)                                             */
/*               float     Mean;           Mittelwert                            */
/*               unsigned k;               Spezifizierung der Erlangverteilung    */
/*               RNSTREAM *s;              Zufallszahlenstrom                     */
/* Bemerkungen: Die Funktion liefert eine um den Mittelwert Mean k-Erlang-       */
/*              verteilte Zufallszahl aus dem Strom s.                           */
/***********************************************************************************/
```

```c
/***************************************************************************/
/*                                                                         */
/*      Dateiname:              EVENTCHN.C                                  */
/*                                                                         */
/*      Erstellungsdatum:       05.06.1986                                 */
/*      letzte Aenderung:       02.06.1987                                 */
/*                                                                         */
/*      Autoren:                Rolf Boelckow, Andreas Heymann,            */
/*                              Ralf Kadler,  Hansjoerg Liebert            */
/*                                                                         */
/*      Programmiersprache:     "C"                                        */
/*      Programminhalt:         Hilfsmodul fuer ereignisorientierte Simulation */
/*                              Verwaltung der Ereignisliste und der Sim.-Uhr  */
/*                                                                         */
/***************************************************************************/
/*                                                                         */
/*      Die Ereignisliste ist als einfach verkettete Liste von Ereignis-  */
/*      notizen implementiert. Jede Ereignisnotiz enthaelt Angaben ueber   */
/*      die Art des Ereignisses (im Hauptprogramm als Aufzaehlungstyp de-  */
/*      finiert, hier als "unsigned" aufgefasst), das von dem Ereignis     */
/*      betroffene Objekt (Pointer) sowie die Simulationszeit, zu der das  */
/*      Ereignis eintreten soll.                                           */
/*                                                                         */
/***************************************************************************/

#include <stdio.h>

/************************** Typdefinitionen ********************************/

typedef float    TIME;              /* Simulationszeit                    */
typedef unsigned EVENT;             /* Aufzaehlungstyp im Benutzermodell  */
typedef char     *ENTITY;           /* allg. Pointer auf benutzerdef. Obj.*/

/************************** lokale Objekte *********************************/

static struct EventNotice {        /* Datenstruktur fuer Ereignisliste    */
        TIME                SchedTime;   /* Zeitpunkt des Ereignisses      */
        EVENT               Event;       /* Art des Ereignisses            */
        ENTITY              EntConcerned;/* gfls. betroffenes Entity       */
        struct EventNotice *Next;        /* naechste Ereignisnotiz         */
} *EventChain = NULL,              /* eigentliche Ereignisliste            */
  *FreeEvNote = NULL;              /* Freispeicherliste fuer Ereignisnotizen */

static TIME SimTime = 0.0;         /* Simulationsuhr                       */

/********************** extern sichtbare Funktionen ***********************/

TIME CurrentTime ()
{
        return SimTime;
}

/***************************************************************************/

void Schedule (Ev, Ent, t)
EVENT  Ev;
ENTITY Ent;
TIME   t;
{
        register struct EventNotice *NewNotice;
        static   struct EventNotice *CreateNotice ();
        static   int                 LessEq ();
```

```c
        /* Ereignisnotiz erzeugen */
        NewNotice = CreateNotice ();
        NewNotice->Event       = Ev;
        NewNotice->EntConcerned = Ent;
        NewNotice->SchedTime    = t;
        NewNotice->Next         = NULL;

        /* Ereignisnotiz an der richtigen Stelle in Ereignisliste einfuegen */
        if (EventChain == NULL)
                EventChain = NewNotice;
        else {
                register struct EventNotice *p, *q = NULL;

                /* p durchlaeuft die Ereignisliste, q folgt p, solange, bis   */
                /* die richtige Stelle zum Einfuegen gefunden ist.            */
                for (p = EventChain;
                        p != NULL && LessEq (p, NewNotice);
                        p = p->Next)
                            q = p;

                /* NewNotice zwischen q und p einfuegen */
                NewNotice->Next = p;
                if (q == NULL)
                        EventChain = NewNotice;
                else
                        q->Next = NewNotice;
        }
}

/********************************************************************************/

void NextEvent (Ev, Ent)
EVENT  *Ev;
ENTITY *Ent;
{
        register struct EventNotice *ActNotice;

        if ((ActNotice = EventChain) == NULL) {
                /* Ereignisliste ist leer: Fataler Fehler, Programm abbrechen */
                printf ("\007\n*** Fehler in EVENTCHN\\NextEvent: ");
                printf ("Die Ereignisliste ist leer!\n");
                exit (1);
        }
        else {
                /* Simulationszeit weiterfuehren */
                SimTime = ActNotice->SchedTime;

                /* Ereignisart und betroffenes Objekt zurueckgeben */
                *Ev  = ActNotice->Event;
                *Ent = ActNotice->EntConcerned;

                /* Ereignisnotiz streichen und an Freispeicherliste haengen */
                EventChain       = ActNotice->Next;
                ActNotice->Next  = FreeEvNote;
                FreeEvNote       = ActNotice;
        }
}
```

```c
/*************************** lokale Funktionen ****************************/

static struct EventNotice *CreateNotice ()
{
        register struct EventNotice *Temp;

        if (FreeEvNote == NULL)
                Temp = (struct EventNotice *)
                        malloc (sizeof (struct EventNotice));
        else {
                Temp = FreeEvNote;
                FreeEvNote = Temp->Next;
        }

        return Temp;
}

/***********************************************************************/
/* Funktion LessEq: "Vergleich" der beiden Ereignisnotizen *Ev1 und *Ev2.   */
/*    1. Kriterium: Zeitpunkt, zu dem das Ereignis eintreten soll           */
/*    2. Kriterium: Prioritaet (definiert durch Ordnung des enum-Typs EVENT) */
/***********************************************************************/

static int LessEq (Ev1, Ev2)
struct EventNotice *Ev1, *Ev2;
{
        return (Ev1->SchedTime == Ev2->SchedTime) ?
                (Ev1->Event     <= Ev2->Event)     :
                (Ev1->SchedTime <= Ev2->SchedTime);
}
```

```c
/****************************************************************************/
/*                                                                        */
/*        Dateiname:              QUEUE.C                                  */
/*                                                                        */
/*        Erstellungsdatum:       22.05.1986                              */
/*        letzte Aenderung:       14.07.1987                              */
/*                                                                        */
/*        Autoren:                Rolf Boelckow, Andreas Heymann,         */
/*                                Ralf Kadler,   Hansjoerg Liebert        */
/*                                                                        */
/*        Programmiersprache:     "C"                                     */
/*        Programminhalt:         Verwaltung von Warteschlangen           */
/*                                Hilfsmodul fuer ereignisorientierte Simulation  */
/*                                                                        */
/****************************************************************************/
/*                                                                        */
/*        Dieses Modul realisiert den abstrakten Datentyp "Warteschlange".  */
/*        Der Typ "QUEUE", auf dem die hier definierten Funktionen arbeiten  */
/*        wird dem Hauptprogramm durch die Definitionsdatei SIMDEF.H als   */
/*        allgemeiner Pointer ("*char") zur Verfuegung gestellt.          */
/*        Der Typ "ENTITY", der hier als allgemeiner Pointertyp aufgefasst  */
/*        wird, wird im hingegen in Hauptprogramm definiert.              */
/*                                                                        */
/****************************************************************************/

#include <stdio.h>

/************************** Typdefinitionen *******************************/

typedef char *ENTITY;            /* allgemeiner Pointertyp (modellspezifisch)  */
typedef float TIME;              /* Simulationszeit                        */

struct q_Elem {                  /* Warteschlangenelement:                 */
        ENTITY          Entity;                       /* wartendes Objekt         */
        TIME            TimeEntered;                  /* seit wann wartend        */
        struct q_Elem *Next;                          /* naechtes Element         */
};

typedef struct q_Header {        /* Warteschlangenkopf:                    */
        unsigned        Length, MaxLength;   /* akt. und max. Laenge       */
        unsigned        EntityCount;         /* Anzahl durchgelaufener Obj.*/
        TIME            LastAccess;          /* letzter Zugriff            */
        TIME            SumOfWaitingTime;    /* Summe aller Wartezeiten    */
        float           wSumOfLength;        /* Laengensumme (zeitl. gew.) */
        struct q_Elem *First, *Last;         /* Anfang und Ende der Schl.  */
} *QUEUE;

#define q_Empty(q) ((q)->Length == 0)            /* quasi eine Inline-Funktion */

/************************** lokale Objekte ********************************/

static struct q_Elem *FreeElem = NULL;           /* handverwaltete Freiliste   */

/************************** externe Objekte ******************************/

extern TIME CurrentTime();                        /* Simulationsuhr (EVENTCHN.C) */
```

```c
/*************************** extern sichtbare Funktionen *********************/

void q_Init (q)
QUEUE *q;
{
        if (*q == NULL)
                /* neuen Warteschlangenkopf erzeugen */
                *q = (QUEUE) malloc (sizeof (struct q_Header));
        else
                if (! q_Empty (*q)) {
                        /* Warteschlangenelemente freigeben */
                        (*q)->Last->Next = FreeElem;
                        FreeElem = (*q)->First;
                }

        (*q)->Length      = (*q)->MaxLength          = (*q)->EntityCount  = 0;
        (*q)->LastAccess = (*q)->SumOfWaitingTime = (*q)->wSumOfLength = 0.0;
        (*q)->First       = (*q)->Last              = NULL;
}

/*****************************************************************************/

void q_Insert (Entity, q)
ENTITY Entity;
QUEUE  q;
{
        register struct q_Elem *Elem;
        static   struct q_Elem *Make_q_Elem ();

        /* Neues Warteschlangenelement erzeugen */
        Elem = Make_q_Elem();
        Elem->Entity       = Entity;
        Elem->TimeEntered = CurrentTime();
        Elem->Next         = NULL;

        /* Warteschlangenelement hinten anhaengen */
        if (q_Empty (q))
                {
                q->First = Elem;
                q->Last  = Elem;
        }
        else {
                q->Last->Next = Elem;
                q->Last         = Elem;
        }

        /* Warteschlangenstatistik fortschreiben */
        q->wSumOfLength += q->Length * (CurrentTime () - q->LastAccess);
        q->LastAccess = CurrentTime ();
        q->Length++;
        if (q->Length > q->MaxLength)
                q->MaxLength = q->Length;
}
```

```c
/*******************************************************************************/

void q_Remove (Entity, q)
ENTITY *Entity;
QUEUE q;
{
        /* Fehlermeldung, wenn Warteschlange leer */
        if (q_Empty(q)) {
                printf ("\n\007*** Fehler in QUEUE\\q_Remove: ");
                printf ("Zugriff auf leere Warteschlange\n");
                /* NULL-Pointer als Fehlercode zurueckuebergeben */
                *Entity = NULL;
        }
        else {
                static void Kill_q_Elem ();
                register struct q_Elem *Elem;

                /* erstes Element aus Warteschlange herausnehmen */
                Elem = q->First;
                *Entity  = Elem->Entity;
                q->First = Elem->Next;

                /* Warteschlangenstatistik fortschreiben */
                q->wSumOfLength += q->Length * (CurrentTime () - q->LastAccess);
                q->SumOfWaitingTime += CurrentTime () - Elem->TimeEntered;
                q->LastAccess = CurrentTime ();
                q->EntityCount++;
                q->Length--;

                /* Warteschlangenelement vernichten resp. freigeben */
                Kill_q_Elem (Elem);
        }
}

/*******************************************************************************/

unsigned q_Length (q)
QUEUE q;
{
        return q->Length;
}

/*******************************************************************************/

unsigned q_MaxLength (q)
QUEUE q;
{
        return q->MaxLength;
}

/*******************************************************************************/

unsigned q_EntityCount (q)
QUEUE q;
{
        return q->EntityCount;
}
```

```c
/****************************************************************************/

float q_AvgLength (q)
QUEUE q;
{
        q->wSumOfLength += q->Length * (CurrentTime () - q->LastAccess);
        q->LastAccess = CurrentTime ();

        if (q->LastAccess == 0.0)
                return -1.0;                                     /* Fehlerwert */
        else
                return q->wSumOfLength / q->LastAccess;
}

/****************************************************************************/

float q_AvgWait (q)
QUEUE q;
{
        if (q->EntityCount == 0)
                return -1.0;                                     /* Fehlerwert */
        else
                return q->SumOfWaitingTime / q->EntityCount;
}

/***************** lokale Funktionen: Freispeicherverwaltung ***************/

static struct q_Elem *Make_q_Elem ()
{
        register struct q_Elem *Elem;

        if (FreeElem != NULL) {
                Elem     = FreeElem;
                FreeElem = FreeElem->Next;
        }
        else
                Elem = (struct q_Elem *) malloc (sizeof (struct q_Elem));

        return Elem;
}

static void Kill_q_Elem (Elem)
struct q_Elem *Elem;
{
        Elem->Next = FreeElem;
        FreeElem   = Elem;
}
```

```c
/*********************************************************************/
/*                                                                 */
/*      Dateiname:              DISTRIB.C                           */
/*                                                                 */
/*      Erstellungsdatum:       13.05.1986                         */
/*      letzte Aenderung:       26.05.1987                         */
/*                                                                 */
/*      Autoren:                Rolf Boelckow, Andreas Heymann,    */
/*                              Ralf Kadler,   Hansjoerg Liebert   */
/*                                                                 */
/*      Programmiersprache:     "C"                                */
/*      Programminhalt:         Zufallszahlengenerator (nach [Fri85]) */
/*                              sowie weitere Verteilungsfunktionen   */
/*                                                                 */
/*********************************************************************/
/*                                                                 */
/*      Dieses Modul definiert den abstrakten Datentyp "Zufallszahlenstrom". */
/*      Der Typ RNSTREAM ist als "Zeiger auf Integer" definiert. Variablen */
/*      dieses Typs muessen vor Gebrauch initialisiert werden (r_Init). */
/*      Danach stellt der referenzierte Integer den aktuellen Seed-Wert des */
/*      jeweiligen Zufallszahlenstroms dar.                        */
/*      Die Funktion Random() liefert zwischen 0 und 1 gleichverteilte */
/*      Zufallszahlen; die uebrigen Funktionen transformieren diese auf */
/*      andere Verteilungen.                                       */
/*                                                                 */
/*********************************************************************/

#include <stdio.h>
#include <math.h>

/******************** Konstanten- und Typendefinitionen ********************/

typedef long *RNSTREAM;

#define TWO_E_15      32768
#define TWO_E_16      65536
#define TWO_E_24   16777216
#define MODULUS 2147483647      /* 2^31 - 1 */

/********************** extern sichtbare Funktionen **********************/

void r_Init (s, n)
RNSTREAM *s;
long     n;
{
        *s = (RNSTREAM) malloc (sizeof (long));
        /* 0 als Startwert nicht zulassen     */
        /* stattdessen Default-Wert verwenden */
        **s = (n ? n : 2096730329);
}


/*********************************************************************/

float Random (s)
RNSTREAM s;
{
        long Multiplier, High15, High31, Low15, LowProd, OverFlow;

        if (s == NULL) {
                printf ("\007\n*** Fehler in DISTRIB\\Random: ");
                printf ("Zufallszahlenstrom nicht initialisiert");
                return 0.0;
        }
```

```c
        Multiplier = 24112;
        High15 = *s / TWO_E_16;
        LowProd = (*s % TWO_E_16) * Multiplier;
        Low15 = LowProd / TWO_E_16;
        High31 = High15 * Multiplier + Low15;
        OverFlow = High31 / TWO_E_15;
        *s = (((LowProd - Low15 * TWO_E_16) - MODULUS)
                + (High31 - OverFlow * TWO_E_15) * TWO_E_16)
                + OverFlow;
        if (*s < 0)
                *s += MODULUS;

        Multiplier = 26143;
        High15 = *s / TWO_E_16;
        LowProd = (*s % TWO_E_16) * Multiplier;
        Low15 = LowProd / TWO_E_16;
        High31 = High15 * Multiplier + Low15;
        OverFlow = High31 / TWO_E_15;
        *s = (((LowProd - Low15 * TWO_E_16) - MODULUS)
                + (High31 - OverFlow * TWO_E_15) * TWO_E_16)
                + OverFlow;
        if (*s < 0)
                *s += MODULUS;

        return (float) (2 * (*s / 256) + 1) / (float) TWO_E_24;
}

/*******************************************************************************/

float Uniform (Low, High, s)
float    Low, High;
RNSTREAM s;
{
        return (High-Low) * Random (s) + Low;
}

/*******************************************************************************/

float Exponential (Mean, s)
float    Mean;
RNSTREAM s;
{
        return  -Mean * log (1.0 - Random (s));
}

/*******************************************************************************/

float Erlang (Mean, k, s)
float    Mean;
unsigned k;
RNSTREAM s;
{
        float Sum = 0.0;

        Mean = Mean / k;
        while (k--)
                Sum += Exponential (Mean, s);
        return Sum;
}
```

```c
/**************************************************************************/
/*                                                                      */
/*         Dateiname:              JOBSHOP.C                             */
/*                                                                      */
/*         Erstellungsdatum:       12.06.1986                           */
/*         letzte Aenderung:       14.07.1987                           */
/*                                                                      */
/*         Autoren:                Rolf Boelckow, Andreas Heymann,      */
/*                                 Ralf Kadler,   Hansjoerg Liebert     */
/*                                                                      */
/*         Programmiersprache:     "C"                                  */
/*         Programminhalt:         Implementation des Jobshop-Modells   */
/*                                                                      */
/**************************************************************************/
/*                                                                      */
/*         Simuliert wird eine Fertigungsanlage, bestehend aus 5 Gruppen mit */
/*         jeweils unterschiedlich vielen identischen Maschinen. Es gibt 3 Arten */
/*         von Produktionsauftraegen ("Jobs"), die die Maschinengruppen in */
/*         unterschiedlicher Reihenfolge durchlaufen.                   */
/*         Die Simulation dient der Engpassanalyse. Eingabedaten sind daher die */
/*         Anzahlen der Maschinen in den einzelnen Gruppen, Ausgabedaten die */
/*         Wartezeiten der Jobs in den Warteschlangen der Maschinengruppen. */
/*         Die Wartezeiten werden gemittelt nach Maschinengruppen und Jobarten. */
/*                                                                      */
/**************************************************************************/

#include <stdio.h>
#include "simdef.h"         /* Simulationsumgebung verfuegbar machen              */

/******************** Definition der Ereignisarten ********************/

typedef enum {
        NewJob,             /* Erzeugung eines neuen Produktionsauftrages "Jobs" */
        Arrival,            /* Ankunft eines Jobs in einer Maschinengruppe       */
        Departure           /* Ende der Bearbeitung eines Jobs in einer Masch.Gr.*/
} EVENT;

/******************** Definition der Maschinengruppen ********************/

#define nMachineGroups 5 /* Anzahl der Maschinengruppen                          */

struct {                        /* Daten der Maschinengruppen                    */
        unsigned NumOfMachines;    /* Gesamtzahl der Maschinen                   */
        unsigned FreeMachines;     /* Anzahl der freien Maschinen                */
        TIME     SumOfServTimes;   /* Summe aller Bedienzeiten (Statistik)       */
        QUEUE    MQueue;           /* Warteschlange fuer zu bedienende Jobs      */
} MGroupData [nMachineGroups] = {
        {0, 0, 0.0, NULL},
        {0, 0, 0.0, NULL},
        {0, 0, 0.0, NULL},
        {0, 0, 0.0, NULL},
        {0, 0, 0.0, NULL}
};

typedef unsigned GROUP;     /* Typ Maschinengruppe ist nur Index in obigen Array */
                            /* fuer Ein-/Ausgaben werden Indices um 1 erhoeht,   */
                            /* da C bei 0 zu zaehlen beginnt, Menschen bei 1.    */

/*************** Definition der Produktionsauftraege ("Jobs") ***************/

#define nJobTypes 3         /* Anzahl der verschiedenen Job-Arten                */

typedef struct _Route {     /* Weg eines Jobs durch die Maschinengruppen         */
        GROUP           Group;          /* zunaechst anzulaufende Maschinengruppe */
        struct _Route *Next;            /* weitere anzulaufende Maschinengruppen  */
} *ROUTE;
```

```c
struct {                        /* Daten der verschiedenen Job-Arten        */
        unsigned TasksPerJob;   /* Anzahl anzulaufender Maschinengruppen    */
        unsigned JobDelayCnt;   /* Gesamtanzahl angelaufener Maschinengrp.  */
        unsigned JobCount;      /* Gesamtanzahl der Jobs dieses Typs        */
        TIME     SumOfJobDelay; /* Summe aller Wartezeiten                  */
        ROUTE    Routing;       /* Laufzettel fuer Jobs dieses Typs         */
} JobData [nJobTypes] = {
        {4,  0,  0,  0.0,  NULL},   /* Routing wird zur Laufzeit in der     */
        {3,  0,  0,  0.0,  NULL},   /* Funktion Initialize definiert.       */
        {5,  0,  0,  0.0,  NULL}
};

typedef unsigned JOBTYPE;           /* Typ Jobart ist Index in obigen Array     */

typedef struct _JobParams { /* Parameter eines einzelnen Bearbeitungsausftrags*/
        JOBTYPE Kind;           /* Jobart                                       */
        ROUTE   Route;          /* (Rest-) Laufzettel                           */
        TIME    ArrivalTime;    /* Ankunft in der aktuellen Maschinengruppe     */
        TIME    ServiceTime;    /* Bedienzeit in der aktuellen Maschine         */
} *ENTITY;

/****************** Definition der mittleren Bedienzeiten ******************/

TIME MeanServTime [nJobTypes][nMachineGroups] = {/* Job-Art n: durchlaeuft   */
        {0.6,  0.85,  0.5,   0.0,   0.5},        /* Job-Art 0: Grp. 3,1,2,5   */
        {0.8,  0.0,   0.75,  1.1,   0.0},        /* Job-Art 1: Grp. 4,1,3     */
        {0.7,  1.2,   1.0,   0.9,   0.25}        /* Job-Art 2: Grp. 2,5,1,4,3 */
};

/********************** sonstige globale Variablen ************************/

TIME SimTime;                           /* simulierte Gesamtlaufzeit        */
TIME MeanInterArrivalTime = 0.25;       /* mittlere Zwischenankunftzeit     */

RNSTREAM JobTypeStr = NULL,             /* Zufallszahlenstrom fuer Jobtypen */
         ServTimStr = NULL,             /* -''- fuer Bedienzeiten           */
         ArrivalStr = NULL;             /* -''- fuer Zwischenankunftzeiten  */

long     JobTypeSeed,                   /* Startwerte der Zufallszahlen-    */
         ServTimSeed,                   /* stroeme                          */
         ArrivalSeed;

FILE *OutFile;                          /* Textdatei fuer Report-Ausgabe    */
char OutFileName [50];                  /* Name des Ausgabe (Report-) Files */

/*************************** Hauptprogramm ********************************/

main ()
{
        void Initialize ();
        void SelectEvent ();
        void Report ();

        Initialize ();
        Schedule (NewJob, NULL, CurrentTime ()); /* 1. Job ins System schicken*/
        while (CurrentTime () < SimTime)         /* Ereignisse ablaufen lassen*/
                SelectEvent ();
        printf ("\n\n*** JOBSHOP: Die Simulationszeit ist abgelaufen.\n");
        Report ();                               /* Ergebnisse ausgeben      */
}
```

```c
/*************************** Initialisierung ********************************/
void Initialize ()
{
        unsigned i;
        void Extend ();

        printf ("\n                              ****************************");
        printf ("\n                              *** Job Shop Simulation ***");
        printf ("\n                              ****************************\n\n");

        printf ("\n\nDateiname fuer den Simulations-Report [Terminal] ==> ");
        scanf  ("%s", OutFileName);
        OutFile = fopen (OutFileName, "w");
        if (OutFile == NULL) {
                printf ("\007\n\n*** Fehler in JOBSHOP\\Initialize:\n");
                printf ("    Ausgabe-File %s kann nicht geoeffnet werden!\n",
                        OutFileName);
                printf ("    Ausgabe erfolgt ans Terminal ...\n\n\n");
                OutFile = stdout;
        }

        printf ("\n\n                 Simulations-Laufzeit [volle Tage] ==> ");
        scanf ("%f",&SimTime);
        SimTime *= 8;                        /* Umrechnung in Stunden (8-Std-Tage)  */

        printf ("\n\nStartwert des Zufallszahlenstroms fuer Job-Arten ==> ");
        scanf  ("%D", &JobTypeSeed);
        r_Init (&JobTypeStr, JobTypeSeed);

        printf ("\nStartwert des Zufallsstroms fuer Bedienzeiten    ==> ");
        scanf  ("%D", &ServTimSeed);
        r_Init (&ServTimStr, ServTimSeed);

        printf ("\nStartwert des Stroms fuer Zwischenankunftzeiten   ==> ");
        scanf  ("%D", &ArrivalSeed);
        r_Init (&ArrivalStr, ArrivalSeed);

        printf ("\n");
        for (i = 0; i < nMachineGroups; ++i) {
                printf ("\n                    Anzahl der Maschinen ");
                printf ("in Gruppe %2d ==> ",i+1);
                scanf  ("%d", &MGroupData[i].NumOfMachines);
                MGroupData[i].FreeMachines = MGroupData[i].NumOfMachines;
                q_Init (&MGroupData[i].MQueue);
        }

        printf ("\n\n\n");

        /* Festlegung der "Laufzettel" der verschiedenen Job-Arten */
        /* mittels der Funktion Extend (s.u.)                      */
        Extend (&JobData[0].Routing, 2);
        Extend (&JobData[0].Routing, 0);
        Extend (&JobData[0].Routing, 1);
        Extend (&JobData[0].Routing, 4);

        Extend (&JobData[1].Routing, 3);
        Extend (&JobData[1].Routing, 0);
        Extend (&JobData[1].Routing, 2);

        Extend (&JobData[2].Routing, 1);
        Extend (&JobData[2].Routing, 4);
        Extend (&JobData[2].Routing, 0);
        Extend (&JobData[2].Routing, 3);
        Extend (&JobData[2].Routing, 2);
}
```

```c
void Extend (r, g)      /* Laufzettel r um Eintrag g verlaengern */
ROUTE *r;
GROUP g;
{
        register ROUTE NewRoute;

        /* neuen Laufzettel-Eintrag fuer Maschinengruppe g anlegen */
        NewRoute = (ROUTE) malloc (sizeof (struct _Route));
        NewRoute->Group = g;
        NewRoute->Next  = NULL;

        /* neuen Eintrag ans Ende des Laufzettels anhaengen */
        if (*r == NULL)
                *r = NewRoute;
        else {
                register ROUTE r1;

                for (r1 = *r; r1->Next != NULL; r1 = r1->Next);
                r1->Next = NewRoute;
        }
}

/****************** Simulationsablauf: Ereignissteuerung ******************/

void SelectEvent ()
{
        static TIME LastTime = 0.0;
        ENTITY Job;
        EVENT  Ev;
        void CreateJob (), Arrive (), Depart ();

        NextEvent (&Ev, &Job);
        switch (Ev) {
        case NewJob:
                CreateJob ();
                break;
        case Arrival:
                Arrive (Job);
                break;
        case Departure:
                Depart (Job);
                break;
        default:
                printf ("\007\n*** Fehler in JOBSHOP\\SelectEvent: ");
                printf (" ungueltige Ereignisnotiz!\n");
                break;
        }

        /* Simulationsuhr einmal am Tag sichtbar "ticken" lassen      */
        if ((CurrentTime () - LastTime) > 8.0) {   /* Acht Stunden um? */
                printf ("*");                        /* ja --> "TICK"   */
                LastTime += 8.0;
        }
}
```

```c
/******************** Ereignis: Erzeugung eines neuen Jobs ********************/

ENTITY MakeJob ()
{
        ENTITY Job;
        float p;

        /* neuen Job dynamisch erzeugen */
        Job = (ENTITY) malloc (sizeof (struct _JobParams));

        /* Job-Art (und damit auch Route durchs System) festlegen */
        Job->Kind  = (p = Random (JobTypeStr)) < 0.3 ? 0 : (p < 0.8 ? 1 : 2);
        Job->Route = JobData[Job->Kind].Routing;

        JobData[Job->Kind].JobCount++;
        return Job;
}


void CreateJob ()
{
        /* Job erzeugen und seine Ankunft in der ersten Maschgr. ansetzen */
        Schedule (Arrival, MakeJob (), CurrentTime ());

        /* Erzeugung des naechsten Jobs ansetzen */
        Schedule (NewJob, NULL,
                CurrentTime () + Exponential (MeanInterArrivalTime,ArrivalStr));
}


/*********** Ereignis: Ankunft eines Jobs in einer Maschinengruppe ***********/

void Arrive (Job)
ENTITY Job;
{
        GROUP Group;

        Job->ArrivalTime = CurrentTime ();          /* Ankunftszeit notieren   */
        Group = Job->Route->Group;                  /* feststellen, wo wir sind*/
        q_Insert (Job, MGroupData[Group].MQueue);   /* hinten anstellen        */

        if (MGroupData[Group].FreeMachines) {
                /* sofortige Bearbeitung: Maschine belegen */
                q_Remove (&Job, MGroupData[Group].MQueue);
                MGroupData[Group].FreeMachines--;

                /* Bearbeitungsende ansetzen */
                Job->ServiceTime = Erlang (MeanServTime [Job->Kind][Group], 2,
                                        ServTimStr);
                Schedule (Departure, Job, CurrentTime () + Job->ServiceTime);

                /* Wartezeitstatistik; hier: Wartezeit = 0 */
                JobData[Job->Kind].JobDelayCnt++;
        }
}
```

```c
/********* Ereignis: Ende der Bearbeitung eines Jobs in einer Gruppe *********/

void Depart (Job)
ENTITY Job;
{
        GROUP Group;

        /* feststellen, wo wir sind */
        Group = Job->Route->Group;

        /* Bedienzeitstatistik fortschreiben */
        MGroupData[Group].SumOfServTimes += Job->ServiceTime;

        /* naechste Maschinengruppe auswaehlen */
        if ((Job->Route = Job->Route->Next) == NULL)
                /* Laufzettel abgelaufen ==> Job verlaesst das System */
                free (Job);
        else
                /* Ankunft in der naechsten Maschinengruppe ansetzen */
                Schedule (Arrival, Job, CurrentTime ());

        if (q_Empty (MGroupData[Group].MQueue))
                /* Warteschlange leer ==> Maschine freigeben */
                MGroupData[Group].FreeMachines++;
        else {
                TIME WaitingTime;

                /* naechsten Job aus der Warteschlange bearbeiten */
                q_Remove (&Job, MGroupData[Group].MQueue);
                WaitingTime = CurrentTime () - Job->ArrivalTime;

                /* Bearbeitungsende ansetzen */
                Job->ServiceTime = Erlang (MeanServTime[Job->Kind][Group], 2,
                                           ServTimStr);
                Schedule (Departure, Job, CurrentTime () + Job->ServiceTime);

                /* Wartezeitstatistik fortschreiben */
                JobData[Job->Kind].JobDelayCnt++;
                JobData[Job->Kind].SumOfJobDelay += WaitingTime;
        }
}
```

```c
/****************** Report: Ausgabe der Simulationsergebnisse ******************/

void Space (n)
unsigned n;
{
        while (n--)
                fprintf (OutFile, " ");
}

#define UNDEFINED -1.0

void Report ()
{
        float MeanOverallJobDelay = 0.0;
        unsigned TotalJobCount = 0, TotalJobDelayCnt = 0;
        TIME MeanJobDelay [nJobTypes];
        float AvgGroupUtilization [nMachineGroups];
        JOBTYPE Job;
        GROUP Group;
        int i;

        for (Job = 0; Job < nJobTypes; Job++) {
                TotalJobDelayCnt   += JobData[Job].JobDelayCnt;
                TotalJobCount      += JobData[Job].JobCount;
                if (JobData[Job].JobDelayCnt)
                        MeanJobDelay [Job] = JobData[Job].SumOfJobDelay *
                                        (float) JobData[Job].TasksPerJob   /
                                        (float) JobData[Job].JobDelayCnt;
                else
                        MeanJobDelay [Job] = UNDEFINED;
        }

        if (TotalJobDelayCnt) {
                for (Job = 0; Job < nJobTypes; Job++)
                        if (MeanJobDelay [Job] != UNDEFINED)
                                MeanOverallJobDelay += MeanJobDelay [Job] *
                                        (float) JobData[Job].JobDelayCnt   /
                                        (float) TotalJobDelayCnt;
        } else
                MeanOverallJobDelay = UNDEFINED;

        for (Group = 0; Group < nMachineGroups; Group++)
                AvgGroupUtilization[Group] =
                        MGroupData[Group].SumOfServTimes / SimTime /
                        (float) MGroupData[Group].NumOfMachines;

        fprintf (OutFile, "*********************************************");
        fprintf (OutFile, "******************************\n");
        fprintf (OutFile, "***        Simulationsmodell einer Fertigungsanlage ");
        fprintf (OutFile, "     (JobShop-Modell)        ***\n");
        fprintf (OutFile, "***                        Programmiersprache: C - ereignis");
        fprintf (OutFile, "orientiert                   ***\n");
        fprintf (OutFile, "*********************************************");
        fprintf (OutFile, "******************************\n\n\n\n\n");

        Space (24); fprintf (OutFile, "********************************\n");
        Space (24); fprintf (OutFile, "***   JobShop - Eingaben    ***\n");
        Space (24); fprintf (OutFile, "********************************\n\n\n");

        Space (24); fprintf (OutFile, " Simulationszeit : %7.2f h\n", SimTime);
        Space (24); fprintf (OutFile, "-------------------------------\n\n\n");
```

```c
Space (24); fprintf (OutFile, "Maschinengruppe:  1  2  3  4  5\n");
Space (24); fprintf (OutFile, "-------------------------------\n");
Space (24); fprintf (OutFile, "Maschinenanzahl:");
for (Group = 0; Group < nMachineGroups; Group++)
        fprintf (OutFile, "%3d", MGroupData[Group].NumOfMachines);
fprintf (OutFile, "\n\n\n");

Space (24); fprintf (OutFile, "Zufallsz.-Strom |     Startwert\n");
Space (24); fprintf (OutFile, "----------------+--------------\n");
Space (24); fprintf (OutFile, "  Job-Arten     |%12D\n", JobTypeSeed);
Space (24); fprintf (OutFile, "  Bedienzeiten  |%12D\n", ServTimSeed);
Space (24); fprintf (OutFile, "  Zw.ank.Zeiten |%12D\n", ArrivalSeed);
fprintf (OutFile, "\n\n\n\n");

Space (24); fprintf (OutFile, "********************************\n");
Space (24); fprintf (OutFile, "***   Job-Arten - Report    ***\n");
Space (24); fprintf (OutFile, "********************************\n\n\n");

Space (24); fprintf (OutFile, " Jobart | # Jobs | ~ Wartezeit \n");
Space (24); fprintf (OutFile, "--------+--------+-------------\n");
for (Job = 0; Job < nJobTypes; Job++) {
        Space (24);
        fprintf (OutFile, "%5d   | %6d | %8.3fh\n"
                Job+1,
                JobData[Job].JobCount,
                MeanJobDelay[Job]
        );
}
Space (24); fprintf (OutFile, "--------+--------+-------------\n");
Space (24); fprintf (OutFile, " Gesamt | %6d | %8.3f h\n\n\n\n\n",
                TotalJobCount, MeanOverallJobDelay);

Space (24); fprintf (OutFile, "********************************\n");
Space (24); fprintf (OutFile, "*** Maschinengruppen-Report ***\n");
Space (24); fprintf (OutFile, "********************************\n\n\n");

Space (13); fprintf (OutFile, "Masch-Grp. | ~ W-Schl-Lg. |");
            fprintf (OutFile, " ~ Auslastung |  ~ Wartezeit\n");
Space (13); fprintf (OutFile, "-----------+--------------+");
            fprintf (OutFile, "--------------+-------------\n");
for (Group = 0; Group < nMachineGroups; Group++) {
        Space (13);
        fprintf (OutFile,
                "%6d       | %10.3f  |    %6.2f %% | %9.3f h\n",
                Group+1,
                q_AvgLength (MGroupData[Group].MQueue),
                100 * AvgGroupUtilization [Group],
                q_AvgWait (MGroupData[Group].MQueue)
        );
}

fprintf (OutFile, "\n\n\n");
fclose (OutFile);
}
```

```ada
PACKAGE Global IS
-----------------

-- ***********************************************************************
-- *                                                                     *
-- *       Dateiname:              GLOBAL_.ADA                           *
-- *                                                                     *
-- *       Erstellungsdatum:       31.03.1987                           *
-- *       letzte Aenderung:       06.04.1987                           *
-- *                                                                     *
-- *       Autoren:                Rolf Boelckow, Andreas Heymann,       *
-- *                               Ralf Kadler,   Hansjoerg Liebert      *
-- *                                                                     *
-- *       Programmiersprache:     Ada                                   *
-- *       Programminhalt:         Globale Groessen fuer die ereignis-   *
-- *                               orientierte Simulation                *
-- *                                                                     *
-- ***********************************************************************

    SUBTYPE Time IS Float RANGE 0.0 .. Float'Large;

    Undefined : EXCEPTION;

END Global;
```

```ada
WITH Global;
USE  Global;

GENERIC
   TYPE EventType IS (<>);
   TYPE RefEntity IS PRIVATE;

PACKAGE EventChain IS
----------------------

-- **********************************************************************
-- *                                                                    *
-- *        Dateiname:          EVENTCHAIN_.ADA                         *
-- *                                                                    *
-- *        Erstellungsdatum:   08.11.1986                              *
-- *        letzte Aenderung:   11.08.1987                              *
-- *                                                                    *
-- *        Autoren:            Rolf Boelckow, Andreas Heymann,         *
-- *                            Ralf Kadler,   Hansjoerg Liebert        *
-- *                                                                    *
-- *        Programmiersprache: Ada                                     *
-- *        Programminhalt:     Definition und Verwaltung der           *
-- *                            Ereignisliste und Zeitfuehrung          *
-- *                                                                    *
-- **********************************************************************

   FUNCTION CurrentTime RETURN Time;
   ---------------------------------
       -- aktuelle Simulationszeit ermitteln

   PROCEDURE Schedule (Event : EventType; Entity : RefEntity; t : Time);
   --------------------------------------------------------------------
       -- Eintragung einer Ereignisnotiz mit Ereignis-Typ "Event",
       -- Objektverweis "Entity" (ggf. NULL) und Ereigniszeitpunkt
       -- "t" in die Ereignisliste. Bei Zeit-Gleichheiten gilt als
       -- Prioritaet die Position innerhalb der Aufzaehlungs-Reihenfolge
       -- in "EventType" (absteigend).

   PROCEDURE NextEvent (Event : OUT EventType; Entity : OUT RefEntity);
   -------------------------------------------------------------------
       -- Fortschreibung der Simulationszeit und Uebergabe sowohl des
       -- Ereignis-Typs "Event" als auch des Objekt-Verweises "RefEntity".
       -- Im Fall einer leeren Ereignisliste wird die Ausnahme
       -- "No_More_Events" ausgeloest.

   No_More_Events : EXCEPTION;

END EventChain;
```

```ada
WITH Text_IO; USE Text_IO;

PACKAGE BODY EventChain IS
-----------------------------

-- ************************************************************************
-- *                                                                      *
-- *      Dateiname:              EVENTCHAIN.ADA                          *
-- *                                                                      *
-- *      Erstellungsdatum:       08.11.1986                             *
-- *      letzte Aenderung:       10.04.1987                             *
-- *                                                                      *
-- *      Autoren:                Rolf Boelckow, Andreas Heymann,        *
-- *                              Ralf Kadler,   Hansjoerg Liebert       *
-- *                                                                      *
-- *      Programmiersprache:     Ada                                     *
-- *                                                                      *
-- ************************************************************************

   PACKAGE Time_IO IS NEW FLOAT_IO (Time);
   -----------------------------------------
   USE Time_IO;

   TYPE EventNotice;
   TYPE RefEventNotice IS ACCESS EventNotice;
   TYPE EventNotice IS
        RECORD
           SchedTime : Time;               -- Ereigniszeitpunkt
           Kind      : EventType;          -- Ereignistyp
           Entity    : RefEntity;          -- Objektverweis
           Next      : RefEventNotice;     -- Verkettung
        END RECORD;

   SystemTime : Time := 0.0;         -- aktuelle Simulationszeit
   FreeNotice : RefEventNotice;      -- Freispeicherliste
   TopOfChain : RefEventNotice := NEW EventNotice;
      -- Dummy-Element als Listen-Kopf




   FUNCTION CurrentTime RETURN Time IS
   -------------------------------------
      -- Wert der geschuetzten Variablen
      -- "SystemTime" ausgeben
   BEGIN
      RETURN SystemTime;
   END CurrentTime;
```

```ada
    PROCEDURE Schedule (Event : EventType; Entity : RefEntity; t : Time) IS
    ------------------------------------------------------------------------

        Notice : RefEventNotice;
        P1 : RefEventNotice := TopOfChain.Next;
        P2 : RefEventNotice := TopOfChain;

    BEGIN
        -- neues Listenelement bereitstellen
        IF FreeNotice = NULL THEN
            Notice := NEW EventNotice;
        ELSE
            Notice     := FreeNotice;
            FreeNotice := FreeNotice.Next;
        END IF;
        Notice.ALL := (t, Event, Entity, NULL);

        -- Eintragen in Ereignisliste
        WHILE P1 /= NULL AND THEN P1.SchedTime < t LOOP
            P2 := P1; P1 := P1.Next;
        END LOOP;
        WHILE P1 /= NULL AND THEN
                (P1.Kind <= Event AND P1.SchedTime = t)
        LOOP
            P2 := P1; P1 := P1.Next;
        END LOOP;
        P2.Next := Notice;
        Notice.Next := P1;

    END Schedule;

    PROCEDURE NextEvent (Event : OUT EventType; Entity : OUT RefEntity) IS
    ---------------------------------------------------------------------
        -- Entfernen der aktuellen Ereignisnotiz aus der Ereignisliste
        -- (Einfuegen in Freispeicherliste). Im Fehlerfall wird zusaetzlich
        -- zur Ausnahme-Ausloesung eine Meldung ausgegeben.

        Notice : RefEventNotice := TopOfChain.Next;   -- 1. Element ist dummy

    BEGIN
        SystemTime        := Notice.SchedTime;
        TopOfChain.Next   := Notice.Next;
        Entity            := Notice.Entity;
        Event             := Notice.Kind;

        Notice.Next := FreeNotice;
        FreeNotice  := Notice;

    EXCEPTION
        WHEN Constraint_Error =>
            Put ("Fehler in ""Eventchain"": leere Ereignisliste (zum Zeitpunkt ");
            Put (SystemTime, 5, 2, 0); PUT_LINE (" )");
            RAISE No_More_Events;
    END NextEvent;

END EventChain;
```

```ada
WITH Global;
USE  Global;

GENERIC
   TYPE RefEntity IS PRIVATE;
   WITH FUNCTION CurrentTime RETURN Time;

PACKAGE Queue IS
---------------

-- ********************************************************************************
-- *                                                                            *
-- *       Dateiname:              QUEUE_.ADA                                    *
-- *                                                                            *
-- *       Erstellungsdatum:       01.12.1986                                   *
-- *       letzte Aenderung:       08.04.1987                                   *
-- *                                                                            *
-- *       Autoren:                Rolf Boelckow, Andreas Heymann,              *
-- *                               Ralf Kadler,   Hansjoerg Liebert             *
-- *                                                                            *
-- *       Programmiersprache:     Ada                                          *
-- *       Programminhalt:         Definition und Verwaltung von Warteschlangen *
-- *                                                                            *
-- ********************************************************************************

   Empty_Queue : EXCEPTION;

   TYPE Queue IS LIMITED PRIVATE;

   PROCEDURE Init (q : IN OUT Queue);
   -----------------------------------
      -- Initialisierung einer Warteschlange

   PROCEDURE Insert (Entity : RefEntity; q : IN OUT Queue);
   --------------------------------------------------------------
      -- Einfuegung eines Elementes in die Warteschlange "q" (FIFO)

   PROCEDURE Remove (Entity : OUT RefEntity; q : IN OUT Queue);
   ------------------------------------------------------------------
      -- Entfernung des ersten Elements aus der Warteschlange "q"
      -- und Uebergabe des Objekt-Verweises. Im Fall einer leeren
      -- Warteschlange wird die Ausnahme "Empty_Queue" ausgeloest.

   FUNCTION Empty (q : Queue) RETURN BOOLEAN;
   ------------------------------------------------

   FUNCTION Length (q : Queue) RETURN Natural;
   ------------------------------------------------
      -- Aktuelle Warteschlangenlaenge

   FUNCTION MaxLength (q : Queue) RETURN NATURAL;
   ------------------------------------------------------
      -- Maximale Warteschlangenlaenge
```

```
    PROCEDURE GetAvgQueueLength (
    --------------------------------
        q : IN OUT Queue;
        AvgQueueLength : OUT Float);
        -------------------------------
        -- Zeitlich gewichtete mittlere Warteschlangenlaenge

    FUNCTION AvgWaitingTime (q : Queue) RETURN Time;
    --------------------------------------------------------
        -- Mittlere Wartezeit

    FUNCTION EntityCount (q : Queue) RETURN Natural;
    -------------------------------------------------------
        -- Anzahl der durchgelaufenen Objekte


PRIVATE

    Start : CONSTANT Time := 0.0;

    TYPE Element;
    TYPE RefElement IS ACCESS Element;
    TYPE Element IS
         RECORD
             TimeEntered : Time;
             Entity      : RefEntity;
             Next        : RefElement;
         END RECORD;

    TYPE Queue IS
         RECORD
             Length,                              -- aktuelle Laenge
             MaxLength,                           -- maximale Laenge
             EntityCount      : Natural := 0;     -- Anzahl Durchlaeufe
             WSumOfLength     : FLOAT   := 0.0;   -- gewichtete Laenge
             LastAccess       : Time    := Start; -- letzter Zugriff
             SumOfWaitingTime : Time    := 0.0;   -- Summe aller Wartezeiten
             FirstElement,                        -- erstes Element
             LastElement      : RefElement;       -- letztes Element
         END RECORD;

END  Queue;
```

```ada
WITH Text_IO;
USE  Text_IO;

PACKAGE BODY Queue IS
----------------------

-- *****************************************************************************
-- *                                                                          *
-- *        Dateiname:              QUEUE.ADA                                  *
-- *                                                                          *
-- *        Erstellungsdatum:       01.12.1986                                *
-- *        letzte Aenderung:       08.04.1987                                *
-- *                                                                          *
-- *        Autoren:                Rolf Boelckow, Andreas Heymann,           *
-- *                                Ralf Kadler,   Hansjoerg Liebert          *
-- *                                                                          *
-- *        Programmiersprache:     Ada                                       *
-- *                                                                          *
-- *****************************************************************************

    FreeElem : RefElement := NULL;


    PROCEDURE Inc (i : IN OUT Integer; d : Integer := 1) IS
    ----------------------------------------------------------
    BEGIN
       i := i + d;
    END Inc;

    PROCEDURE Inc (f : IN OUT Float; d : Float) IS
    ------------------------------------------------
    BEGIN
       f := f + d;
    END Inc;

    PROCEDURE Dec (i : IN OUT Integer; d : Integer := 1) IS
    ----------------------------------------------------------
    BEGIN
       i := i - d;
    END Dec;



    PROCEDURE Init (q : IN OUT Queue) IS
    --------------------------------------
    BEGIN
       -- Gegebenenfalls Freispeicherlisten-Eintragung
       IF q.FirstElement /= NULL THEN
          q.LastElement.Next := FreeElem;
          FreeElem := q.FirstElement;
       END IF;
       q := (Length | MaxLength | EntityCount => 0,
             WSumOfLength        => 0.0,
             LastAccess          => Start,
             SumOfWaitingTime    => 0.0,
             FirstElement | LastElement => NULL);
    END Init;
```

```
PROCEDURE Insert (Entity : RefEntity; q : IN OUT Queue) IS
--------------------------------------------------------------
   -- Anfuegen eines Elements mit Objektverweis "Entity" an das Ende
   -- der Warteschlange "q" und Fortschreiben der Statistik

   NewElem, Last : RefElement;

BEGIN
   -- neues Warteschlangen-Element bereitstellen
   IF FreeElem = NULL THEN
      NewElem := NEW Element;
   ELSE
      NewElem  := FreeElem;
      FreeElem := FreeElem .Next;
   END IF;
   NewElem.TimeEntered  := CurrentTime;
   NewElem.Entity       := Entity;
   NewElem.Next         := NULL;

   -- Anfuegen an das Ende der Warteschlange
   IF q.FirstElement = NULL THEN
      q.FirstElement := NewElem;
   ELSE
      q.LastElement.Next := NewElem;
   END IF;
   q.LastElement := NewElem;

   -- Warteschlangen-Statistik fortschreiben
   Inc (q.WSumOfLength, Float(q.Length) * (CurrentTime - q.LastAccess));
   Inc (q.Length);
   IF q.Length > q.MaxLength THEN
      q.MaxLength := q.Length;
   END IF;
   q.LastAccess := CurrentTime;
END Insert;

PROCEDURE Remove (Entity : OUT RefEntity; q : IN OUT Queue) IS
--------------------------------------------------------------
   -- Entfernen des 1. Elementes aus der Warteschlange "q"
   -- (Einfuegen in Freispeicherliste), Uebergabe des Objekt-
   -- verweises an "Entity" und Fortschreiben der Statistik.
   -- Im Fehlerfall wird zusaetzlich zur Ausnahme-Ausloesung
   -- eine Meldung ausgegeben.

   RemElem : RefElement := q. FirstElement;

BEGIN
   q.FirstElement := RemElem.Next;
   Entity         := RemElem.Entity;
   RemElem.Next   := FreeElem;
   FreeElem       := RemElem;

   Inc (q.EntityCount);
   Inc (q.WSumOfLength, Float (q.Length) * (CurrentTime - q.LastAccess));
   Dec (q.Length);
   Inc (q.SumOfWaitingTime, CurrentTime - RemElem.TimeEntered);
   q.LastAccess := CurrentTime;
EXCEPTION
   WHEN Constraint_Error =>
      Put ("Fehler in ""Queue"": Leere Warteschlange");
      RAISE Empty_Queue;
END  Remove;
```

```
   FUNCTION Empty (q : Queue) RETURN BOOLEAN IS
   ------------------------------------------------
   BEGIN
      RETURN q.Length = 0;
   END Empty;

   FUNCTION Length (q : Queue) RETURN Natural IS
   ------------------------------------------------
   BEGIN
      RETURN q.Length;
   END Length;

   FUNCTION MaxLength (q : Queue) RETURN Natural IS
   ------------------------------------------------
   BEGIN
      RETURN q.MaxLength;
   END MaxLength;

   PROCEDURE GetAvgQueueLength (
   ------------------------------
      q : IN OUT Queue;
      AvgQueueLength : OUT Float) IS
      --------------------------------
      Now : Time;
   BEGIN
      Now := CurrentTime;
      Inc (q.WSumOfLength, Float (q.Length) * (Now - q.LastAccess));
      q.LastAccess := Now;
      IF Now = 0.0 THEN
         RAISE Undefined;
      ELSE
         AvgQueueLength := q.WSumOfLength / Now;
      END IF;
   END GetAvgQueueLength;

   FUNCTION AvgWaitingTime (q : Queue) RETURN Time IS
   ------------------------------------------------------
   BEGIN
      IF q.EntityCount = 0 THEN
         RAISE Undefined;
      ELSE
         RETURN q.SumOfWaitingTime / FLOAT (q.EntityCount);
      END IF;
   END AvgWaitingTime;

   FUNCTION EntityCount (q : Queue) RETURN Natural IS
   ------------------------------------------------------
   BEGIN
      RETURN q.EntityCount;
   END EntityCount;

END  Queue;
```

```ada
PACKAGE Distributions IS
------------------------

-- ************************************************************************
-- *                                                                      *
-- *      Dateiname:              DISTRIBUTIONS_.ADA                       *
-- *                                                                      *
-- *      Erstellungsdatum:       03.11.1986                              *
-- *      letzte Aenderung:       08.04.1987                              *
-- *                                                                      *
-- *      Autoren:                Rolf Boelckow, Andreas Heymann,         *
-- *                              Ralf Kadler,   Hansjoerg Liebert        *
-- *                                                                      *
-- *      Programmiersprache:     Ada                                     *
-- *      Programminhalt:         Zufallszahlen-Generator (aus [Fri85])   *
-- *                              sowie weitere Verteilungsfunktionen     *
-- *                                                                      *
-- ************************************************************************

    TYPE RandomNumberStream IS LIMITED PRIVATE;

    Uninitialized_Stream : EXCEPTION;

    PROCEDURE Init (
    -----------------
        s    : OUT RandomNumberStream;
        Seed : Integer                 );
    ---------------------------------
    -- Initialisierung des Zufallszahlenstroms "s" mit Startwert
    -- "Seed"; bei Eingabe von 0 wird stattdessen ein Default-Wert
    -- eingesetzt. Die Initialisierung ist fuer alle
    -- Zufallszahlenstroeme obligatorisch !

    FUNCTION Random (s : RandomNumberStream) RETURN Float;
    ------------------------------------------------------------
    -- Erzeugung gleichverteilter Zufallszahlen im Intervall [0,1]
    -- mit Zufallszahlenstrom "s". Wurde dieser nicht initialisiert,
    -- wird die Ausnahme "Uninitialized_Stream" ausgeloest.

    FUNCTION Uniform (Low, High : Float; s : RandomNumberStream) RETURN Float;
    -------------------------------------------------------------------------
    -- Erzeugung gleichverteilter Zufallszahlen im Intervall [Low, High]
    -- mit Zufallszahlenstrom "s". Wurde dieser nicht initialisiert,
    -- wird die Ausnahme "Uninitialized_Stream" ausgeloest.

    FUNCTION Exponential ( Mean : Float; s : RandomNumberStream) RETURN Float;
    -------------------------------------------------------------------------
    -- Erzeugung negativ-exponentiell verteilter Zufallszahlen mit
    -- Mittelwert "Mean" und Zufallszahlenstrom "s". Wurde dieser nicht
    -- initialisiert, wird die Ausnahme "Uninitialized_Stream" ausgeloest.

    FUNCTION Erlang (
    -----------------
        Mean : Float;
        k    : Positive;
        s    : RandomNumberStream) RETURN Float;
    ---------------------------------------------
    -- Erzeugung k-Erlang-verteilter Zufallszahlen mit Mittelwert
    -- "Mean" und Zufallszahlenstrom "s". Wurde dieser nicht initia-
    -- lisiert, wird die Ausnahme "Uninitialized_Stream" ausgeloest.

PRIVATE

    TYPE RandomNumberStream IS ACCESS Integer;

END Distributions;
```

```ada
WITH FLOAT_MATH_LIB;

PACKAGE BODY Distributions IS
-----------------------------

-- *********************************************************************
-- *                                                                   *
-- *      Dateiname:              DISTRIBUTIONS.ADA                     *
-- *                                                                   *
-- *      Erstellungsdatum:       03.11.1986                           *
-- *      letzte Aenderung:       08.04.1987                           *
-- *                                                                   *
-- *      Autoren:                Rolf Boelckow, Andreas Heymann,      *
-- *                              Ralf Kadler,   Hansjoerg Liebert     *
-- *                                                                   *
-- *      Programmiersprache:     Ada                                  *
-- *                                                                   *
-- *********************************************************************

   FUNCTION Ln (x : Float) RETURN Float RENAMES Float_MATH_LIB.LOG;


   PROCEDURE Init (
   ----------------
       s    : OUT RandomNumberStream;
       Seed : Integer                 ) IS
       --------------------------------
       Seed1 : Integer := Seed;
   BEGIN
       IF Seed1 = 0 THEN
          Seed1 := 2096730329;
       END IF;
       s := NEW Integer'(Seed1);
   END Init;


   FUNCTION Random (s : RandomNumberStream) RETURN Float IS
   --------------------------------------------------------

       B2e15   : CONSTANT Integer := 32768;
       B2e16   : CONSTANT Integer := 65536;
       B2e24   : CONSTANT Float   := 16777216.0;
       Modulus : CONSTANT Integer := 2147483647;   -- 2^31 - 1

       Multiplier : Integer := 24112;
       High15, High31, Low15, LowProduct, Overflow : Integer;

   BEGIN
       FOR i IN 1 .. 2 LOOP
          High15     := s.ALL / B2e16;
          LowProduct := (s.ALL MOD B2e16) * Multiplier;
          Low15      := LowProduct / B2e16;
          High31     := High15 * Multiplier + Low15;
          Overflow   := High31 / B2e15;
          s.ALL := (((LowProduct - Low15 * B2e16) - Modulus) +
                    (High31 - Overflow * B2e15) * B2e16) + Overflow;
          IF s.ALL < 0 THEN
             s.ALL := s.ALL + Modulus;
          END IF;
          Multiplier := 26143;
       END LOOP;
       RETURN Float (2 * (s.ALL / 256) + 1) / B2e24;
   EXCEPTION
       WHEN Constraint_Error => RAISE Uninitialized_Stream;
   END Random;
```

```ada
FUNCTION Uniform (Low, High : Float; s : RandomNumberStream) RETURN Float IS
---------------------------------------------------------------------------
BEGIN
   RETURN ((High - Low) * Random (s) + Low);
END Uniform;

FUNCTION Exponential (Mean : Float; s : RandomNumberStream) RETURN Float IS
---------------------------------------------------------------------------
BEGIN
   RETURN - (Ln (1.0 - Random (s)) * Mean);
EXCEPTION
   WHEN Numeric_Error => RETURN Float'Safe_Large;
END Exponential;

FUNCTION Erlang (
-----------------
   Mean : Float;
   k    :      Positive;
   s    : RandomNumberStream) RETURN Float IS
   ---------------------------------------------
   Mu  : CONSTANT Float := Mean / Float(k);
   Sum : Float := 0.0;
BEGIN
   FOR i IN 1 .. k LOOP
      Sum := Sum + Exponential (Mu, s);
   END LOOP;
   RETURN Sum;
EXCEPTION
   WHEN Numeric_Error => RETURN Float'Safe_Large;
END Erlang;

END Distributions;
```

```ada
WITH Global, EventChain, Queue, Distributions, Adaset, Text_Io;
USE  Global, Distributions, Text_Io;

PROCEDURE JobShop IS
--------------------

-- **********************************************************************
-- *                                                                    *
-- *      Dateiname:            JOBSHOP.ADA                             *
-- *                                                                    *
-- *      Erstellungsdatum:     01.12.1986                             *
-- *      letzte Aenderung:     11.08.1987                             *
-- *                                                                    *
-- *      Autoren:              Rolf Boelckow, Andreas Heymann,        *
-- *                            Ralf Kadler,   Hansjoerg Liebert       *
-- *                                                                    *
-- *      Programmiersprache:   Ada                                    *
-- *      Programminhalt:       Implementation des Job-Shop-Modells    *
-- *                            (ereignisorientierte Version)          *
-- *                                                                    *
-- **********************************************************************

   NJobTypes       : CONSTANT Positive := 3;  -- Anzahl der versch. Auftragsarten
   NMachineGroups  : CONSTANT Positive := 5;  -- Anzahl der Maschinengruppen

   SUBTYPE JobType    IS Positive RANGE 1 .. NJobTypes;
   SUBTYPE MGroupType IS Positive RANGE 1 .. NMachineGroups;

   TYPE EventType IS (NewJob, Arrival, Departure);

   PACKAGE Routing IS NEW AdaSet (MGroupType);
   ---------------------------------------------------
   USE Routing;

   TYPE JobParams IS                  -- Parameter eines Bearbeitungs-Auftrages
      RECORD
         ArrivalTime,                 -- Ankunftzeit bei einer Maschine
         ServiceTime : Time;          -- Bedienzeit in einer Maschine
         Kind        : JobType;       -- Auftragsart
         Route       : Ref_Link;      -- Aktuelle Maschinen-Gruppe
      END RECORD;
   TYPE RefEntity IS ACCESS JobParams;

   PACKAGE JobShop_EventChain IS NEW EventChain (EventType, RefEntity);
   ---------------------------------------------------------------------
   PACKAGE JobQueue IS NEW Queue (RefEntity, JobShop_EventChain.CurrentTime);
   ---------------------------------------------------------------------------
   PACKAGE JobShop_Integer_IO IS NEW Integer_Io (Integer);
   ------------------------------------------------------------
   PACKAGE JobShop_Float_IO IS NEW Float_Io (Float);
   ---------------------------------------------------------

   USE JobShop_EventChain, JobQueue, JobShop_Integer_IO, JobShop_Float_IO;

   SimTime : Time;                               -- Gesamt-Simulationszeit
   HoursPerDay      : CONSTANT Time := 8.0;      -- Arbeitszeit der Maschinen
   MeanArrivalTime  : CONSTANT Time := 0.25;
   MeanServiceTime  : CONSTANT ARRAY (JobType, MGroupType) OF Time := (
      1 => ( 0.6, 0.85, 0.5,  0.0, 0.5  ),
      2 => ( 0.8, 0.0,  0.75, 1.1, 0.0  ),
      3 => ( 0.7, 1.2,  1.0,  0.9, 0.25 ));
```

```ada
TYPE JobAttributes IS
   RECORD
       Routing        : Ref_Head;        -- Weg durch den Maschinenpark
       TasksPerJob    : Natural;         -- Anzahl der Teilauftraege
       SumOfJobDelay  : Time := 0.0;     -- Summe der Wartezeiten
       JobCount,                         -- Anzahl erzeugter Jobs
       JobDelayCount  : Natural := 0;    -- Anzahl verzoegerter Auftraege
   END RECORD;
JobData: ARRAY (JobType) OF JobAttributes;

TYPE MachineAttributes IS
   RECORD
       MQueue             : JobQueue.Queue;   -- Warteschlange
       FreeMachines,                          -- z.Z. nicht belegte Maschinen
       NumOfMachines  : Natural;              -- Gesamtmaschinenzahl
       SumOfServTimes : Time := 0.0;          -- Summe der Bedienzeiten
   END RECORD;
MGroupData: ARRAY (MGroupType) OF MachineAttributes;

TYPE Streams IS (TypeOfJob, ServTime, ArriveTime);
Stream : ARRAY (Streams) OF RandomNumberStream;
Seed   : ARRAY (Streams) OF Integer;

ReportName : String (1..80);



PROCEDURE Inc (i : IN OUT Integer; d : Integer := 1) IS
---------------------------------------------------------
BEGIN
   i := i + d;
END Inc;

PROCEDURE Inc (f : IN OUT Float; d : Float) IS
------------------------------------------------------
BEGIN
   f := f + d;
END Inc;

PROCEDURE Dec (i : IN OUT Integer; d : Integer := 1) IS
---------------------------------------------------------
BEGIN
   i := i - d;
END Dec;

PROCEDURE ReadString (s: OUT String) IS
---------------------------------------------
   i: Natural := s'First; Ch: Character;
BEGIN
   s := (OTHERS => ' ');
   WHILE (NOT End_Of_Line) AND (i <= s'Last) LOOP
      Get (Ch);
      s(i) := Ch;
      i := i + 1;
   END LOOP;
END ReadString;
```

```
PROCEDURE Initialization IS
---------------------------

   PROCEDURE Into (l, h : Positive) IS
   ------------------------------------
   BEGIN
      Into (New_Link (l), JobData (h).Routing);
   END Into;

BEGIN
   Put_Line ("                             ****************************");
   Put_Line ("                             *** Job Shop Simulation ***");
   Put_Line ("                             ****************************");
   New_Line;

   -- Report-Dateiname
   Put ("Dateiname fuer den Simulations-Report [Terminal]: ");
   ReadString (ReportName); Skip_Line; New_Line (2);
   IF ReportName (1) = ' ' THEN
      ReportName (1..10) := "SYS$OUTPUT";
   END IF;

   -- Simulationszeit
   Put ("Simulationszeit (in Tagen) : ");
   Get (SimTime); Skip_Line; New_Line (2);
   SimTime := SimTime * HoursPerDay;

   -- Startwerte der Zufallszahlen-Generatoren
   Put ("Seed       (Job-Typen) : "); Get (Seed (TypeOfJob));
   Init (Stream (TypeOfJob), Seed (TypeOfJob));
   Put ("Seed      (Bedienzeiten) : "); Get (Seed (ServTime));
   Init (Stream (ServTime), Seed (ServTime));
   Put ("Seed (Ankunfts-Zeiten) : "); Get (Seed (ArriveTime));
   Init (Stream (ArriveTime), Seed (ArriveTime));
   New_Line (2);

   -- Maschinengruppen
   Put_Line ("Anzahl der Maschinen in Gruppe ");
   FOR m IN MGroupType LOOP
      Put (m, 3); Put (": ");
      Get (MGroupData (m).NumOfMachines);
      MGroupData (m).FreeMachines := MGroupData (m).NumOfMachines;
   END LOOP;

   -- Attribute der Auftragsarten
   JobData (1).TasksPerJob := 4;
   JobData (2).TasksPerJob := 3;
   JobData (3).TasksPerJob := 5;
   JobData (1).Routing := New_Head;
   Into (3, 1); Into (1, 1); Into (2, 1); Into (5, 1);
   JobData (2).Routing := New_Head;
   Into (4, 2); Into (1, 2); Into (3, 2);
   JobData (3).Routing := New_Head;
   Into (2, 3); Into (5, 3); Into (1, 3); Into (4, 3); Into (3, 3);
END Initialization;
```

```ada
PROCEDURE Report IS
--------------------
    AvgGroupUtilization : ARRAY (MGroupType) OF Float;
    TotalJobCount,
    TotalJobDelayCount   : Natural := 0;
    MeanOverallJobDelay : Time      := 0.0;
    MeanJobDelay : ARRAY (JobType) OF Time;
    AvgQueueLength : Float;
    ReportFile : File_Type;

    PROCEDURE SetCol (To: Positive_Count := 28) RENAMES
        Text_IO.Set_Col;   -- Text-Einrueckung

BEGIN
    Create (ReportFile, Name => ReportName);
    Set_Output (ReportFile);     -- Setzt den Default-Output auf ReportFile
    -- Berechnung der Mittelwerte
    FOR j IN JobType LOOP
        IF JobData (j).JobDelayCount /= 0 THEN
            MeanJobDelay (j) :=
                JobData (j).SumOfJobDelay * Float (JobData (j).TasksPerJob) /
                Float (JobData (j).JobDelayCount);
        END IF;
        TotalJobCount        := TotalJobCount + JobData (j).JobCount;
        TotalJobDelayCount := TotalJobDelayCount + JobData (j).JobDelayCount;
    END LOOP;
    IF TotalJobDelayCount /= 0 THEN
        FOR j IN JobType LOOP
            IF JobData (j).JobDelayCount /= 0 THEN
                Inc (MeanOverallJobDelay, Float (JobData (j).JobDelayCount) /
                    Float (TotalJobDelayCount) * MeanJobDelay (j));
            END IF;
        END LOOP;
    END IF;
    IF SimTime > 0.0 THEN
        FOR m IN MGroupType LOOP
            IF MGroupData (m).NumOfMachines > 0 THEN
                AvgGroupUtilization (m) := MGroupData (m).SumOfServTimes /
                    (SimTime * Float (MGroupData (m).NumOfMachines));
            END IF;
        END LOOP;
    END IF;
    Put ("      ****************************************************");
        Put_Line ("*********************");
    Put ("      ***     Simulationsmodell eines Produktionssystems    (Jo");
        Put_Line ("bShop-Modell)     ***");
    Put ("      ***             Programmiersprache: ADA  / ereignisorien");
        Put_Line ("tiert                ***");
    Put ("      ****************************************************");
        Put_Line ("*********************");
    New_Line (4);
    SetCol; Put_Line ("********************************");
    SetCol; Put_Line ("***    Jobshop - Eingaben     ***");
    SetCol; Put_Line ("********************************");
    New_Line (2);
    SetCol; Put (" Simulationszeit :"); Put (SimTime,5,2,0); Put_Line (" h");
    SetCol; Put_Line ("--------------------------------");
    New_Line (2);
    SetCol; Put_Line ("Maschinengruppe:  1  2  3  4  5");
    SetCol; Put_Line ("--------------------------------");
    SetCol; Put ("Maschinenanzahl:");
```

```ada
      FOR m IN MGroupType LOOP
         Put (MGroupData (m).NumOfMachines, 3);
      END LOOP; New_Line;
      New_Line (2);
      SetCol; Put_Line ("Zufallsz.-Strom |      Startwert");
      SetCol; Put_Line ("----------------+--------------");
      SetCol; Put (" Job-Typen       |"); Put (Seed (TypeOfJob), 12); New_Line;
      SetCol; Put (" Bedienzeiten    |"); Put (Seed (ServTime),  12); New_Line;
      SetCol; Put (" Zw.ank.zeiten   |"); Put (Seed (ArriveTime),12); New_Line;
      New_Line (4);
      SetCol; Put_Line ("********************************");
      SetCol; Put_Line ("***     Jobtypen - Report    ***");
      SetCol; Put_Line ("********************************");
      New_Line (2);
      SetCol; Put_Line (" Jobtyp | # Jobs | ~ Wartezeit ");
      SetCol; Put_Line ("--------+--------+-------------");
      FOR j IN JobType LOOP
         SetCol; Put (j,5); Put ("   | ");
         Put (JobData (j).JobCount,6); Put (" | ");
         IF JobData (j).JobDelayCount /= 0 THEN
            Put (MeanJobDelay (j),4,3,0); Put (" h");
         ELSE
            Put ("Undefiniert");
         END IF; New_Line;
      END LOOP;
      SetCol; Put_Line ("--------+--------+-------------");
      SetCol; Put (" Gesamt | "); Put (TotalJobCount, Width => 6); Put (" | ");
      IF TotalJobDelayCount /= 0 THEN
         Put (MeanOverallJobDelay,4,3,0); Put (" h");
      ELSE
         Put ("Undefiniert");
      END IF; New_Line;
      New_Line (4);
      SetCol; Put_Line ("********************************");
      SetCol; Put_Line ("*** Maschinengruppen Report ***");
      SetCol; Put_Line ("********************************");
      New_Line (2);
      SetCol (17); Put ("Masch-Grp. | ~ W-Schl-Lg. |");
         Put_Line (" ~ Auslastung |  ~ Wartezeit");
      SetCol (17); Put ("-----------+-------------+");
         Put_Line ("--------------+-------------");
      FOR m IN MGroupType LOOP
         SetCol (22); Put (m, 1); Put ("       |" );
         BEGIN
            GetAvgQueueLength (MGroupData (m).MQueue, AvgQueueLength);
            Put (AvgQueueLength,7,3,0); Put ("   |");
         EXCEPTION WHEN Undefined =>
            Put ("  Undefiniert |");
         END;
         IF SimTime > 0.0 AND MGroupData (m).NumOfMachines > 0 THEN
            Put (AvgGroupUtilization (m) * 100.0,7,2,0); Put (" %  |");
         ELSE
            Put ("  Undefiniert |");
         END IF;
         BEGIN
            Put (AvgWaitingTime (MGroupData (m).MQueue),6,3,0); Put (" h");
         EXCEPTION WHEN Undefined =>
            Put ("  Undefiniert");
         END; New_Line;
      END LOOP;

      Set_Output (Standard_Output);
      Close (ReportFile);
   END Report;
```

```
PROCEDURE Arrive (Job : IN RefEntity) IS
---------------------------------------------
    -- Ankunft eines (Teil-) Auftrags bei einer Maschinengruppe.
    -- Wenn eine Maschine frei ist, wird er bearbeitet, ansonsten
    -- wird er zwecks spaeterer Bearbeitung in die Warteschlange
    -- der Gruppe eingefuegt.

    LocalJob : RefEntity := Job;
    Group: MGroupType := Content (Job.Route);

BEGIN
    LocalJob.ArrivalTime := CurrentTime;
    Insert (LocalJob, MGroupData (Group).MQueue);
        -- unbedingtes Einfuegen in Warteschlange (fuer Statistik)
    IF MgroupData (Group).FreeMachines > 0 THEN
        -- Belegen einer (der) freien Maschine(n) (ohne Verzoegerung)
        Remove (LocalJob, MGroupData (Group).MQueue);
        Dec (MgroupData (Group).FreeMachines);
        LocalJob.ServiceTime := Erlang (
            MeanServiceTime (LocalJob.Kind, Group), 2, Stream (ServTime));
        Schedule (Departure, LocalJob, CurrentTime + LocalJob.ServiceTime);
        Inc (JobData (LocalJob.Kind).JobDelayCount);   -- Nur fuer Statistik
    END IF;
END Arrive;

PROCEDURE Depart (Job : IN RefEntity) IS
---------------------------------------------
    -- Ende der Bedienung; der Auftrag wird an die naechste
    -- Maschinengruppe weitergereicht, falls er noch nicht
    -- alle Stationen durchlaufen hat. Bei nicht leerer Warte-
    -- schlange wird der erste wartende Auftrag bearbeitet.

    LocalJob    : RefEntity := Job;
    Group : MGroupType := Content (Job.Route);
    NextMachine : Ref_Link := Suc (Job.Route);
    WaitingTime : Time;

BEGIN
    Inc (MGroupData (Group).SumOfServTimes, LocalJob.ServiceTime);
    IF NextMachine /= NULL THEN
        -- Ankunft in naechster Maschinengruppe aufsetzen
        Job.Route := NextMachine;
        Schedule (Arrival, Job, CurrentTime);
    END IF;
    IF Empty (MGroupData (Group).MQueue) THEN
        Inc (MGroupData (Group).FreeMachines);   -- Freigabe der Maschine
    ELSE
        -- Maschine mit 1. Job aus Warteschlange neu besetzen
        Remove (LocalJob, MGroupData (Group).MQueue);
        WaitingTime := CurrentTime - LocalJob.ArrivalTime;
        LocalJob.ServiceTime := Erlang (
            MeanServiceTime (LocalJob.Kind, Group), 2, Stream (ServTime));
        Schedule (Departure, LocalJob, CurrentTime + LocalJob.ServiceTime);
        -- Statistik , Wartezeit hier > 0
        Inc (JobData (LocalJob.Kind).JobDelayCount);
        Inc (JobData (LocalJob.Kind).SumOfJobDelay, WaitingTime);
    END IF;
END Depart;
```

```
    PROCEDURE CreateJob IS
    --------------------
        -- Aufsetzen der Ereignisse "Ankunft" (fuer den
        -- neuen Auftrag) und "Naechster Auftrag"

        Job : RefEntity := NEW JobParams;

        FUNCTION SetJobType RETURN JobType IS
        -------------------------------------
            p : FLOAT := Random (Stream (TypeOfJob));
        BEGIN
          IF p < 0.3 THEN
             RETURN 1;
          ELSIF p < 0.8 THEN
             RETURN 2;
          ELSE
             RETURN 3;
          END IF;
        END SetJobType;

    BEGIN
       Job.Kind := SetJobType;
       Job.Route := First (JobData (Job.Kind).Routing);
       Inc (JobData (Job.Kind).JobCount);
       Schedule (Arrival, Job, CurrentTime);
       Schedule (NewJob, NULL, CurrentTime +
          Exponential (MeanArrivalTime, Stream (ArriveTime)));
    END CreateJob;

    PROCEDURE SelectEvent IS
    ------------------------
        -- Ermitteln des naechsten Ereignisses
        -- und Aufruf der entspr. Ereignisroutine

        Job : RefEntity;
        Event : EventType;

    BEGIN
       NextEvent (Event, Job);
       CASE Event IS
          WHEN NewJob    => CreateJob;
          WHEN Arrival   => Arrive (Job);
          WHEN Departure => Depart (Job);
       END CASE;
    END SelectEvent;


BEGIN
   Initialization;
   Schedule (NewJob, NULL, CurrentTime);
   WHILE CurrentTime < SimTime LOOP
      SelectEvent;
   END LOOP;
   Report;
END JobShop;
```

```
*****************************************************************************
***    Simulationsmodell eines Produktionssystems   (JobShop-Modell)    ***
***         Programmiersprache: ADA  / ereignisorientiert               ***
*****************************************************************************


         ********************************
         ***   Jobshop - Eingaben    ***
         ********************************


         Simulationszeit : 2920.00 h
         ----------------------------------


         Maschinengruppe:  1  2  3  4  5
         ----------------------------------
         Maschinenanzahl:  3  2  4  3  1


         Zufallsz.-Strom |     Startwert
         ----------------+--------------
           Job-Typen     |         4711
           Bedienzeiten  |     47110815
           Zw.ank.zeiten |      8154711



         ********************************
         ***    Jobtypen - Report    ***
         ********************************


         Jobtyp | # Jobs | ~ Wartezeit
         -------+--------+-------------
            1   |  3396  |   26.107 h
            2   |  5913  |   10.656 h
            3   |  2366  |   31.996 h
         -------+--------+-------------
         Gesamt |  11675 |   21.342 h



         ********************************
         *** Maschinengruppen Report ***
         ********************************


   Masch-Grp. | ~ W-Schl-Lg. | ~ Auslastung | ~ Wartezeit
   -----------+--------------+--------------+-------------
            1 |    16.800    |   96.53 %    |    4.210 h
            2 |    40.732    |   98.07 %    |   20.730 h
            3 |     0.754    |   73.21 %    |    0.189 h
            4 |    17.808    |   97.60 %    |    6.299 h
            5 |     1.532    |   78.07 %    |    0.782 h
```

```
*******************************************************************************
***     Simulationsmodell eines Produktionssystems  (JobShop-Modell)    ***
***              Programmiersprache: ADA  / ereignisorientiert          ***
*******************************************************************************


                    *******************************
                    ***   Jobshop - Eingaben   ***
                    *******************************


               Simulationszeit : 2920.00 h
               --------------------------------


               Maschinengruppe:  1  2  3  4  5
               --------------------------------
               Maschinenanzahl:  3  2  4  4  1


               Zufallsz.-Strom |      Startwert
               ----------------+----------------
                  Job-Typen    |          4711
                  Bedienzeiten |      47110815
                  Zw.ank.zeiten|       8154711



                 *********************************
                 ***   Jobtypen - Report     ***
                 *********************************


               Jobtyp | # Jobs | ~ Wartezeit
               -------+--------+--------------
                  1   |  3396  |   26.814 h
                  2   |  5913  |    4.172 h
                  3   |  2366  |   26.732 h
               -------+--------+--------------
               Gesamt | 11675  |   17.471 h



                 *********************************
                 *** Maschinengruppen Report ***
                 *********************************


    Masch-Grp. | ~ W-Schl-Lg. | ~ Auslastung | ~ Wartezeit
    -----------+--------------+--------------+-------------
         1     |    14.229    |    95.98 %   |    3.563 h
         2     |    43.410    |    98.57 %   |   22.058 h
         3     |     0.826    |    73.58 %   |    0.207 h
         4     |     1.161    |    74.03 %   |    0.410 h
         5     |     1.539    |    77.20 %   |    0.783 h
```

```
***********************************************************************
***    Simulationsmodell eines Produktionssystems  (JobShop-Modell)  ***
***          Programmiersprache: ADA  / ereignisorientiert           ***
***********************************************************************



                    *****************************
                    ***   Jobshop - Eingaben   ***
                    *****************************


             Simulationszeit : 2920.00 h
             --------------------------------


             Maschinengruppe:  1  2  3  4  5
             --------------------------------
             Maschinenanzahl:  3  3  4  3  1


             Zufallsz.-Strom |     Startwert
             ----------------+--------------
                Job-Typen     |          4711
                Bedienzeiten  |      47110815
                Zw.ank.zeiten |       8154711



                    *******************************
                    ***    Jobtypen - Report    ***
                    *******************************


             Jobtyp |  # Jobs  |  ~ Wartezeit
             -------+----------+--------------
                  1 |    3396  |     5.087 h
                  2 |    5913  |     9.177 h
                  3 |    2366  |    10.957 h
             -------+----------+--------------
             Gesamt |   11675  |     8.376 h



                    *******************************
                    *** Maschinengruppen Report ***
                    *******************************


        Masch-Grp. |  ~ W-Schl-Lg. |  ~ Auslastung |  ~ Wartezeit
        -----------+---------------+---------------+--------------
                 1 |     12.705    |    95.38 %    |    3.180 h
                 2 |      0.793    |    66.46 %    |    0.402 h
                 3 |      0.895    |    73.78 %    |    0.224 h
                 4 |     16.560    |    97.56 %    |    5.846 h
                 5 |      2.395    |    78.56 %    |    1.215 h
```

```
****************************************************************************
***      Simulationsmodell eines Produktionssystems   (JobShop-Modell)   ***
***             Programmiersprache: ADA  / ereignisorientiert            ***
****************************************************************************



                    ******************************
                    ***   Jobshop - Eingaben   ***
                    ******************************


               Simulationszeit : 2920.00 h
               ------------------------------


               Maschinengruppe:  1  2  3  4  5
               ------------------------------
               Maschinenanzahl:  4  2  4  3  1


               Zufallsz.-Strom |     Startwert
               ----------------+--------------
                  Job-Typen     |         4711
                  Bedienzeiten  |     47110815
                  Zw.ank.zeiten |      8154711



                    ******************************
                    ***    Jobtypen - Report   ***
                    ******************************


               Jobtyp | # Jobs | ~ Wartezeit
               -------+--------+--------------
                    1 |   3396 |    15.351 h
                    2 |   5913 |    16.968 h
                    3 |   2366 |    31.878 h
               -------+--------+--------------
               Gesamt |  11675 |    20.537 h



                    ******************************
                    *** Maschinengruppen Report ***
                    ******************************


          Masch-Grp. | ~ W-Schl-Lg. | ~ Auslastung | ~ Wartezeit
          -----------+--------------+--------------+------------
                   1 |      0.725   |    71.55 %   |    0.182 h
                   2 |     27.593   |    97.84 %   |   14.004 h
                   3 |      0.755   |    73.03 %   |    0.189 h
                   4 |     46.998   |    99.41 %   |   16.623 h
                   5 |      1.792   |    78.62 %   |    0.910 h
```

```
GENERIC
   TYPE Content_Type IS PRIVATE;

PACKAGE Adaset IS
------------------

-- ***********************************************************************
-- *                                                                     *
-- *       Dateiname:              ADASET_.ADA                           *
-- *                                                                     *
-- *       Erstellungsdatum:       22.01.1987                            *
-- *       letzte Aenderung:       12.03.1987                            *
-- *                                                                     *
-- *       Autor:                  E. Tiden                              *
-- *       modifiziert durch:      Rolf Boelckow, Andreas Heymann,       *
-- *                               Ralf Kadler,   Hansjoerg Liebert      *
-- *                                                                     *
-- *       Programmiersprache:     Ada                                   *
-- *       Programminhalt:         Verwaltung doppelt verketteter Listen,*
-- *                               analog zur Klasse "Simset" in SIMULA, *
-- *                               vgl. [Ung84]                          *
-- *                                                                     *
-- ***********************************************************************

     TYPE Linkage_Subtype IS (Head, Link);
     TYPE Linkage (t : Linkage_Subtype) IS LIMITED PRIVATE;

     TYPE    Ref_Linkage IS ACCESS Linkage;
     SUBTYPE Ref_Link    IS Ref_Linkage (Link);
     SUBTYPE Ref_Head    IS Ref_Linkage (Head);

     FUNCTION  Suc  (Lk : Ref_Linkage) RETURN Ref_Link;
     FUNCTION  Pred (Lk : Ref_Linkage) RETURN Ref_Link;
     FUNCTION  Prev (Lk : Ref_Linkage) RETURN Ref_Linkage;

     FUNCTION  New_Link (c : Content_Type) RETURN Ref_Link;
     FUNCTION  Content  (l : Ref_Link)     RETURN Content_Type;

     PROCEDURE OutL    (l : Ref_Link);
     PROCEDURE Into    (l : Ref_Link; h  : Ref_Head);
     PROCEDURE Follow  (l : Ref_Link; Lk : Ref_Linkage);
     PROCEDURE Precede (l : Ref_Link; Lk : Ref_Linkage);

     FUNCTION  New_Head RETURN Ref_Head;
     FUNCTION  Last     (h : Ref_Head) RETURN Ref_Link;
     FUNCTION  First    (h : Ref_Head) RETURN Ref_Link;
     FUNCTION  Empty    (h : Ref_Head) RETURN Boolean;
     FUNCTION  Cardinal (h : Ref_Head) RETURN Natural;
     PROCEDURE Clear    (h : Ref_Head);

     FUNCTION  Member  (l : Ref_Link; h : Ref_Head) RETURN Boolean;
     PROCEDURE Release (l : IN OUT Ref_Link); -- Freispeicherverwaltung

     Null_Parameter : EXCEPTION;
```

```
PRIVATE

    TYPE Linkage (t : Linkage_Subtype) IS
        RECORD
            Suc, Pred : Ref_Linkage;
            CASE t IS
            WHEN Link =>
                Content : Content_Type;
                MyHead  : Ref_Head;
            WHEN Head =>
                Count   : Natural := 0;
            END CASE;
        END RECORD;

END Adaset;
```

```
PACKAGE BODY Adaset IS
----------------------

-- ********************************************************************
-- *                                                                  *
-- *         Dateiname:            ADASET.ADA                         *
-- *                                                                  *
-- *         Erstellungsdatum:     21.01.1987                         *
-- *         letzte Aenderung:     12.03.1987                         *
-- *                                                                  *
-- *         Autor:                E. Tiden                           *
-- *         modifiziert durch:    Rolf Boelckow, Andreas Heymann,    *
-- *                               Ralf Kadler,   Hansjoerg Liebert   *
-- *                                                                  *
-- *         Programmiersprache:   Ada                                *
-- *                                                                  *
-- ********************************************************************

   FreeLinks : Ref_Head;                      -- Freispeicherliste fuer Link-Records

   PROCEDURE CheckNull ( Lk : Ref_Linkage ) IS
   -----------------------------------------------
   BEGIN
      IF Lk = NULL THEN
         RAISE Null_Parameter;
      END IF;
   END CheckNull;

   FUNCTION Suc ( Lk : Ref_Linkage ) RETURN Ref_Link IS
   ----------------------------------------------------------
   BEGIN
      CheckNull (Lk);
      IF Lk.Suc IN Ref_Link THEN
         RETURN Lk.Suc;
      ELSE
         RETURN NULL;
      END IF;
   END Suc;

   FUNCTION Pred ( Lk : Ref_Linkage ) RETURN Ref_Link IS
   ----------------------------------------------------------
   BEGIN
      CheckNull (Lk);
      IF Lk.Pred IN Ref_Link THEN
         RETURN Lk.Pred;
      ELSE
         RETURN NULL;
      END IF;
   END Pred;

   FUNCTION Prev ( Lk : Ref_Linkage ) RETURN Ref_Linkage IS
   ----------------------------------------------------------
   BEGIN
      CheckNull (Lk);
      RETURN Lk.Pred;
   END Prev;
```

```
FUNCTION New_Link ( c : Content_Type ) RETURN Ref_Link IS
---------------------------------------------------------------
   l : Ref_Link;
BEGIN
   IF Empty (FreeLinks) THEN
      l := NEW Linkage'(Link, Suc | Pred | MyHead => NULL, Content => c );
   ELSE
      l := First (FreeLinks); OutL (l);
      l.Content := c;      |
   END IF;
   RETURN l;
END New_Link;

FUNCTION Content ( l : Ref_Link ) RETURN Content_Type IS
---------------------------------------------------------------
BEGIN
   CheckNull (l);
   RETURN l.Content;
END Content;

PROCEDURE OutL ( l : Ref_Link ) IS
-------------------------------------
BEGIN
   CheckNull (l);
   IF l.Suc /= NULL THEN
      l.Suc.Pred := l.Pred; l.Pred.Suc := l.Suc;
      l.Suc        := NULL;    l.Pred       := NULL;
      l.MyHead.Count := l.MyHead.Count - 1;
      l.MyHead     := NULL;
   END IF;
END OutL;

PROCEDURE Into ( l : Ref_Link; h : Ref_Head ) IS
---------------------------------------------------------
BEGIN
   Precede (l, h);
END Into;

PROCEDURE Follow ( l : Ref_Link; Lk : Ref_Linkage ) IS
---------------------------------------------------------------
BEGIN
   CheckNull (Lk);
   Precede (l, Lk.Suc);
END Follow;

PROCEDURE Precede ( l : Ref_Link; Lk : Ref_Linkage ) IS
---------------------------------------------------------------
BEGIN
   CheckNull (Lk);
   IF l /= Lk THEN
      OutL (l);
      IF Lk.Suc /= NULL THEN
         l. Suc       := Lk;
         l. Pred      := Lk.Pred;
         Lk.Pred.Suc := l;
         Lk.Pred      := l;
         IF Lk IN Ref_Head THEN
            l.MyHead := Lk;
         ELSE
            l.MyHead := Lk.MyHead;
         END IF;
         l.MyHead.Count := l.MyHead.Count + 1;
      END IF;
   END IF;
END Precede;
```

```
    FUNCTION New_Head RETURN Ref_Head IS
    ------------------------------------------
       h : Ref_Head := NEW Linkage (Head);
    BEGIN
       h.ALL := ( Head, Suc | Pred => h, Count => 0 );
       RETURN h;
    END New_Head;

    FUNCTION Last ( h : Ref_Head ) RETURN Ref_Link IS
    ---------------------------------------------------
    BEGIN
       RETURN Pred (h);
    END Last;

    FUNCTION First ( h : Ref_Head ) RETURN Ref_Link IS
    ---------------------------------------------------
    BEGIN
       RETURN Suc (h);
    END First;

    FUNCTION Empty ( h : Ref_Head ) RETURN Boolean IS
    ---------------------------------------------------
    BEGIN
       CheckNull (h);
       RETURN h.Count = 0;
    END Empty;

    FUNCTION Cardinal ( h : Ref_Head ) RETURN Natural IS
    ------------------------------------------------------
    BEGIN
       CheckNull (h);
       RETURN h.Count;
    END Cardinal;

    PROCEDURE Clear ( h : Ref_Head ) IS
    -------------------------------------
       l : Ref_Link;
    BEGIN
       CheckNull (h);
       WHILE h.Suc /= h LOOP
          l := h.Suc;
          Release (l);
       END LOOP;
    END Clear;

    FUNCTION Member ( l : Ref_Link; h : Ref_Head ) RETURN Boolean IS
    -----------------------------------------------------------------
    BEGIN
       RETURN l /= NULL AND THEN l.Myhead = h;
    END Member;

    PROCEDURE Release ( l : IN OUT Ref_Link ) IS
    ----------------------------------------------
    BEGIN
       IF l /= NULL THEN
          Into (l, FreeLinks);
       END IF;
       l := NULL;
    END Release;

BEGIN
    FreeLinks := New_Head;
END Adaset;
```

```ada
WITH Adaset;

GENERIC
   TYPE ProcessParameters IS PRIVATE;
PACKAGE Simulation IS
----------------------

-- *************************************************************************
-- *                                                                       *
-- *        Dateiname:            SIM_.ADA                                  *
-- *                                                                        *
-- *        Erstellungsdatum:     23.01.1987                               *
-- *        letzte Aenderung:     27.03.1987                               *
-- *                                                                        *
-- *        Autor:                E. Tiden                                  *
-- *        modifiziert durch:    Rolf Boelckow, Andreas Heymann,          *
-- *                              Ralf Kadler,    Hansjoerg Liebert         *
-- *                                                                        *
-- *        Programmiersprache:   Ada                                      *
-- *        Programminhalt:       Implementation der Simula-Klasse          *
-- *                              "Simulation"                              *
-- *                                                                        *
-- *************************************************************************

   TYPE Hidden_Process        IS PRIVATE;
   TYPE Ref_Hidden_Process    IS ACCESS Hidden_Process;
   TYPE RefProcessParameters  IS ACCESS ProcessParameters;

   PACKAGE Process_Queues IS NEW Adaset (Ref_Hidden_Process);
   ---------------------------------------------------------
   USE Process_Queues;

   SUBTYPE Ref_Process IS Process_Queues.Ref_Link;
   SUBTYPE SimTime      IS Float RANGE 0.0 .. Float'Large;

   GENERIC
      WITH PROCEDURE Process_Definition;
   PACKAGE Process IS
   ------------------
      FUNCTION New_Process RETURN Ref_Process;
   END Process;

   FUNCTION Current RETURN Ref_Process;
   FUNCTION Idle       (p : Ref_Process) RETURN Boolean;
   FUNCTION Terminated (p : Ref_Process) RETURN Boolean;
   FUNCTION EvTime     (p : Ref_Process) RETURN SimTime;
   FUNCTION NextEv     (p : Ref_Process) RETURN Ref_Process;
   FUNCTION Parameters (p : Ref_Process) RETURN RefProcessParameters;

   -- Annahme: "p" = current
   FUNCTION Terminated RETURN Boolean;
   FUNCTION NextEv     RETURN Ref_Process;

   FUNCTION Time RETURN SimTime;
```

```
    TYPE Activation_Code IS (Direct, At_Time, Delay_Time, Before, After);

    PROCEDURE Activate (
        p     : Ref_Process;
        Code  : Activation_Code := Direct;
        Time  : SimTime         := 0.0;
        Proc  : Ref_Process     := NULL;
        Prior : Boolean         := False;
        Reac  : Boolean         := False );

    PROCEDURE Reactivate (
        p     : Ref_Process;
        Code  : Activation_Code := Direct;
        Time  : SimTime         := 0.0;
        Proc  : Ref_Process     := NULL;
        Prior : Boolean         := False;
        Reac  : Boolean         := True )
             RENAMES Activate;

    PROCEDURE Passivate;
    PROCEDURE Wait    (h : Process_Queues.Ref_Head);
    PROCEDURE Hold    (t : SimTime);
    PROCEDURE Cancel (p : Ref_Process);
    FUNCTION  Main RETURN Ref_Process;

    PROCEDURE Reset_Simulation (Stop : Boolean := FALSE);
    PROCEDURE Stop_Simulation  (Stop : Boolean := TRUE )
             RENAMES Reset_Simulation;

    Scheduling_Error : EXCEPTION;
    Null_Parameter   : EXCEPTION RENAMES Process_Queues.Null_Parameter;

PRIVATE

    PACKAGE Event_Notices IS
    --------------------------
        TYPE Event_Notice_Record IS
            RECORD
                EvTime : SimTime := 0.0;
                Proc   : Ref_Process;
            END RECORD;
        TYPE Ref_Event_Notice_Record IS ACCESS Event_Notice_Record;

        PACKAGE Event_Set IS NEW Adaset (Ref_Event_Notice_Record);
        ----------------------------------------------------------

        SUBTYPE Ref_Event_Notice IS Event_Set.Ref_Link;

        PROCEDURE Rank (e : Ref_Event_Notice; Before : Boolean);

        PROCEDURE Reinitialize_Sqs;
```

```
    FUNCTION   Suc    (Lk : Event_Set.Ref_Linkage) RETURN Ref_Event_Notice
               RENAMES Event_Set.Suc;
    FUNCTION   Pred   (Lk : Event_Set.Ref_Linkage) RETURN Ref_Event_Notice
               RENAMES Event_Set.Pred;
    FUNCTION   Last   (h : Event_Set.Ref_Head) RETURN Ref_Event_Notice
               RENAMES Event_Set.Last;
    FUNCTION   First  (h : Event_Set.Ref_Head) RETURN Ref_Event_Notice
               RENAMES Event_Set.First;
    FUNCTION   Empty  (h : Event_Set.Ref_Head) RETURN Boolean
               RENAMES Event_Set.Empty;

    PROCEDURE  OutL     (e : Ref_Event_Notice)
               RENAMES Event_Set.OutL;
    PROCEDURE  Into     (e : Ref_Event_Notice; h : Event_Set.Ref_Head)
               RENAMES Event_Set.Into;
    PROCEDURE  Follow   (e : Ref_Event_Notice; Lk : Event_Set.Ref_Linkage)
               RENAMES Event_Set.Follow;
    PROCEDURE  Precede  (e : Ref_Event_Notice; Lk : Event_Set.Ref_Linkage)
               RENAMES Event_Set.Precede;

    -- PP ist die Queue der passivierten Prozesse --
    Sqs, PP : Event_Set.Ref_Head;
    Main_Process : Process_Queues.Ref_Link;

END Event_Notices;

TASK TYPE Scheduling_Task IS
    ENTRY Stop;
    ENTRY Go;
END Scheduling_Task;

PRAGMA Task_Storage (Task_Type => Scheduling_Task, Top_Guard => 0);
    -- Es besteht kein zusaetzlicher Stackbedarf fuer reine ADA-Aufrufe.
FOR Scheduling_Task'Storage_Size USE  1 * 512;
    -- Eine Seite ist ausreichend, weil vom Task aus keine Aufrufe erfolgen.

TYPE Ref_Scheduling_Task IS ACCESS Scheduling_Task;

TYPE Hidden_Process IS
    RECORD
        Event      : Event_Notices.Ref_Event_Notice;
        Terminated : Boolean := False;
        Scheduler  : Ref_Scheduling_Task;
        Parameters : RefProcessParameters := NEW ProcessParameters;
    END RECORD;

END Simulation;
```

```
WITH Adaset;

PACKAGE BODY Simulation IS

-- ****************************************************************************
-- *                                                                        *
-- *          Dateiname:             SIM.ADA                                *
-- *                                                                        *
-- *          Erstellungsdatum:      23.01.1987                             *
-- *          letzte Aenderung:      27.03.1987                             *
-- *                                                                        *
-- *          Autor:                 E. Tiden                               *
-- *          modifiziert durch:     Rolf Boelckow, Andreas Heymann,        *
-- *                                 Ralf Kadler,   Hansjoerg Liebert       *
-- *                                                                        *
-- *          Programmiersprache:    Ada                                    *
-- *                                                                        *
-- ****************************************************************************

    -- versteckte Pakete und Deklarationen im Paket 'Simulation'

    Simulation_Ended : Boolean := False;
    Time_Expired     : EXCEPTION;

    PACKAGE SchedTaskSet IS NEW Adaset (Ref_Scheduling_Task);
    ---------------------------------------------------------
    USE SchedTaskSet;

    SchedTaskPool : SchedTaskSet.Ref_Head := New_Head;

    TASK TYPE Supervisor IS
    ------------------------
        ENTRY Start (Termination_Count : Integer);
        ENTRY Last_Wish;
    END Supervisor;

    PRAGMA Task_Storage (Task_Type => Supervisor, Top_Guard => 0);
        -- Es besteht kein zusaetzlicher Stackbedarf fuer reine ADA-Aufrufe.
    FOR Supervisor'Storage_Size USE 1 * 512;   -- (Bytes)
        -- Eine Seite ist ausreichend, weil vom Task aus keine Aufrufe erfolgen.

    Termination_Supervisor: Supervisor;

    FUNCTION New_Hidden_Process RETURN Ref_Hidden_Process IS
    --------------------------------------------------------
        Hp : Ref_Hidden_Process      := NEW Hidden_Process;
        f  : SchedTaskSet.Ref_Link := First (SchedTaskPool);
    BEGIN
        IF Empty (SchedTaskPool) THEN
            Hp.Scheduler := NEW Scheduling_Task;
        ELSE
            Hp.Scheduler := Content (f);
            Release (f);
        END IF;
        RETURN Hp;
    END New_Hidden_Process;
```

```
TASK      BODY Supervisor                 IS SEPARATE;
----------------------------------------------------------
TASK      BODY Scheduling_Task            IS SEPARATE;
----------------------------------------------------------
PACKAGE BODY Event_Notices                IS SEPARATE;
----------------------------------------------------------
PACKAGE BODY Process                      IS SEPARATE;
----------------------------------------------------------


USE Event_Notices;
USE Event_Set;


-- Ruempfe der sichtbaren Unterprogramme im Paket 'Simulation'

FUNCTION Idle (p : Ref_Process) RETURN Boolean IS
--------------------------------------------------------
BEGIN
   RETURN NOT Member (Process_Queues.Content(p).Event, Sqs);
END Idle;

FUNCTION Terminated (p : Ref_Process) RETURN Boolean IS
----------------------------------------------------------------
BEGIN
   RETURN Process_Queues.Content(p).Terminated;
END Terminated;

FUNCTION EvTime (p : Ref_Process) RETURN SimTime IS
-----------------------------------------------------------
BEGIN
   IF Idle (p) THEN
      RAISE Scheduling_Error;
   END IF;
   RETURN Event_Notices.Event_Set.Content (
         Process_Queues.Content(p).Event).EvTime;
END EvTime;

FUNCTION NextEv (p : Ref_Process) RETURN Ref_Process IS
--------------------------------------------------------------
   Event : Event_Notices.Ref_Event_Notice
           RENAMES Process_Queues.Content(p).Event;
BEGIN
   IF Idle (p) THEN
      RETURN NULL;
   ELSIF Event_Notices.Event_Set.Suc(Event) = NULL THEN
      RETURN NULL;
   ELSE
      RETURN Event_Notices.Event_Set.Content (
            Event_Notices.Event_Set.Suc(Event)).Proc;
   END IF;
END NextEv;

FUNCTION Parameters (p : Ref_Process) RETURN RefProcessParameters IS
-----------------------------------------------------------------------
BEGIN
   RETURN Process_Queues.Content(p).Parameters;
END Parameters;

FUNCTION Terminated RETURN Boolean IS
--------------------------------------
BEGIN
   RETURN Terminated (Current);
END Terminated;
```

```
FUNCTION NextEv RETURN Ref_Process IS
-----------------------------------------
BEGIN
   RETURN NextEv (Current);
END NextEv;

FUNCTION Time RETURN SimTime IS
-----------------------------------
BEGIN
   RETURN Event_Notices.Event_Set.Content (
          Event_Notices.First (Event_Notices.Sqs)).EvTime;
END Time;

FUNCTION Current RETURN Ref_Process IS
-----------------------------------------
BEGIN
   RETURN Event_Notices.Event_Set.Content(
          Event_Notices.First (Event_Notices.Sqs)).Proc;
END Current;


PROCEDURE Activate (
--------------------
   p     : Ref_Process;
   Code  : Activation_Code := Direct;
   Time  : SimTime         := 0.0;
   Proc  : Ref_Process     := NULL;
   Prior : Boolean         := False;
   Reac  : Boolean         := False  ) IS
-----------------------------------------
   t     : SimTime := Time;
   Now   : CONSTANT SimTime := Simulation.Time;
   Old_Current :
          CONSTANT Ref_Process := Current;
   Event : Ref_Event_Notice
          RENAMES Process_Queues.Content (p).Event;
BEGIN
   IF Simulation_Ended THEN
      RAISE Time_Expired;
   END IF;
   IF NOT Terminated (p) THEN
      IF NOT Reac AND Member (Event, Sqs) THEN
         RETURN;
      END IF;
      IF Event = NULL THEN
         Event := New_Link (NEW Event_Notice_Record);
      END IF;

      CASE Code IS
      WHEN Direct =>
         Content (Event).ALL := (Now, p);
         Event_Notices.Precede (Event, Event_Notices.First (Sqs));
      WHEN At_Time | Delay_Time =>
         IF Code = Delay_Time THEN
            t := t + Now;
         ELSIF t < Now THEN
            t := Now;
         END IF;
         Content (Event).ALL := (t, p);
         IF t = Now AND Prior THEN
            Event_Notices.Precede (Event, Event_Notices.First (Sqs));
         ELSE
            Rank (Event, Prior);
         END IF;
```

```
          WHEN Before | After =>
             IF Proc = NULL
                OR ELSE NOT Member (Content (Proc).Event, Sqs)
             THEN
                Event_Notices.Into (Event, PP);
                IF Event_Notices.Empty (Event_Notices.Sqs) THEN
                   RAISE Scheduling_Error;
                END IF;
             ELSIF p = Proc THEN
                RETURN;
             ELSE
                Content (Event).ALL :=
                   (Content (Content (Proc).Event).EvTime, p);
                IF Code = Before THEN
                   Event_Notices.Precede (Event, Content(Proc).Event);
                ELSE
                   Event_Notices.Follow (Event, Content(Proc).Event);
                END IF;
             END IF;
          END CASE;

          IF Old_Current /= Current THEN
             Content (Current).Scheduler.Go;
             Content (Old_Current).Scheduler.Stop;
          END IF;

       END IF;
    END Activate;

    PROCEDURE Passivate IS
    ------------------------
       Old_Current : CONSTANT Ref_Process := Current;
    BEGIN
       IF Simulation_Ended THEN
          RAISE Time_Expired;
       END IF;
       -- Umhaengen des Prozesses in die "Passiv-Queue" PP
       Event_Notices.Into (Process_Queues.Content (Old_Current).Event, PP);
       IF Event_Notices.Empty (Event_Notices.Sqs) THEN
          RAISE Scheduling_Error;
       END IF;
       Process_Queues.Content (Current).Scheduler.Go;
       Process_Queues.Content (Old_Current).Scheduler.Stop;
    END Passivate;

    PROCEDURE Wait (h : Process_Queues.Ref_Head) IS
    ------------------------------------------------------
    BEGIN
       IF Simulation_Ended THEN
          RAISE Time_Expired;
       END IF;
       Process_Queues.Into (Current, h);
       Passivate;
    END Wait;

    PROCEDURE Hold (t : SimTime) IS
    --------------------------------------
    BEGIN
       Reactivate (Current, Delay_Time, t, NULL);
    END Hold;
```

```
   PROCEDURE Cancel (p : Ref_Process) IS
   ------------------------------------------
      Event : Event_Notices.Ref_Event_Notice
              RENAMES Process_Queues.Content(p).Event;
   BEGIN
      IF Simulation_Ended THEN
         RAISE Time_Expired;
      END IF;
      IF p = Current THEN
         Passivate;
      ELSIF Member (Event, Sqs) THEN
         Event_Notices.Into (Event, PP);
      END IF;
   END Cancel;

   FUNCTION Main RETURN Ref_Process IS
   -----------------------------------
   BEGIN
      RETURN Event_Notices.Main_Process;
   END Main;

   PROCEDURE Reset_Simulation (Stop : Boolean := FALSE) IS
   -------------------------------------------------------
      Termination_Counter : Integer := 0;

      PROCEDURE Kill (q : Event_Set.Ref_Head) IS
      ------------------------------------------
         Event : Ref_Event_Notice := Event_Set.First (q);
         Next  : Ref_Event_Notice;
      BEGIN
         WHILE Event /= NULL LOOP
            Next := Event_Set.Suc (Event);
            IF Event_Set.Content (Event).Proc /= Main_Process THEN
               Process_Queues.Content(Event_Set.Content (Event).Proc).
               Scheduler.Go;
               Termination_Counter :=  Termination_Counter + 1;
               -- Einfuegen in die Freispeicherliste
               Event_Notices.Event_Set.Release (Event);
            END IF;
            Event := Next;
         END LOOP;
      END Kill;

   BEGIN
      IF Current /= Main THEN
         RAISE Scheduling_Error;
      END IF;
      Simulation_Ended := True;
      Kill (PP);
      Kill (Sqs);
      Termination_Supervisor.Start (Termination_Counter);
      -- nur bei Wiederholung des Simulationslaufs eine neue SQS aufbauen !
      IF NOT Stop THEN
         Event_Notices.Reinitialize_Sqs;
         Simulation_Ended := False;
      END IF;
   END Reset_Simulation;

END Simulation;
```

```
SEPARATE (Simulation)
TASK BODY Supervisor IS
-----------------------

-- ***********************************************************************
-- *                                                                     *
-- *      Dateiname:            SUPERVISOR.ADA                           *
-- *                                                                     *
-- *      Erstellungsdatum:     23.01.1987                               *
-- *      letzte Aenderung:     27.03.1987                               *
-- *                                                                     *
-- *      Autoren:              Rolf Boelckow, Andreas Heymann,          *
-- *                            Ralf Kadler,   Hansjoerg Liebert         *
-- *                                                                     *
-- *      Programmiersprache:   Ada                                      *
-- *      Programminhalt:       Ueberwachung der Prozessterminierung     *
-- *                            nach dem Ende der Simulation             *
-- *                                                                     *
-- ***********************************************************************

BEGIN
   LOOP
      SELECT
         ACCEPT Start (Termination_Count : Integer) DO
            FOR i IN 1..Termination_Count LOOP
               ACCEPT Last_Wish;
            END LOOP;
         END Start;
      OR
         TERMINATE;
      END SELECT;
   END LOOP;
END Supervisor;
```

```
SEPARATE (Simulation)
TASK BODY Scheduling_Task IS
----------------------------

-- ****************************************************************************
-- *                                                                         *
-- *      Dateiname:              SCHEDULER.ADA                              *
-- *                                                                         *
-- *      Erstellungsdatum:       23.01.1987                                *
-- *      letzte Aenderung:       12.03.1987                                *
-- *                                                                         *
-- *      Autor:                  E. Tiden                                  *
-- *      modifiziert durch:      Rolf Boelckow, Andreas Heymann,          *
-- *                              Ralf Kadler,   Hansjoerg Liebert         *
-- *                                                                         *
-- *      Programmiersprache:     Ada                                      *
-- *      Programminhalt:         Ablaufsynchronisation                    *
-- *                                                                         *
-- ****************************************************************************

BEGIN
   LOOP
      SELECT
         ACCEPT Go DO
            ACCEPT Stop;
         END Go;
      OR
            TERMINATE;
      END SELECT;
   END LOOP;
END Scheduling_Task;
```

```ada
SEPARATE (Simulation)
PACKAGE BODY Event_Notices IS
-----------------------------

-- ***************************************************************************
-- *                                                                         *
-- *          Dateiname:              EVENTS.ADA                             *
-- *                                                                         *
-- *          Erstellungsdatum:       23.01.1987                            *
-- *          letzte Aenderung:       12.03.1987                            *
-- *                                                                         *
-- *          Autor:                  E. Tiden                              *
-- *          modifiziert durch:      Rolf Boelckow, Andreas Heymann,        *
-- *                                  Ralf Kadler,   Hansjoerg Liebert       *
-- *                                                                         *
-- *          Programmiersprache:     Ada                                   *
-- *          Programminhalt:         Verwaltung der Ereignisliste           *
-- *                                                                         *
-- ***************************************************************************

   PROCEDURE Rank (e : Ref_Event_Notice; Before : Boolean) IS
   ----------------------------------------------------------------
      Ev     : Ref_Event_Notice := Last (Sqs);
      EvTime : CONSTANT SimTime := Event_Set.Content (e).EvTime;
   BEGIN
      WHILE Event_Set.Content (Ev).EvTime > EvTime LOOP
         Ev := Event_Set.Pred (Ev);
      END LOOP;
      IF Before THEN
         WHILE Event_Set.Content (Ev).EvTime = EvTime LOOP
            Ev := Event_Set.Pred (Ev);
         END LOOP;
      END IF;
      Event_Set.Follow (e, Ev);
   END Rank;

   PROCEDURE Reinitialize_Sqs IS
   ------------------------------
   BEGIN
      Sqs := Event_Set.New_Head;
      PP  := Event_Set.New_Head;
      Process_Queues.Content (Main_Process).Event :=
         Event_Set.New_Link (NEW Event_Notice_Record'(0.0, Main_Process));
      Event_Set.Into (Process_Queues.Content (Main_Process).Event, Sqs);
   END Reinitialize_Sqs;

BEGIN
   Main_Process := Process_Queues.New_Link (New_Hidden_Process);
   Reinitialize_Sqs;
END Event_Notices;
```

```ada
WITH Text_IO;
USE  Text_IO;

SEPARATE (Simulation)
PACKAGE BODY Process IS
------------------------

-- *************************************************************************
-- *                                                                       *
-- *       Dateiname:              PROCESS.ADA                             *
-- *                                                                       *
-- *       Erstellungsdatum:       23.01.1987                             *
-- *       letzte Aenderung:       27.03.1987                             *
-- *                                                                       *
-- *       Autor:                  E. Tiden                               *
-- *       modifiziert durch:      Rolf Boelckow, Andreas Heymann,        *
-- *                               Ralf Kadler,   Hansjoerg Liebert       *
-- *                                                                       *
-- *       Programmiersprache:     Ada                                    *
-- *       Programminhalt:         Erzeugung und Ablaufsteuerung der      *
-- *                               benutzerdefinierten Prozesse           *
-- *                                                                       *
-- *************************************************************************

   TASK TYPE Process_Task IS
   ---------------------------
      ENTRY Initialize (Me: Ref_Process);
   END Process_Task;

   PRAGMA Task_Storage (Task_Type => Process_Task, Top_Guard => 0);
      -- Es besteht kein zusaetzlicher Stackbedarf fuer reine ADA-Aufrufe.
   FOR Process_Task'Storage_Size USE  4 * 512;    -- (4 Seiten/ 2024 Bytes)
      -- Diese Groesse muss gegebenfalls (modellabhaengig) veraendert werden.
      -- Sie betraegt (auf der VAX) ca.:  Aufruftiefe(vom Task aus) * 80 Bytes.
      --                                  (zzgl. 256 Bytes pro RAISE-Statement)

   TYPE Ref_Process_Task IS ACCESS Process_Task;

   PACKAGE TaskSet IS NEW Adaset (Ref_Process_Task);
   -------------------------------------------------
   USE TaskSet;
   USE Event_Notices; USE Event_Set;

   TaskPool : TaskSet.Ref_Head := New_Head;   -- Freispeicherverwaltung

   Carry_Self_Ref : Ref_Process_Task;

   TASK BODY Process_Task IS
   ---------------------------
   Myself : Ref_Process_Task;
   My_Ref_Process : Ref_Process;
```

```
    PROCEDURE Terminate_Process IS
    ---------------------------------
       p : Ref_Process RENAMES My_Ref_Process;
    BEGIN
       Into (New_Link(Process_Queues.Content(p).Scheduler),SchedTaskPool);
       Into (New_Link(Myself), TaskPool);
       IF Simulation_Ended THEN
          Event_Set.        Release (Process_Queues.Content (p).Event);
          Process_Queues.Release (p);
          Termination_Supervisor.Last_Wish;
       ELSE
          Process_Queues.Content (p).Terminated := True;
          Process_Queues.Content (p).Scheduler  := NULL;
          Event_Set.Release (Process_Queues.Content (p).Event);
          IF Event_Notices.Empty (Event_Notices.Sqs) THEN
             RAISE Scheduling_Error;
          END IF;
          Process_Queues.Content (Current).Scheduler.Go;
       END IF;
    END Terminate_Process;

    PROCEDURE Exec_Process_Definition IS
    ------------------------------------------
    BEGIN
       Process_Definition;
    EXCEPTION
       WHEN Time_Expired =>
          NULL;
       WHEN OTHERS =>
          IF NOT Simulation_Ended THEN
             RAISE;
          END IF;
    END Exec_Process_Definition;

BEGIN -- Process_Task --
    LOOP
       SELECT
          ACCEPT Initialize (Me : Ref_Process) DO
             Myself := Carry_Self_Ref;
             My_Ref_Process := Me;
          END Initialize;
          Process_Queues.Content (My_Ref_Process).Scheduler.Stop;
          Exec_Process_Definition;
          Terminate_Process;
       OR
          TERMINATE;
       END SELECT;
    END LOOP;
END Process_Task;

FUNCTION New_Process RETURN Ref_Process IS
-------------------------------------------------
    p : Ref_Process := Process_Queues.New_Link (New_Hidden_Process);
    f : TaskSet.Ref_Link := First (TaskPool);
BEGIN
    IF Empty (TaskPool) THEN
       Carry_Self_Ref := NEW Process_Task;
    ELSE
       Carry_Self_Ref := Content (f);
       Release (f);
    END IF;
    Carry_Self_Ref.Initialize (p);
    RETURN p;
END New_Process;

END Process;
```

```ada
WITH Distributions, Simulation;
USE  Distributions;

PACKAGE JobShop_Common IS

-- ******************************************************************************
-- *                                                                          *
-- *         Dateiname:              JOBSHOP_COMMON.ADA                        *
-- *                                                                          *
-- *         Erstellungsdatum:       06.03.1987                               *
-- *         letzte Aenderung:       31.03.1987                               *
-- *                                                                          *
-- *         Autoren:                Rolf Boelckow, Andreas Heymann,          *
-- *                                 Ralf Kadler,   Hansjoerg Liebert         *
-- *                                                                          *
-- *         Programmiersprache:     Ada                                      *
-- *         Programminhalt:         Gemeinsame Typen und Daten fuer "Jobshop"*
-- *                                 (prozessorientierte Version)             *
-- *                                                                          *
-- ******************************************************************************

   SUBTYPE JobType        IS Natural RANGE 1..3;    -- 3 versch. Auftragsarten
   SUBTYPE MachGroupIndex IS Natural RANGE 1..5;    -- 5 Maschinengruppen


   ----------------------------------------------------
   -- Deklaration der simulierten Prozesstypen --
   ----------------------------------------------------


   TYPE ProcessType IS (JobProcess, MachineProcess, MachGroupProcess);
      -- Prozesse als Auftraege, Maschinen oder Maschinengruppen
   TYPE ProcessParameters IS
      RECORD
         ThisProcessType : ProcessType := JobProcess;
         ThisJobType     : Jobtype;    -- nur bei JobProcess
         ServiceTime     : Float;      -- nur bei JobProcess
         IsPrior         : Boolean;    -- nur bei JobProcess
         Interrupted     : Boolean;    -- nur bei MachineProcess
      END RECORD;


   --------------------------------------------------------------------------
   PACKAGE JobShopSimulation IS NEW Simulation (ProcessParameters);
   --------------------------------------------------------------------------
   USE JobShopSimulation;
```

```
----------------------------------------
-- Variablen fuer Jobtypenstatistik --
----------------------------------------

MeanInterArrivalTime: CONSTANT SimTime := 0.25;

TYPE ServTimeArray IS ARRAY (Jobtype) OF SimTime;     -- fuer eine Maschine

MeanServiceTimes : CONSTANT ARRAY (MachGroupIndex) OF ServTimeArray := (
    1 => (0.6, 0.8, 0.7 ),   -- Mittlere Bedienzeiten in Maschinengruppe 1
    2 => (0.85,0.0, 1.2 ),   -- Mittlere Bedienzeiten in Maschinengruppe 2
    3 => (0.5, 0.75,1.0 ),   -- Mittlere Bedienzeiten in Maschinengruppe 3
    4 => (0.0, 1.1, 0.9 ),   -- Mittlere Bedienzeiten in Maschinengruppe 4
    5 => (0.5, 0.0, 0.25)); -- Mittlere Bedienzeiten in Maschinengruppe 5

-- konstante und variable Daten fuer die verschiedenen Auftragsarten
TasksPerJob    : CONSTANT ARRAY (JobType) OF Natural := (4, 3, 5);
    -- Anzahl der anzulaufenden Maschinengruppen
JobCounter     :          ARRAY (JobType) OF Natural := (OTHERS => 0);
    -- Gesamtanzahl der bisher erteilten Auftraege dieses Typs
JobDelayCount :           ARRAY (JobType) OF Natural := (OTHERS => 0);
    -- Gesamtanzahl der bisher angelaufenen Maschinengruppen
SumOfJobDelay :           ARRAY (JobType) OF SimTime := (OTHERS => 0.0);
    -- Summe aller Wartezeiten fuer Auftraege des entsprechenden Typs

-- Vier Zufallszahlenstroeme fuer das Paket Distribution
TYPE StreamType IS (
    TypeOfJ,      -- fuer Auswahl der Auftragsart
    JobPrio,      -- fuer Entscheidung auf Priorisierung
    ServTim,      -- fuer Ermittlung der Bedienzeiten
    Arrival);     -- fuer Bestimmung der Zwischenankunftszeit
Stream : ARRAY (StreamType) OF RandomNumberStream;
Seed   : ARRAY (StreamType) OF Integer;              -- Startwerte je Zahlenstrom

END JobShop_Common;
```

```ada
WITH JobShop_Common, AdaSet;
USE  JobShop_Common;

GENERIC
------------------------
PACKAGE MachineGroup IS
------------------------

-- ***********************************************************************
-- *                                                                     *
-- *      Dateiname:          JOBSHOP_MACHINEGROUP.ADA                   *
-- *                                                                     *
-- *      Erstellungsdatum:   02.02.1987                                 *
-- *      letzte Aenderung:   31.03.1987                                 *
-- *                                                                     *
-- *      Autoren:            Rolf Boelckow, Andreas Heymann,            *
-- *                          Ralf Kadler,   Hansjoerg Liebert           *
-- *                                                                     *
-- *      Programmiersprache: Ada                                        *
-- *      Programminhalt:     Generisches Paket fuer eine                *
-- *                          "JobShop" - Maschinengruppe               *
-- *                                                                     *
-- ***********************************************************************

     PROCEDURE Initialize (NMachines : Natural; MeanServTimes : ServTimeArray);
     ----------------------------------------------------------------------------
          -- Initialisierung einer Maschinengruppe
          -- Die zugehoerigen Maschinen werden generiert und initialisiert
          -- sowie in den Maschinengruppen-Pool eingebracht.

     PROCEDURE Visit;
     -----------------
          -- Der Auftrag "besucht" die Maschinengruppe; die Bedienzeit wird
          -- ermittelt, der Auftrag bei der Maschinengruppe angemeldet.
          -- Fortschreibung der Statistik

     FUNCTION AvgQueueLength RETURN Float;
     -------------------------------------
          -- Ermittlung der durchschnittlichen Warteschlangenlaenge der Gruppe

     FUNCTION AvgUtilization RETURN Float;
     -------------------------------------
          -- Ermittlung der durchschnittlichen Maschinengruppen-Auslastung

     FUNCTION AvgQueueDelay  RETURN Float;
     -------------------------------------
          -- Ermittlung der durchschnittlichen Wartezeit vor der Gruppe

     FUNCTION InterruptCount RETURN Natural;
     ---------------------------------------
          -- Anzahl der erfolgten Unterbrechungen (wegen priorisierter Auftraege)
END MachineGroup;
```

```ada
WITH Distributions, JobShop_Common, AdaSet;
USE  Distributions, JobShop_Common;

------------------------------
PACKAGE BODY MachineGroup IS
------------------------------

-- ****************************************************************************
-- *                                                                         *
-- *        Dateiname:              JOBSHOP_MACHINEGROUP.ADA                  *
-- *                                                                         *
-- *        Erstellungsdatum:       02.02.1987                               *
-- *        letzte Aenderung:       31.03.1987                               *
-- *                                                                         *
-- *        Autoren:                Rolf Boelckow, Andreas Heymann,          *
-- *                                Ralf Kadler,   Hansjoerg Liebert         *
-- *                                                                         *
-- *        Programmiersprache:     Ada                                      *
-- *                                                                         *
-- ****************************************************************************

   USE JobShopSimulation;

   ----------------------
   -- Datenstrukturen --
   ----------------------

   GroupProcess : Ref_Process;

       -- Definition des Maschinengruppen-Pools (als Parameter fuer Adaset)
   TYPE MachinePoolElement IS
      RECORD
         Machine, MyJob : Ref_Process;
      END RECORD;
   TYPE RefMachinePoolElement IS ACCESS MachinePoolElement;

   ------------------------------------------------------------
   PACKAGE MachineSet IS NEW Adaset (RefMachinePoolElement);
   ------------------------------------------------------------
   USE MachineSet;
   USE Process_Queues;

   SUBTYPE MachinePoolLink IS MachineSet.Ref_Linkage;

   MachinePool : MachineSet.Ref_Head      := New_Head;    -- Listenverweise
   GroupQueue  : Process_Queues.Ref_Head  := New_Head;    -- fuer Maschinen

   ---------------------------------------------------
   -- Variablen fuer Maschinengruppen-Statistik --
   ---------------------------------------------------

   MeanServiceTime : ServTimeArray;        -- Mittelwerte fuer die Bedienzeiten
                                           -- (werden in Initialize uebergeben)
   EntityCount,                            -- Anzahl der bearbeiteten Auftraege
   MachineInterrupts : Natural := 0;       -- Anzahl der Unterbrechungen
   SumOfServiceTimes,                      -- Summe aller Bedienzeiten
   SumOfWaitingTimes,                      -- Summe aller Wartezeiten
   WSumOfQueueLength : Float := 0.0;       -- zeitgewichtete Warteschlangenlaenge
   LastQueueAccess : SimTime := 0.0;       -- Zeitpunkt des letzten Zugriffs
```

```
----------------------------------------------------
-- Hilfsprozedur fuer Warteschlangenstatistik --
----------------------------------------------------

PROCEDURE QueueStatistics IS
------------------------------
   -- VOR jeder Warteschlangenoperation aufzurufen
BEGIN
   WSumOfQueueLength := WSumOfQueueLength +
      SimTime (Cardinal (GroupQueue)) * (Time - LastQueueAccess);
   LastQueueAccess := Time;
END QueueStatistics;


----------------------------------
-- Prozessdefinition Maschine --
----------------------------------

PROCEDURE MachineActions IS
-----------------------------
   MyJob : Ref_Process;
BEGIN
   LOOP
      IF NOT Parameters(Current).Interrupted THEN
         Passivate;
      END IF;
      Parameters(Current).Interrupted := False;
      MyJob := First (GroupQueue);
      QueueStatistics;
      OutL (MyJob);
      Hold (Parameters(MyJob).ServiceTime);
      IF NOT Parameters(Current).Interrupted THEN
         ReActivate (GroupProcess, After, Proc => Current);
         ReActivate (MyJob       , After, Proc => Current);
      END IF;
   END LOOP;
END MachineActions;


----------------------------------------------------
PACKAGE Machine IS NEW Process (MachineActions);
----------------------------------------------------


-------------------------------------------
-- Prozessdefinition Maschinengruppe --
-------------------------------------------

PROCEDURE GroupActions IS
---------------------------
   m : MachinePoolLink;
   NewJob : Ref_Process;

   FUNCTION SelectMachine (WithPrior : Boolean) RETURN MachinePoolLink IS
      m : MachinePoolLink := First (MachinePool);
   BEGIN
      WHILE m /= NULL AND THEN NOT Idle (Content(m).Machine) LOOP
         m := Suc (m);
      END LOOP;
      IF m = NULL AND WithPrior THEN
         m := First (MachinePool);
         WHILE m /= NULL AND THEN Parameters(Content(m).MyJob).IsPrior LOOP
            m := Suc (m);
         END LOOP;
      END IF;
      RETURN m;
   END SelectMachine;
```

```
      PROCEDURE Interrupt (m : MachinePoolLink) IS
         OldJob, FirstNotPrior : Ref_Process;

         FUNCTION FindFirstNotPrior RETURN Ref_Process IS
            j : Ref_Process := First (GroupQueue);
         BEGIN
            WHILE j /= NULL AND THEN Parameters(j).IsPrior LOOP
               j := Suc (j);
            END LOOP;
            RETURN j;
         END FindFirstNotPrior;

      BEGIN -- Interrupt
         OldJob := Content(m).MyJob;
         Parameters(OldJob).ServiceTime := EvTime (Content(m).Machine) - Time;
         Cancel (Content(m).Machine);
         Parameters(Content(m).Machine).Interrupted := True;
         ReActivate (Content(m).Machine, After, Proc => Current);
         FirstNotPrior := FindFirstNotPrior;
         Content(m).MyJob := NewJob;
         IF FirstNotPrior = NULL THEN
            Follow (OldJob, Last(GroupQueue));
         ELSE
            Precede (OldJob, FirstNotPrior);
         END IF;
         MachineInterrupts := MachineInterrupts + 1;
      END Interrupt;

   BEGIN -- GroupActions
      LOOP
         Passivate;
         WHILE NOT Empty (GroupQueue) LOOP
            NewJob := First (GroupQueue);
            m := SelectMachine (Parameters(NewJob).IsPrior);
            IF m = NULL THEN
               Passivate;
            ELSIF
               Parameters(NewJob).IsPrior AND NOT Idle (Content(m).Machine)
            THEN
               Interrupt (m);
            ELSE
               Content(m).MyJob := NewJob;
               ReActivate (Content(m).Machine);
            END IF;
         END LOOP;
      END LOOP;
   END GroupActions;

   --------------------------------------------------
   PACKAGE MachGroup IS NEW Process (GroupActions);
   --------------------------------------------------
```

```
------------------------------------------------
-- Definition der Schnittstellen des Paketes --
------------------------------------------------


------------------------------------------------------------------------
PROCEDURE Initialize (NMachines : Natural; MeanServTimes : ServTimeArray) IS
------------------------------------------------------------------------
    NewMachine : RefMachinePoolElement;
BEGIN
    GroupProcess := MachGroup.New_Process;
    Activate (GroupProcess, Before, Proc => Current);
    MeanServiceTime := MeanServTimes;
    Clear (MachinePool);
    Clear (GroupQueue);
    FOR i IN 1..NMachines LOOP
       NewMachine := NEW MachinePoolElement'
          (Machine => Machine.New_Process,
           MyJob   => NULL);
       Parameters (NewMachine.Machine).ThisProcessType := MachineProcess;
       Parameters (NewMachine.Machine).Interrupted     := False;
       Into (MachineSet.New_Link (NewMachine), MachinePool);
       Activate (NewMachine.Machine, Before, Proc => Current);
    END LOOP;
END Initialize;


--------------------
PROCEDURE Visit IS -- "Besuch" eines Jobs in der Maschinengruppe
--------------------
    WaitingTime : Float;
    MyType      : CONSTANT JobType := Parameters(Current).ThisJobType;
    ArrivalTime : CONSTANT SimTime := Time;
    ServiceTime : CONSTANT SimTime :=
                  Erlang (MeanServiceTime(MyType), 2, Stream(ServTim));
BEGIN
    Parameters(Current).ServiceTime :=  ServiceTime;
    ReActivate (GroupProcess, After, Proc => Current);
    QueueStatistics;
    Wait (GroupQueue);
    WaitingTime :=  Time - (ArrivalTime + ServiceTime);
    IF WaitingTime < 0.0 THEN
       WaitingTime := 0.0;        -- wg. Rundungsfehler
    END IF;
    -- Jobtypenstatistik
    JobDelayCount (MyType) :=  JobDelayCount (MyType) + 1;
    SumOfJobDelay (MyType) :=  SumOfJobDelay (MyType) + WaitingTime;
    -- Maschinengruppenstatistik
    EntityCount :=  EntityCount + 1;
    SumOfServiceTimes :=  SumOfServiceTimes + ServiceTime;
    SumOfWaitingTimes :=  SumOfWaitingTimes + WaitingTime;
END Visit;
```

```
-------------------------------------------------
-- Von aussen sichtbare statistische Funktionen
-------------------------------------------------


-------------------------------------------------
FUNCTION AvgQueueLength RETURN Float IS
-------------------------------------------------
BEGIN
   QueueStatistics;
   RETURN WSumOfQueueLength / Time;
EXCEPTION
   WHEN Numeric_Error => RETURN -1.0;
END AvgQueueLength;


-------------------------------------------------
FUNCTION AvgUtilization RETURN Float IS
-------------------------------------------------
BEGIN
   RETURN SumOfServiceTimes / (Time * SimTime(Cardinal(MachinePool)));
EXCEPTION
   WHEN Numeric_Error => RETURN -1.0;
END AvgUtilization;


-------------------------------------------------
FUNCTION AvgQueueDelay RETURN Float IS
-------------------------------------------------
BEGIN
   RETURN SumOfWaitingTimes / Float(EntityCount);
EXCEPTION
   WHEN Numeric_Error => RETURN -1.0;
END AvgQueueDelay;


-------------------------------------------------
FUNCTION InterruptCount RETURN Natural IS
-------------------------------------------------
BEGIN
   RETURN MachineInterrupts;
END InterruptCount;

END MachineGroup;
-------------------
```

```ada
WITH Distributions, Text_IO, JobShop_Common, MachineGroup, Adaset;
USE  Distributions, Text_IO, JobShop_Common;

--------------------------------
PROCEDURE Jobshop_Process IS
--------------------------------

-- *****************************************************************************
-- *                                                                          *
-- *        Dateiname:              JOBSHOP_MAIN.ADA                          *
-- *                                                                          *
-- *        Erstellungsdatum:       02.02.1987                               *
-- *        letzte Aenderung:       09.04.1987                               *
-- *                                                                          *
-- *        Autoren:                Rolf Boelckow, Andreas Heymann,          *
-- *                                Ralf Kadler,   Hansjoerg Liebert         *
-- *                                                                          *
-- *        Programmiersprache:     Ada                                       *
-- *        Programminhalt:         Implementation des Jobshop - Modells     *
-- *                                                                          *
-- *****************************************************************************

   USE JobShopSimulation;

   -- Einzugebene Simulationparameter
   RunTime    : SimTime;
   ProbPrior  : Float;
   NMachines  : ARRAY (MachGroupIndex) OF Integer;

   NewJob     : Ref_Process;
   ThisJobTyp : JobType;

   ReportFile : File_Type;
   ReportName : String(1..80);
   ReportTime : SimTime;

   PACKAGE StrTyIO IS NEW Enumeration_IO (StreamType); USE StrTyIO;
   PACKAGE IntegIO IS NEW Integer_IO     (Integer);    USE IntegIO;
   PACKAGE FloatIO IS NEW Float_IO       (Float);      USE FloatIO;


   -----------------------------------------------------------------------------
   -- Die Prozesse "MaschinenGruppe" und "Maschine" werden im Paket          --
   -- MachineGroup definiert und verwaltet. Die Prozedur Visit, die von      --
   -- Job-Prozessen aufgerufen wird, fuehrt dabei auch die Jobtypenstatistik. --
   -----------------------------------------------------------------------------

   PACKAGE MachineGroup1 IS NEW MachineGroup;
   PACKAGE MachineGroup2 IS NEW MachineGroup;
   PACKAGE MachineGroup3 IS NEW MachineGroup;
   PACKAGE MachineGroup4 IS NEW MachineGroup;
   PACKAGE MachineGroup5 IS NEW MachineGroup;
```

```
------------------------------
-- Prozessdefinition Job --
------------------------------

PROCEDURE JobActions IS
------------------------------
BEGIN
   CASE Parameters(Current).ThisJobType IS
      WHEN 1 => MachineGroup3.Visit;
                MachineGroup1.Visit;
                MachineGroup2.Visit;
                MachineGroup5.Visit;
      WHEN 2 => MachineGroup4.Visit;
                MachineGroup1.Visit;
                MachineGroup3.Visit;
      WHEN 3 => MachineGroup2.Visit;
                MachineGroup5.Visit;
                MachineGroup1.Visit;
                MachineGroup4.Visit;
                MachineGroup3.Visit;
   END CASE;
END JobActions;

------------------------------------------
PACKAGE Job IS NEW Process (JobActions);
------------------------------------------


------------------------------------------
FUNCTION SetJobType RETURN JobType IS
------------------------------------------
   Rnd : CONSTANT Float := Random (Stream(TypeOfJ));
BEGIN
   IF Rnd < 0.3 THEN
      RETURN 1;
   ELSIF Rnd < 0.8 THEN
      RETURN 2;
   ELSE
      RETURN 3;
   END IF;
END SetJobType;


------------------------------------------
FUNCTION SetJobPriority RETURN Boolean IS
------------------------------------------
   Rnd : CONSTANT Float := Random (Stream(JobPrio));
BEGIN
   RETURN (Rnd < ProbPrior);
END SetJobPriority;
```

```
   --------------------------------
   PROCEDURE Init   IS SEPARATE;
   --------------------------------
   PROCEDURE Report IS SEPARATE;
   --------------------------------

BEGIN   -- JOBSHOP_PROCESS
   Init;  -- Eingabe und Initialisierung der Simulationsparameter
   ----------------------
   -- Simulationslauf --
   ----------------------
   WHILE Time < RunTime LOOP
      NewJob := Job.New_Process;
      ThisJobTyp := SetJobType;
      JobCounter(ThisJobTyp) := JobCounter(ThisJobTyp) + 1;   -- Statistik
      Parameters(NewJob).ThisProcessType := JobProcess;
      Parameters(NewJob).ThisJobType     := ThisJobTyp;
      Parameters(NewJob).IsPrior         := SetJobPriority;
      Parameters(NewJob).ServiceTime     := 0.0;
      --
      Activate (NewJob, After, Proc => Current);
      Hold (Exponential (MeanInterArrivalTime, Stream(Arrival)) );
   END LOOP;
   ----------------------
   ReportTime := RunTime;
   Report;   -- Statistik
   Close (ReportFile);
   ----------------------
   Stop_Simulation;
END JobShop_Process;
```

```ada
SEPARATE (Jobshop_Process)
------------------
PROCEDURE Init IS
------------------

-- ********************************************************************************
-- *                                                                              *
-- *         Dateiname:              JOBSHOP_INIT.ADA                             *
-- *                                                                              *
-- *         Erstellungsdatum:       02.02.1987                                  *
-- *         letzte Aenderung:       31.03.1987                                  *
-- *                                                                              *
-- *         Autoren:                Rolf Boelckow, Andreas Heymann,             *
-- *                                 Ralf Kadler,   Hansjoerg Liebert            *
-- *                                                                              *
-- *         Programmiersprache:     Ada                                         *
-- *         Programminhalt:         Prozedur zur Eingabe der Simulationsparameter *
-- *                                                                              *
-- ********************************************************************************

    PROCEDURE ReadString (s: OUT String) IS
    ----------------------------------------
       i: Natural := s'First;  Ch: Character := '@';
    BEGIN
       s  :=  (OTHERS => ' ');
       WHILE (NOT End_Of_Line) AND (i <= s'Last) LOOP
          Get (Ch);
          s(i)  :=  Ch;
          i  :=  i + 1;
       END LOOP;
    END ReadString;

    PROCEDURE OpenReport IS
    -----------------------
    BEGIN
       Put ("                         ****************************"); New_Line;
       Put ("                         *** Job Shop Simulation ***"); New_Line;
       Put ("                         ****************************"); New_Line;
       New_Line;
       Put ("Dateiname fuer den Simulations-REPORT [Terminal] ==> ");
          ReadString (ReportName);  Skip_Line;  New_Line;
       IF ReportName (ReportName'First) = ' ' THEN
          ReportName (1..10) :=  "SYS$OUTPUT";
       END IF;
       Create (ReportFile, Name => ReportName);
    EXCEPTION
       WHEN Name_Error   =>
          Put_Line ("JOBSHOP.INIT: Fehler im Dateinamen!");
          OpenReport;    -- Wiederholung der Eingabeprozedur
       WHEN Status_Error =>
          Put_Line ("JOBSHOP.INIT: Datei konnte nicht geoeffnet werden !");
          OpenReport;    -- Wiederholung der Eingabeprozedur
    END OpenReport;
```

```
BEGIN    -- Init --
   OpenReport;
   ----------------------------------------
   -- Eingabe der Simulationsparameter --
   ----------------------------------------
   DECLARE
      SimDays: Integer;
   BEGIN
      New_Line;
      Put ("                  Simulations-Laufzeit [volle Tage] ==> ");
         Get (SimDays);  Skip_Line;
      RunTime :=  8.0 * Float (SimDays);    -- Umwandlung in Stunden (8 Std.-Tage)
      New_Line;
   END;
   New_Line;
   FOR m IN MachGroupIndex LOOP
      Put ("                  Anzahl der Maschinen in Gruppe ");  Put (m,2);
         Put (" ==> ");  Get (NMachines(m));  Skip_Line;  New_Line;
   END LOOP;
   New_Line;
   ---------------------------------------------------------------------
   -- Initialisierung der Zufallszahlenstroeme und Maschinengruppen --
   ---------------------------------------------------------------------
   FOR s IN StreamType LOOP
      Put ("                  Startwert f. Zufallsstrom ");  Put (s,7);
         Put (" ==> ");  Get (Seed(s));  Skip_Line;  New_Line;
      Init ( Stream(s), Seed(s));    -- jeweiliger Zufallszahlenstrom
   END LOOP;
   New_Line;
   Put ("Wahrscheinlichkeit fuer Priorisierung eines Jobs ==> ");
      Get (ProbPrior);  Skip_Line;  New_Line;
   New_Line;
   -----------------------------------------------------------------
   MachineGroup1.Initialize (NMachines(1), MeanServiceTimes(1));
   MachineGroup2.Initialize (NMachines(2), MeanServiceTimes(2));
   MachineGroup3.Initialize (NMachines(3), MeanServiceTimes(3));
   MachineGroup4.Initialize (NMachines(4), MeanServiceTimes(4));
   MachineGroup5.Initialize (NMachines(5), MeanServiceTimes(5));
   -----------------------------------------------------------------
END Init;
```

```ada
SEPARATE (Jobshop_Process)
PROCEDURE Report IS
-------------------

-- ********************************************************************
-- *                                                                  *
-- *       Dateiname:            JOBSHOP_REPORT.ADA                   *
-- *                                                                  *
-- *       Erstellungsdatum:     02.02.1987                           *
-- *       letzte Aenderung:     09.04.1987                           *
-- *                                                                  *
-- *       Autoren:              Rolf Boelckow, Andreas Heymann,      *
-- *                             Ralf Kadler,   Hansjoerg Liebert     *
-- *                                                                  *
-- *       Programmiersprache:   Ada                                  *
-- *       Programminhalt:       Prozedur zur Erstellung des "JobShop"-Reports *
-- *                                                                  *
-- ********************************************************************

   MeanJobDelay : ARRAY (JobType) OF Float;
   Undefined: CONSTANT Float :=  -1.0;    -- als Marke
   TotalJobCounter:       Natural :=  0;
   TotalJobDelayCount:    Natural :=  0;
   MeanOverallJobDelay: Float :=  0.0;

   PROCEDURE Space (Item: String := (1..27 => ' ')) RENAMES
      Text_IO.Put;   -- rueckt die Ausgabe ein.

BEGIN
   Put ("JOBSHOP.REPORT: Die Simulationszeit ist abgelaufen.");  New_Line;
   Set_Output (ReportFile);    -- Setzt den Default-Output auf ReportFile
   -- Berechnung der Mittelwerte
   FOR j IN JobType LOOP
      IF JobDelayCount(j) = 0 THEN
         MeanJobDelay(j) :=  Undefined;
      ELSE
         MeanJobDelay(j) :=  SumOfJobDelay(j) * Float(TasksPerJob(j))
            / Float(JobDelayCount(j));
      END IF;
      TotalJobCounter :=  TotalJobCounter + JobCounter(j);
      TotalJobDelayCount :=  TotalJobDelayCount + JobDelayCount(j);
   END LOOP;
   IF TotalJobDelayCount = 0 THEN
      MeanOverallJobDelay :=  Undefined;
   ELSE
      FOR j IN JobType LOOP
         IF MeanJobDelay(j) /= Undefined THEN
            MeanOverallJobDelay :=  MeanOverallJobDelay +
               Float(JobDelayCount(j)) / Float(TotalJobDelayCount) *
               MeanJobDelay(j);
         END IF;
      END LOOP;
   END IF;
```

```ada
Put ("        ************************************************************");
   Put ("********************");  New_Line;
Put ("      ***       Simulationsmodell eines Produktionssystems    (Jo");
   Put ("bShop-Modell)     ***");  New_Line;
Put ("      ***                  Programmiersprache: ADA  / prozessorient");
   Put ("iert                ***");  New_Line;
Put ("        ************************************************************");
   Put ("********************");  New_Line;
New_Line (4);
Default_Fore := 5;  Default_Aft := 3;  Default_Exp := 0;    -- Float-Format
Space;  Put ("**********************************");  New_Line;
Space;  Put ("***    Jobshop - Eingaben     ***");  New_Line;
Space;  Put ("**********************************");  New_Line;
New_Line (2);
Space;  Put (" Simulationszeit :");  Put (ReportTime, Aft => 2);
   Put (" h");  New_Line;
Space;  Put ("--------------------------------");  New_Line;
New_Line (2);
Space;  Put ("Maschinengruppe:  1  2  3  4  5");  New_Line;
Space;  Put ("--------------------------------");  New_Line;
Space;  Put ("Maschinenanzahl:");
   FOR m IN MachGroupIndex LOOP
      Put (NMachines(m), Width => 3);
   END LOOP;
   New_Line;
New_Line (2);
Space;  Put ("Zufallsz.-Strom |      Startwert");  New_Line;
Space;  Put ("----------------+---------------");  New_Line;
Space;  Put (" Job-Typen      |");  Put (Seed(TypeOfJ),12);  New_Line;
Space;  Put (" Prioritaeten   |");  Put (Seed(JobPrio),12);  New_Line;
Space;  Put (" Bedienzeiten   |");  Put (Seed(ServTim),12);  New_Line;
Space;  Put (" Zw.ank.zeiten  |");  Put (Seed(Arrival),12);  New_Line;
New_Line (2);
Space;  Put ("Priorisierungs-Wahrsch.:");
   Put (ProbPrior * 100.0, Fore => 3, Aft => 1);  Put (" %");  New_Line;
Space;  Put ("--------------------------------");  New_Line;
New_Line (4);
Space;  Put ("**********************************");  New_Line;
Space;  Put ("***     Jobtypen - Report     ***");  New_Line;
Space;  Put ("**********************************");  New_Line;
New_Line (2);
Space;  Put (" Jobtyp | # Jobs | ~ Wartezeit ");  New_Line;
Space;  Put ("--------+--------+--------------");  New_Line;
IntegIO.Default_Width :=  6;
FOR i IN JobType LOOP
   Space;  Put (i);  Put (" | ");  Put (JobCounter(i));  Put (" | ");
      IF MeanJobDelay(i) = Undefined THEN
         Put ("Undefiniert");
      ELSE
         Put (MeanJobDelay(i));  Put (" h");
      END IF;
      New_Line;
END LOOP;
```

```
      Space;   Put ("--------+--------+-------------");   New_Line;
      Space;   Put (" Gesamt | ");   Put (TotalJobCounter);   Put (" | ");
         IF MeanOverallJobDelay = Undefined THEN
            Put ("Undefiniert");
         ELSE
            Put (MeanOverallJobDelay);   Put (" h");
         END IF;
         New_Line;
      New_Line (4);
      Space;   Put ("********************************");   New_Line;
      Space;   Put ("*** Maschinengruppen Report ***");   New_Line;
      Space;   Put ("********************************");   New_Line;
      New_Line (2);
      Put ("      Masch-Grp. | ~ W-Schl-Lg. | ~ Auslastung | ~ Wartezeit  |");
         Put (" # Unterbrechungen");   New_Line;
      Put ("      ------------+-------------+--------------+--------------+");
         Put ("-------------------");   New_Line;
      IntegIO.Default_Width :=  10;
      Put ("          1       | " );
         Put (MachineGroup1.AvgQueueLength);   Put ("      | ");
         Put (MachineGroup1.AvgUtilization * 100.0, Aft => 2);   Put (" %    | ");
         Put (MachineGroup1.AvgQueueDelay );   Put (" h | ");
         Put (MachineGroup1.InterruptCount);   New_Line;
      Put ("          2       | " );
         Put (MachineGroup2.AvgQueueLength);   Put ("      | ");
         Put (MachineGroup2.AvgUtilization * 100.0, Aft => 2);   Put (" %    | ");
         Put (MachineGroup2.AvgQueueDelay );   Put (" h | ");
         Put (MachineGroup2.InterruptCount);   New_Line;
      Put ("          3       | " );
         Put (MachineGroup3.AvgQueueLength);   Put ("      | ");
         Put (MachineGroup3.AvgUtilization * 100.0, Aft => 2);   Put (" %    | ");
         Put (MachineGroup3.AvgQueueDelay );   Put (" h | ");
         Put (MachineGroup3.InterruptCount);   New_Line;
      Put ("          4       | " );
         Put (MachineGroup4.AvgQueueLength);   Put ("      | ");
         Put (MachineGroup4.AvgUtilization * 100.0, Aft => 2);   Put (" %    | ");
         Put (MachineGroup4.AvgQueueDelay );   Put (" h | ");
         Put (MachineGroup4.InterruptCount);   New_Line;
      Put ("          5       | " );
         Put (MachineGroup5.AvgQueueLength);   Put ("      | ");
         Put (MachineGroup5.AvgUtilization * 100.0, Aft => 2);   Put (" %    | ");
         Put (MachineGroup5.AvgQueueDelay );   Put (" h | ");
         Put (MachineGroup5.InterruptCount);   New_Line;
      New_Line (2);

      Set_Output (Standard_Output);
END Report;
```

```
***********************************************************************
***     Simulationsmodell eines Produktionssystems   (JobShop-Modell)   ***
***              Programmiersprache: ADA  / prozessorientiert            ***
***********************************************************************


              ******************************
              ***   Jobshop - Eingaben   ***
              ******************************


              Simulationszeit : 2920.00 h
              ------------------------------------


         Maschinengruppe:  1  2  3  4  5
         ------------------------------------
         Maschinenanzahl:  3  2  4  3  1


         Zufallsz.-Strom |      Startwert
         ----------------+---------------
            Job-Typen    |         4711
            Prioritaeten |          815
            Bedienzeiten |     47110815
            Zw.ank.zeiten |      8154711


         Priorisierungs-Wahrsch.:   0.0 %
         ------------------------------------



              ******************************
              ***   Jobtypen - Report   ***
              ******************************


         Jobtyp |  # Jobs  |  ~ Wartezeit
         --------+---------+--------------
              1  |   3396   |    18.701 h
              2  |   5913   |    15.384 h
              3  |   2366   |    30.673 h
         --------+---------+--------------
         Gesamt |  11675   |    20.613 h



              ******************************
              *** Maschinengruppen Report ***
              ******************************
```

Masch-Grp.	~ W-Schl-Lg.	~ Auslastung	~ Wartezeit	# Unterbrechungen
1	11.743	96.24 %	2.940 h	0
2	28.334	97.07 %	14.375 h	0
3	0.734	73.03 %	0.184 h	0
4	34.764	98.64 %	12.278 h	0
5	2.069	79.57 %	1.050 h	0

```
******************************************************************************
***      Simulationsmodell eines Produktionssystems   (JobShop-Modell)   ***
***             Programmiersprache: ADA  / prozessorientiert             ***
******************************************************************************


                    ********************************
                    ***   Jobshop - Eingaben    ***
                    ********************************


                    Simulationszeit : 2920.00 h
                    -------------------------------


           Maschinengruppe:  1  2  3  4  5
           -------------------------------
           Maschinenanzahl:  3  2  4  3  1


           Zufallsz.-Strom  |      Startwert
           ----------------+---------------
              Job-Typen     |        4711
              Prioritaeten  |         815
              Bedienzeiten  |    47110815
              Zw.ank.zeiten |     8154711


           Priorisierungs-Wahrsch.: 20.0 %
           -------------------------------



                    ********************************
                    ***   Jobtypen - Report     ***
                    ********************************


            Jobtyp | # Jobs | ~ Wartezeit
            --------+--------+-------------
               1   |  3396  |   17.705 h
               2   |  5913  |   23.459 h
               3   |  2366  |   34.971 h
            --------+--------+-------------
            Gesamt | 11675  |   24.794 h



                    ********************************
                    *** Maschinengruppen Report ***
                    ********************************
```

Masch-Grp.	~ W-Schl-Lg.	~ Auslastung	~ Wartezeit	# Unterbrechungen
1	21.364	97.00 %	5.360 h	4581
2	21.705	96.84 %	11.015 h	1666
3	0.718	72.09 %	0.180 h	2749
4	50.731	99.35 %	17.955 h	3457
5	1.632	78.53 %	0.828 h	697

```
***************************************************************************
***     Simulationsmodell eines Produktionssystems   (JobShop-Modell)   ***
***             Programmiersprache: ADA  / prozessorientiert            ***
***************************************************************************


            *******************************
            ***   Jobshop - Eingaben   ***
            *******************************


              Simulationszeit : 2920.00 h
              -------------------------------


            Maschinengruppe:  1  2  3  4  5
            -------------------------------
            Maschinenanzahl:  3  2  4  3  1


            Zufallsz.-Strom |      Startwert
            ----------------+--------------
                Job-Typen   |          4711
               Prioritaeten |           815
               Bedienzeiten |      47110815
               Zw.ank.zeiten|       8154711


            Priorisierungs-Wahrsch.: 40.0 %
            -------------------------------




            *********************************
            ***   Jobtypen - Report   ***
            *********************************


             Jobtyp | # Jobs | ~ Wartezeit
             -------+--------+--------------
                  1 |   3396 |    13.364 h
                  2 |   5913 |    30.392 h
                  3 |   2366 |    41.164 h
             -------+--------+--------------
             Gesamt |  11675 |    27.954 h




            *********************************
            *** Maschinengruppen Report ***
            *********************************


Masch-Grp. | ~ W-Schl-Lg. | ~ Auslastung | ~ Wartezeit | # Unterbrechungen
-----------+--------------+--------------+-------------+------------------
         1 |       9.510  |    95.82 %   |    2.391 h  |        6050
         2 |      19.306  |    97.28 %   |    9.802 h  |        2454
         3 |       0.814  |    71.84 %   |    0.206 h  |        3693
         4 |      78.550  |    99.73 %   |   27.854 h  |        4608
         5 |       1.752  |    77.86 %   |    0.890 h  |        1157
```

```
*****************************************************************************
***      Simulationsmodell eines Produktionssystems   (JobShop-Modell)   ***
***             Programmiersprache: ADA  / prozessorientiert             ***
*****************************************************************************


                    *******************************
                    ***   Jobshop - Eingaben   ***
                    *******************************


                    Simulationszeit : 2920.00 h
                    ------------------------------


                    Maschinengruppe:  1  2  3  4  5
                    ------------------------------
                    Maschinenanzahl:  3  2  4  3  1


                    Zufallsz.-Strom |      Startwert
                    ----------------+-------------
                       Job-Typen    |         4711
                       Prioritaeten |          815
                       Bedienzeiten |     47110815
                       Zw.ank.zeiten |     8154711


                    Priorisierungs-Wahrsch.: 60.0 %
                    ------------------------------



                    *******************************
                    ***    Jobtypen - Report    ***
                    *******************************


                    Jobtyp | # Jobs | ~ Wartezeit
                    -------+--------+-------------
                        1  |  3396  |    14.710 h
                        2  |  5913  |    14.273 h
                        3  |  2366  |    25.573 h
                    -------+--------+-------------
                    Gesamt |  11675 |    17.504 h



                    *******************************
                    *** Maschinengruppen Report ***
                    *******************************


Masch-Grp. | ~ W-Schl-Lg. | ~ Auslastung | ~ Wartezeit | # Unterbrechungen
-----------+--------------+--------------+-------------+------------------
        1  |    12.232    |    96.54 %   |    3.062 h  |       6157
        2  |    20.681    |    97.67 %   |   10.497 h  |       2426
        3  |     0.892    |    73.60 %   |    0.223 h  |       4005
        4  |    31.192    |    97.88 %   |   11.017 h  |       4387
        5  |     1.632    |    78.76 %   |    0.828 h  |       1420
```

Literaturverzeichnis

[Bar83]   John G. P. Barnes:
          Programmieren in Ada
          München; Wien: Hanser-Verlag, 1983

[Ben85]   Holger Benz, Michael Bruns, Meike Rieken:
          *Vergleich diskreter Simulationssprachen in Gegenüberstellung
          zu der höheren Programmiersprache Pascal*
          Studienarbeit
          Universität Hamburg; Fachbereich Informatik, Sommersemester 1985

[Bir79]   Graham M. Birtwistle:
          Demos – A System for Discrete Event Modelling On Simula
          MacMillan, 1979

[Boo83]   Grady Booch:
          Software Engineering with Ada
          Menlo Park: Benjamin/Cummings Publishing Company, 1983

[Byt84]   *Theme: Modula-2*
          In: Byte, Vol. 9, No. 8 (August 1984), S. 143–232
          Peterborough: McGraw-Hill

[Coa84]   David Coar:
          Pascal, Ada, and Modula-2
          In: Byte, Vol. 9, No. 8 (August 1984), S. 215–232
          Peterborough: McGraw-Hill

[Dow84]   V. A. Downes, R. Tellaeche Bosch:
          Discrete Event Simulation in Ada
          In: Proceedings of the 1984 UKSC Conference on Computer Simulation
          London: Butterworths, 1984

[Fri85]   Patricia Friel, Sallie Sheppard:
          Implications of the Ada Environment For Simulation Studies
          Proceedings Of The 1984 Winter Simulation Conference
          In: Simuletter, Vol. 16, No.2 (April 1985)

[Gle84]   Richard Gleaves:
          Modula-2 for Pascal Programmers
          New York; Berlin: Springer-Verlag, 1984

266

[Gol80]   Ursula Goltz:
Konzepte der Programmiersprache Ada
Aachen: Rheinisch-westfälische technische Hochschule, 1980
(Schriften zur Informatik und angewandten Mathematik)

[Goo83]   G. Goos, J. Hartmanis:
The Programming Language Ada Reference Manual
Berlin; Heidelberg; New York; Tokio: Springer-Verlag, 1983

[Her86]   Steve A. Hersee, Dan Knopoff:
An ANSI Standard for the "C" Language
In: Byte, Vol. 11, No. 3 (März 1986), S. 135–144
Peterborough: McGraw-Hill

[Hor84]   Ellis Horowitz:
Fundamentals of Programming Languages
Berlin; Heidelberg; New York; Tokio: Springer-Verlag, 2. Aufl., 1984

[Jen78]   Kathleen Jensen, Niklaus Wirth:
PASCAL: User Manual and Report
Berlin; Heidelberg; New York: Springer-Verlag, 2. Aufl., 1978

[Ker78]   Brian W. Kernighan, Dennis M. Ritchie:
The "C" Programming Language
Englewood Cliffs: Prentice Hall, 1978
dt. Ausgabe:
München; Wien: Hanser Verlag, 1983

[Ker81]   Brian Kernighan:
Why Pascal is Not my Favorite Programming Language
Computing Sience Technical Report No. 100,
Bell Laboratories, 18. Juli, 1981

[Lam76]   Günther Lamprecht:
Einführung in die Programmiersprache Simula
Braunschweig; Wiesbaden: Vieweg, 1976

[Law82]   A. M. Law, W. D. Kelton:
Simulation Modeling and Analysis
New York, 1982

[Mai83]   Kien Maise, Stephan D. Roberts:
Implementing a Portable FORTRAN Uniform (0,1) Generator
In: Simulation, October 1983, S. 135–139

[Mar63]   Harry M. Markowitz, Bernard Hausner, Herbert W. Karr:
           SIMSCRIPT – A Simulation Programming Language
           Englewood Cliffs: Prentice-Hall, 1963

[Mit78]   J.G Mitchell, W. Mayberg, R. Sweet:
           MESA Language Manual
           Xerox PARC: CSL-78-1, 1978

[Nag83]   Manfred Nagl:
           Einführung in die Programmiersprache Ada
           Braunschweig; Wiesbaden: Vieweg-Verlag, 1983

[Nau63]   P. Naur, (Hrsg.):
           The Revised Report on the Algorithmic Language ALGOL 60
           CACM, Januar 1963, S. 1–17

[Pag85]   Bernd Page:
           Anwendungen der Informatik: Modellbildung und Simulation
           (Vorlesungsunterlagen)
           Universität Hamburg, 1985

[Pom87]   G. Pomberger, E. Wallmüller:
           Ada und Modula-2 – ein Vergleich
           In: Informatik-Spektrum, Oktober 1987, S. 181–191
           Berlin; Heidelberg; New York; Tokio: Springer-Verlag

[Pyl82]   Ian P. Pyle:
           Die Programmiersprache Ada
           München; Wien: Hanser-Verlag, 1982

[Rus83]   E. C. Russel:
           Building Simulation Models with SIMSCRIPT II.5
           Los Angeles: C.A.C.I., 1983

[Sch84]   Andreas Schwald:
           Ada: Eine Einführung
           Mannheim; Wien; Zürich: Bibliographisches Institut AG, 1984

[Sch85a]   Bernd Schmidt:
           Systemanalyse und Modellaufbau
           Berlin; Heidelberg; New York; Tokyo: Springer-Verlag, 1985

[Sch85b]   Bernd Schmidt:
Was tut man, wenn man simuliert
Versuch einer Begriffsbestimmung
In: 3. Symposium Simulationstechnik – Proceedings
Hrsg. Dietmar P, F. Müller
Berlin; Heidelberg; New York; Tokyo: Springer-Verlag, 1985
(Informatik Fachberichte 109)

[Sch87]   Bernd Schmidt:
Simulation von Produktionssystemen
In: "Fachtagung Rechnerintegrierte Produktionssysteme"
Hrsg.: K. Feldmann, M. Geiger, U. Herzog, H. Niemann,
B. Schmidt, H. Wedekind
Erlangen-Nürnberg: Friedrich-Alexander-Universität, 1987

[Spe82]   David Spector:
Ambiguities and Insecurities in Modula-2
In: ACM Sigplan Notices,
Vol. 17, No. 8 (August 1982), S. 43–51

[Str82]   Michael J. Stratford-Collins:
Ada: A Programmer's Conversion Course
New York; Brisbane; Chichester; Toronto:
John Wiley & Sons, 1982

[Sum82]   Roger T. Sumner, Richard E. Gleaves:
Modula-2 — A Solution To Pascal's Problems
In: ACM SIGPLAN Notices Vol. 17, No. 9 (Sept. 82), S. 28–33

[Ung84]   Brian W. Unger, Greg A. Lomow, Graham M. Birtwistle:
Simulation Software and Ada
La Jolla: Simulation Councils, 1984

[Wir71]   Niklaus Wirth:
The Programming Language PASCAL
In: Acta Informatica, Bd. 1, 1971, S. 35–63

[Wir77]   Niklaus Wirth:
Modula: A Language for modular multiprogramming
In: Software Practice and Experience, No. 7, 1977, S. 3–35

269

[Wir83]   Niklaus Wirth:
          Programming in Modula-2
          Berlin; Heidelberg: Springer-Verlag, 2. Aufl., 1983

[Zei76]   Bernard P. Zeigler:
          Theory of Modelling and Simulation
          New York, London, Sydney, Tokyo:
          John Wiley and Sons, 1976

Band 4

H. Bossel, W. Metzler, H. Schäfer (Hrsg.)

Dynamik des Waldsterbens

Mathematisches Modell und Computersimulation

1985. 94 Abbildungen. VII, 265 Seiten. Broschiert DM 64,-.
ISBN 3-540-15475-2

Der Band stellt den dynamischen Prozeß des Waldsterbens in Form eines
Computersimulationsmodells dar. Herzstück des Gesamtmodells ist das
„System Baum", das bei fehlender Schadstoffbelastung mit flächenbezoge-
nen Daten normale Wachstumsprozesse simuliert.

Band 5

E.-H. Horneber

Simulation elektrischer Schaltungen auf dem Rechner

1985. XII, 401 Seiten. Broschiert DM 98,-. ISBN 3-540-15735-2

Dieses Werk enthält eine umfassende Darstellung der Grundlagen,
Verfahren und Programme zur Simulation elektrischer Schaltungen,
wobei die Analyse integrierter Schaltungen im Vordergrund steht.

Band 6

J. Biethahn, B. Schmidt (Hrsg.)

Simulation als betriebliche Entscheidungshilfe

Methoden, Werkzeuge, Anwendungen

1987. 82 Abbildungen. XI, 282 Seiten. Broschiert DM 78,-.
ISBN 3-540-17353-6

Mit diesem Buch wird gezeigt, daß die Simulation ein wesentliches Instrument zur Findung betriebswirtschaftlicher Methoden sein kann. Es wird
gezeigt, welche Methoden existieren, welche Werkzeuge bereitgestellt
werden; die erfolgreiche Anwendung in den verschiedenen Gebieten
demonstriert gleichzeitig, daß der Einsatz der Werkzeuge nicht zu kompli-
ziert ist.

Band 7

B. Schmidt

Transportmodelle

1987. X, 294 Seiten. Broschiert DM 78,-. ISBN 3-540-18186-5

Inhaltsübersicht: Der Aufbau des Transportmodells. – Die Ablaufkontrolle für das Transportmodell. – Der Aufbau des Wegenetzes. – Trans-
portmodelle. – Anhang. – Stichwortverzeichnis.

Springer-Verlag
Berlin Heidelberg New York
London Paris Tokyo